修訂版

財務數學
Mathematics
of Finance

■ David M. Knox 、Petr Zima 、Robert L. Brown 合著

■ 施能仁、施純楨、施若竹 合譯

Mc
Graw
Hill
Education

五南圖書出版公司 印行

給爺爺　奶奶

祈能永保安康

譯序

本書係翻譯自澳洲 David M. Knox, Petr Zima 和 Robert L. Brown 三位教授所著之 *Mathematics of Finance*，譯成《財務數學》。其系統架構完整，範例說明深入淺出，圖表清晰，雖個案多以澳洲之情況為應用範例，但原理、計算、技巧相同，思維方式亦與我國雷同。

全文教材足供高等學府有關「商業計算」、「財務數學」、「財務工程」或「經濟行為」相關課程之金融分析工具，及一般商業活動之財務應用個案參考。

文承楊踐為、黃金生、胥愛琦、李春安、李明龍、吳榮振等六位老師諸多意見與刪補文辭，謹致謝意。並蒙國立彰化師範大學商業教育學系所及國際企業系所師生及國立雲林科技大學、國立虎尾科技大學之財務金融系所眾師友之指教與研習，教學相長，諸多增益，亦一併感恩。

施能仁、施純楨、施若竹譯

2008 年 4 月

序言

利率影響層面甚廣，其效應涵蓋了如：眾生之銀行帳簿的各項存款利息、退休金的轉投資：信用卡和房貸利息的償付，或者多國籍企業在各國之長期資本市場的利息收益等等。

對每一位希望從事金融職場工作的人來說，必須先具備有相當的能力，且了解如何使用長、短期利率，應用在財務工程之精算。再者，當新世紀的來臨，我們都堅信，對於我們所擁有的財產，是如何受利率衝擊而影響到我們個人的生活，勢必要有更多的認知。

有了這樣的想法後，本文預定提供給讀者在廣泛的會計交易範疇內，關於利率上的使用有所理解，此內容將包含年金、房貸、個人融資、債券和未來投資計畫的評估等課題。

這些內容不僅被會計類和商業類的大學生所引用及實務應用，連從事會計工作者和其他想對此類問題有更進一步了解的投資者都可適用。本書在這方面，可說是廣結了一些尚未發表或其他相關題材彙編而完成的作品。

本文也涵蓋了許多逐步分析的範例，其在財務計算上是非常有用的工具，例如，未來在發展出複雜的模式時，許多基礎計算工具必須快速地先具備了。因此，財務數學的基本原則，是未來更進一步發展、分析、決策釐訂前，必須先為讀者所理解與嫻熟的專業技術。

本文在開始之時，即假設讀者對數學上的知識已有相當程度的水準，因此，當在介紹各章節時，在代數方面均予省略。不過，針對本文相關數理內容，將以附錄方式，如對數、級數和線性規劃等，加以詳細補充說明。

財務數學較容易透過實例操作來詮釋和了解；因此，為了這個理由，

大部分教材是以實例操作、解說方式來編寫。

A 部分練習題之設計係幫助學生對主要觀念的理解。B 部分練習題則提供較深入的問題和一些進階題材。此外，每章也各附有一組總複習用的作業，供討論與模擬演算。

儘管經過嚴謹的編寫，但誤漏難免，作者願負全責，歡迎讀者不吝指正，賜教處為米勒波內大學。

文後，謹表：本文旨在幫助讀者對多數財務交易之計算內涵與理解，提供一個相當完整的教材範疇。

David M. Knox
Petr Zima
Robert L. Brown

致謝

本書之完成，首先感謝 Petr Zima 和 Robert Brown 對全文建立基礎架構之建議，次感謝廣泛的讀者提供各章相關建言，予豐富及改善本書題材。最後，仍得感謝 McGraw-Hill 書局之 Julie McNab 女士之專業，幫助完成這本佳作。

出版商和作者並向下列各先進之不吝指正，致以謝意：

David Allen 教授（伊地司・高文大學）

Margaret Atkinson（米勒波內大學）

Mary Dunkley（斯溫波內科技大學）

Lynette Ellis（蒙納斯大學）

Deirdre Keogh（查里司杜大學）

Elizabeth Walker（昆蘭科技大學）

David Westcott（馬克里大學）

Julianne Wright-Bartels（雪梨大學）

Ian McDermid（坎培拉大學）

David M. Knox

目錄

1 單利和單利貼現

1.1 *單　利*（Simple Interest）

　　假設某投資者借給你一筆錢，於合約到期時，你必須償還這筆錢和使用這筆錢的代價，即所謂的利息（Interest）。以投資者的觀點，利息是投資這筆錢（或本錢）所賺取的收入。原始本錢的投入叫作本金，而本金和利息的加總即稱為終值（Future Value）。衍生出之金額占本金之比例稱為利率，即在某一單位時間，從本金所賺取到利息的比例。

　　早期，借貸本金和利息的償付部分是有形物品（例如穀類）。但現在通常以「錢」的形式表示。而以本金賺取利息的慣例早被記錄在人類史裡，並陳列在巴比倫教條檔案中，至今已超過四千年之久。

　　使用單利的方法，貸款最終日的應付利息是基於原始本金、貸款期限和利息的比例來計算。

　　為了計算這些結果，須使用以下的標記：

P = 表本金或 *S* 的現值

I = 單利的總值

S = 終值或 *P* 的到期值（或本利和）

r = 每期利息的利率（通常以年計算）

t = 每期的時間（通常以年計算）

單利之計算公式：

$$I = P \cdot r \cdot t \tag{1}$$

而對 S 總數的定義為：

$$S = P + I$$

套用 $I = P \cdot r \cdot t$，我們就 *P*、*r* 和 *t* 而言，*S* 得：

$$S = P + P \cdot r \cdot t$$
$$S = P(1 + rt) \tag{2}$$

在公式(2)的（$1 + rt$）被稱為單利因子，而從公式(2)以 *P* 本金計算 *S* 的計算過程被稱為單利的累積。從公式(2)我們也可得知：

$$P = \frac{S}{1 + rt} = S(1 + rt)^{-1} \tag{3}$$

我們稱 *P* 為現值（Present Value，簡稱 *PV*）或 *S* 的貼現值。在公式(3)的 $(1 + rt)^{-1}$ 被稱為現值在單利的貼現因子。在 1.3 節內，我們將更詳細地探索現值的問題。

在採用年利率時，時間 t 須以年計算。既然如此，當時間條件為月份時，則須換算為：

$$t = \frac{月數}{12}$$

且，當時間條件是天數時，則換算為：

$$t = \frac{天數}{365}$$

我們還必須注意到一些國際商業的處置慣例，如有些是以 1 年 360 天（並非 365 天）來估計。澳洲慣例係以 1 年 365 天來計算。台灣之股市、債市、外匯市場之應用，亦統一用 365 天計息，或辦理交割結算。

範例 1　試求出一筆貸款 90 天，本金\$500，年利率 8.5%的單利計息有多少？

解：已知 $P = 500$，$r = 0.085$，時間 = 90 天，單利計息

$$I = 500 \times 0.085 \times \frac{90}{365}$$
$$= \$10.48$$

範例 2　一對夫妻借了\$10,000，每個月的利率是 1%。已知其每個月須償付\$210，則其第 1 次的付款中有多少是用來支付利息，又，其另償付了多少的貸款本金？

解：已知 $P = 10,000$，$r = 0.01$，$t = 1$ 且

$$I = 10,000 \times 0.01 \times 1$$
$$= \$100$$

故第 1 個月支付的利息是$100，即另$110 是用來償付貸款。

注意：在這個例題是以月來計算，而非年計。故我們採用題目原本給訂的利率，是因為這題原本就以月份來表示。

範例 3　一個放高利貸者制訂了一貸款$100，到月底就必須償還$120。試問其單利的年利率是多少？

解：已知 $P=100$，$I=20$，$t=\dfrac{1}{12}$

$$r=\frac{I}{p \cdot t}$$
$$=\frac{20}{100 \times \dfrac{1}{12}}$$
$$=2.40 \text{ 或 } 240\%（按年計）$$

範例 4　某人借了錢，60 天之後剛好須償還$200。如果這筆償款$200 包括本金和單利為 9%（按年計），則此人共借了多少錢？

解：已知 $S=200$，$r=0.09$，$t=\dfrac{60}{365}$ 套用公式(3)得：

$$P=\frac{200}{1+0.09(\dfrac{60}{365})}$$
$$=\$197.08$$

範例 5　問須多久才可用$3,000 去賺取$60 的利息，利率為 6%（按年計）？

解：已知 $P=3,000$，$I=60$，$r=0.06$，

$$t=\frac{I}{p \cdot r}=\frac{60}{3,000 \times 0.06}$$

$=\dfrac{1}{3}$，或曰 4 個月

在時間和日期之間

在計算單利時，很重要的一點是必須準確的計測天數。基於這點，我們把借錢的當天計算在內（或儲存日），但是不包括還錢的當天（或提取日）即算頭日不算尾日。有一個簡單的方法來決定天數，就是請參照附錄 E 指示。這個表實際上是一個行事曆，提供一年中天數的排列順序。這些準確的時間與所提供的天數的順序有所差異。在閏年，這些天數的順序將會在 2 月 28 日之後增加 1 天。

如果這個表無法使用時，則另一個代替的方法就是列出每個有關聯的月份和包括執行的那個月的天數。這些數據的陳列加總後，即可以提供出所要求的答案。

範例6　**試找出 3 月 15 日到 9 月 3 日的計息天數。**

解： (a)從附錄 E 可得，3 月 15 日是 1 年中的第 74 天，而 9 月 3 日是 1 年中的第 246 天，所以天數是 246 − 74＝172 天。

(b)直接加算。

月份	天數
3 月	17（包括 3 月 15 日）（註：31 − 15 + 1＝17）
4 月	30
5 月	31
6 月	30
7 月	31
8 月	31
9 月	2（不包括 9 月 3 日）
總數	172

範例7　在 2001 年 11 月 3 日，一名婦女借了$500，單利為 9%（按年計）。這筆債將在 2002 年 2 月 8 日償還，試求出其應償還的單利？

解： 天數 = 39 + 365 − 307

$$= 97$$

365 天是額外加進去，因為 2 月 8 日是 11 月 3 日的隔年。

$$I = 500 \times 0.09 \times \frac{97}{365}$$

$$= \$11.96$$

練習題 1.1

1. 一筆$500，單利為 11%（按年計），並超過 60 天的款項，試求其終值？

2. 花 2.5 年時間將$1,000 累積成$1,420，則其單利率應該是多少？

3. 將$500 累積成$560，單利為 12%（按年計），則其須花多少時間？

4. 一筆款項為$5,000，90 天期限，年利率為 10.5%，求其單利？

5. 一個學生借了$10 給他朋友，期限為 1 個月。到了月底，這名學生向其友索賠$10，外加一條價值 50¢的巧克力，問其隱含的單利率為多少？

6. 試問本金該為多少？才能在期限為 6 個月，單利率為 9%（按年計）的條件下，累積到$5,100？

7. 試問本金為多少？才能在期限為 120 天，單利率為 18%（按年計）的條件下，累積到$580？

8. 一筆$1,000 款項，計息 65 天，單利為 11.5%（按年計），試求其終值（本利和）？

9. 一筆$600 款項，計息 118 天，單利為 16%（按年計），試求其利息？

10. 某人借了一筆$1,000，期限為 220 天，單利為 17%（按年計）的款項，問其最終須償還多少錢？

11.　一筆$500款項，計息82天，單利為9%（按年計），試求其現值？

12.　一筆$100款項，其到期日為3個月，單利為11%（按年計），試求其現值？

13.　試求出從4月18日至同年之11月3日的計息天數？

14.　試求出從10月2日至隔年之6月15日的計息天數？

15.　在2001年4月7日，X先生借了一筆$1,000的款項，年利率為8%，且其將在2009年11月22日償還。試求出其須償付的單利？

16.　一筆款項$2,000從5月18日投資至隔年之4月8日，單利為16%（按年計）。試計出其賺取的利息總額？

1.2　銀行的利息支付

　　銀行對很多客戶、建築業團體和信用合作社均利用每個月，戶頭裡最小的月結餘來計算單利。這意味著一筆存款和在同一月份裡提取的款項將不會產生任何利息，而計算利息時只是根據每個月戶頭裡月結餘金額。

範例 1　以下是某銀行帳戶歷年的交易情形：

日期	存入	提取	結餘
	—	—	$200
2 月 21 日	$300	—	$500
4 月 3 日	—	$200	$300
6 月 5 日	$600	—	$900
6 月 19 日	—	$300	$600
10 月 2 日	$200	—	$800
10 月 28 日	—	$400	$400

若利率為4%（按年計），請計算出12月31日到期的應付最小月結餘的利息。

解：最小的月結餘為：

月份	最小月結餘
1 月	$200
2 月	$200
3 月	$500
4 月	$300
5 月	$300
6 月	$300
7 月	$600
8 月	$600
9 月	$600
10 月	$400
11 月	$400
12 月	$400
總計	$4800

$$I = 4800 \times 0.04 \times \frac{1}{12}$$

$$= \$16.00$$

採 $\frac{1}{12}$ 是因為利率是以年計算，但是最小的月結餘是以每個月計算。

　　用最小的月結餘來計算每個帳戶的利息償付，可以清楚地表明銀行的計息立場，即投資者的存款總數和該月份或下月份所提取錢將無法計算利息。

　　另一個相近的替代方法，是用帳戶每一天的結餘來計算利息。用這個替代方法會使一投資者賺取天數的利息。

　　但這種計算方式比較複雜，因為其在每次的存款或提取後都有不同的結餘。如果利率相同，則採用每天計算利息的方法，其利息將會比採用每個月最小月結餘的方法來得高。

範例 2 下列交易是一年的銀行戶頭帳目：

日期	存入	提取	結餘
2 月 15 日	$400	—	$400
5 月 7 日	$200	—	$600
5 月 23 日	—	$300	$300
11 月 12 日	—	$100	$200
12 月 23 日	$500	—	$700

試以每天結餘的方式計算利率為 3%（按年計），12 月 31 日到期的利息。

解：

結餘	天數	
$400	$14+31+30+6$	$=81$
$600	16	$=16$
$300	$9+30+31+31+30+31+11$	$=173$
$200	$19+22$	$=41$
$700	9	$=9$

$$I = \frac{(400 \times 81)+(600 \times 16)+(300 \times 173)+(200 \times 41)+(700 \times 9)}{365} \times 0.03$$

$$= \$6.51$$

練習題 1.2

1. 某銀行的儲蓄利率為 10%（按年計），利息計算方式是一年分四季，即 3 月 31 日、6 月 30 日、9 月 30 日和 12 月 31 日，並以每季的最小結餘來計算。如果一個人在 1 月 1 日開戶並存了 $200，又在 8 月 8 日提取了 $100，則其在第 1 年賺了多少的利息？

2. X 小姐有一個年利率為 4% 的儲蓄帳戶，其銀行是在每年 12 月 31

日支付利息。下列為其 1 月 1 日後的開戶事項，試求出第 1 年賺得的利息。假設：(a)以每個月最小的月結餘計利息；(b)每天的結餘已知。

日 期	存入	提取	結餘
1 月 1 日	$100	—	$100
2 月 3 日	$200	—	$300
4 月 14 日	—	$150	$150
5 月 18 日	$300	—	$450
7 月 7 日	—	$200	$250
9 月 15 日	—	$150	$100
11 月 3 日	$100	—	$200

3. 一領年金者於 6 月 30 日在信用合作社開了一個帳戶，假設每月最小結餘的應付利率為 6%（按年計），請依下列交易業務計算出下一會計年度（即是該年 7 月到隔年 6 月）的到期利息。

日 期	存入	提取	結餘
6 月 30 日	$250	—	$250
8 月 15 日	$300	—	$550
9 月 13 日	$300	—	$850
10 月 25 日	—	$250	$600
12 月 2 日	—	$300	$300
3 月 18 日	$200	—	$500

4. 再依上題的答案以每天結餘的方式計算出其利息。

5. 若第 4 題問題的利息和第 3 題一樣，試問其利率。

1.3 現　值

單利的現值

在 1.1 節，S 的現值（或貼現值）是借用現值在單利因子的換算。這是澳洲通常求商業單據的現值（或價格）之試算方式法案，其必有一個固定的到期幣值和固定的到期日。通常到期

日不超過 6 到 12 個月，即 180 天到 360 天。因此，此法案僅適用於短期債券。

範例 1　試求出一筆$800 之汽車貸款，單利率為 10%（按年計），期限為 8 個月之現值。

解：已知：$S=800$，$r=0.10$，$t=\dfrac{8}{12}$，計出

$$P=\frac{S}{1+rt}$$
$$=\frac{800}{1+0.10(\dfrac{8}{12})}$$
$$=\$750$$

範例 2　5 月 31 日到期之商業單據$100,000，其單利為 6.2%（按年計），試求出其在同年之 3 月 3 日的價格（或現值）？

解：已知 $S=100,000$，$r=0.062$，$t=(29+30+30)/365=\dfrac{89}{365}$：

$$P=\frac{S}{1+rt}$$
$$=\frac{100,000}{1+0.062(\dfrac{89}{365})}$$
$$=\$98,510.73$$

範例 3　一投資者正考慮現在用$98,000 買一張 90 天的商業單據$100,000，問其單利率（按年計）為多少？

解：已知 $I=100,000-98,000=2,000$，$P=98,000$，$t=\dfrac{90}{365}$

$$r = \frac{I}{Pt}$$

$$= \frac{2,000}{98,000(\frac{90}{365})}$$

$= 0.08277$ 或 8.28%按年計之單利

現值的單利貼現

在前面的章節裡，單利率可以用來計算現值且利息給付是基於最初的投資。此項投資的價格（或現值）是以單利因子來計算。

另有一種利率叫貼現（Discount Rate），一般多使用在商業本票或投資的到期值的單利貼現率。其現值或價格可以被視為到期值的貼現（或減算），這是類似那些零售店以貼現的方式來減價出售的道理一樣。

單利貼現金額為 D，總金額為 S，在 t 年時付還，每年的貼現率為 d，其計算方法的公式為：

$$D = Sdt$$

而 S 的現值 P 為：

$$P = S - D$$

用來替代 $D = Sdt$，我們得到 P 就 S、d 和 t 而言：

$$P = S - Sdt$$
$$P = S(1 - dt) \qquad\qquad (4)$$

大家都知道 $(1 - dt)$ 的係數是單利貼現的因子，而很多主要

市場（如美國）都使用這種商業單據的價格（或現值）來交易。

範例 4　5 月 3 日有一張到期日為同年之 6 月 30 日的商業單據，其到期值\$100,000，在給定 5%（按年計）的單利貼現。試計：

(a)貼現的總金額；

(b)現在給付或成交的價格是多少？

解：(a)已知 $S = 100,000$，$d = 0.05$，$t = \dfrac{59}{365}$，且計出：

$$D = 100,000 \times 0.05 \times \frac{59}{365}$$

$$= \$808.22$$

(b)價格給付 $= P = S - D$

$$= 100,000 - 808.22$$

$$= 99,191.78$$

或 $P = S(1 - dt)$

$$= 100,000 \left(1 - 0.05 \times \frac{59}{365} \right)$$

$$= 99,191.78$$

範例 5　試計出一筆面額\$1,000，1 年到期之商業票據的現值？(a)若其單利率為 10%（按年計）；(b)若其單利貼現率為 10%（按年計）。

解　(a)已知 $S = 1,000$，$r = 0.10$，$t = 1$，且計出：

$$P = \frac{S}{1 + rt}$$

$$= \frac{1000}{1 + 0.1(1)}$$

$$= \$909.09$$

(b)已知 $S=1,000$，$d=0.10$，$t=1$ 且計出：

$$P=S\,(1-dt)$$
$$=1,000\,〔1-0.1\,(1)〕$$
$$=1,000\,(0.9)$$
$$=\$900.00$$

注意到現值在單利率和單利貼現率之間有$9.09 的差異，單利貼現率的結果使用在現值中通常會比相同的單利率來得低。

我們可以決定出與單利貼現率等量的單利率。如一個貼現率 d 和利率 r 是等量的，若此二者的結果有相同的現值 P、將來到期的總數 S，那麼當我們把方程式(3)和(4)視為同等時：

$$S\,(1-dt)\,=\frac{S}{1+rt}$$

去掉兩邊的 S，解答 r：

$$1-dt=\frac{1}{1+rt}$$
$$1+rt=\frac{1}{1-dt}$$
$$rt=\frac{1-1+dt}{1-dt}$$
$$r=\frac{d}{1-dt} \qquad\qquad (5)$$

同樣的，由方程式的解答：

$$S\,(1-dt)=\frac{S}{1+rt}$$

我們可以得到貼現率 d 符合給定的利率 r：

$$d = \frac{r}{1 + rt} \qquad (6)$$

當 rt 是正的，d 通常少於同等量的 r。

範例 6 某銀行針對一筆到期日為 1 年的款項給予貼現，其單利貼現率為 9%（按年計），問與之等量的單利率為何？

解：已知 $d = 0.09$，$t = 1$，且利用方程式(5)可計出：

$$r = \frac{d}{1 - dt}$$
$$= \frac{0.09}{1 - 0.09\,(1)}$$
$$= 0.0989$$

因此，一個貸方若索取 9%（按年計）的單利貼現，事實是索取 9.89%（按年計）的單利率。

練習題 1.3

1. 試計出一張價值$100,000 的單據，到期日為 60 天，用：
   (a)6%（按年計）的單利率；
   (b)6%（按年計）的單利貼現率。

2. 一條貸款的到期值為一百萬，但在到期日前 173 天的到期值為 $960,000，則其應用的年單利率是多少？

3. $S = 2,000$，$d = 0.08$，$t = 7$ 個月，試求出 D 和 P。

4. 一票據的到期值為$700，賣出時的單利貼現率為 13%（按年計），到期前 45 天。試計出其貼現和價格？

5. 求出一筆$1,000 到期日為 9 個月的現值，其：

   (a)單利率為 12%（按年計）；

   (b)單利貼現率為 12%（按年計）。

6. 求出一筆$500 到期日為 6 個月的現值，其：

   (a)單利率為 10%（按年計）；

   (b)單利貼現率為 10%（按年計）。

7. 一間銀行對一筆$100,000 的票據給予貼現，其到期日為 1 年，單利貼現率為 10%。問其是使用多少的單利率？

8. 一間銀行索取單利貼現率為 12%（按年計），其對一筆$800 的票據給予貼現，到期日為 9 個月，問其單利率為多少？

9. 要賺取一筆單利率為 10%（按年計），到期日為 6 個月的貸款，貸方該索取於多少的單利貼現率？

10. 如果一筆款項到期日為 2 個月，其單利率為 18%（按年計），則與之等量的單利貼現率該為多少？

11. 一票據到期值為$1,000；到期日為 9 月 20 日，5 月 4 日那天以$970 賣出。則其單利貼現率為多少？問買方在這次的投資將會獲得多少的單利率？

1.4 等 值

所有的會計必須考慮到錢的時間價值。因此，相同的款項會因不同的到期日而有不同的價值。由是，在任何會計交易都牽涉到錢有不同的到期日，每筆款項都有附加的日期。其本身而論，會計交易的數學運算即是針對款項之日期的價值或款項的時間價值。這是財務的數學運算中最重要的論據。

說明：一筆單利率為 8%（按年計）的款項$100，其到期日為 1 年。在此考慮到等值的條件：其到期值為$108。因為$100 會在 1 年的時間裡累積到$108。用同樣的方法可求出今天

這筆款項應為：

$$100(1 + 0.08)^{-1} = \$92.59$$

投資者認為現值\$92.59，在12個月後有相當於\$100的價值，一般來說，我們會比較現金到期值r是藉由下列的等式：\$X乘上預定所給的期間（等於t年後）之單利r的本利和，如：

$$Y = X(1 + rt) \text{ 或 } X = Y(1 + rt)^{-1}$$

下列時間圖表可以說明不同到期值之等值觀念

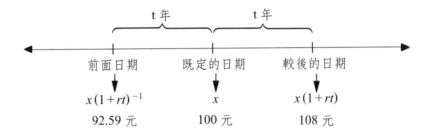

注意：根據這個時間圖表，我們可以得到下列簡單的規則：

- 當我們將現金向前（Forward）移動，就是我們將現金儲蓄，可藉著 $(1+rt)$ 的單利相乘來累加總額。
- 當我們將現金向後（Backward）移動，也就是我們將現金貼現，可藉著 $(1+rt)^{-1}$ 的現值因子之相乘而得之。

範例1　有一個\$1,000的債務，期間在9個月底，求出在單利9%，試問在4月底和年末之等值債務是多少？

解：讓我們將日期整理成圖表。

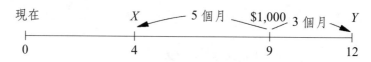

$$X = 1,000[1 + 0.09(5/12)]^{-1} = \$963.86$$
$$Y = 1,000[1 + 0.09(3/12)] = \$1022.50$$

必須強調一連串的到期值總額，在不同的期間有不同的時間價值。我們必須考慮不同金額在同一時點的約當（等）值。

範例 2 某人負債$300，期間 3 個月，和負債$500，期間 8 個月，則(a)現在；(b)6 個月；(c)1 年，單一支付這些債務須償還多少？假設以 8%的單利計算。

解：

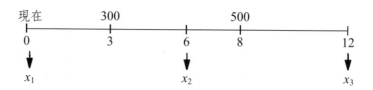

我們計算兩個債務相等的到期值在三個不同時點裡，並且整理出下列的表格：

負債	現在	6 個月	1 年
第 1 個	294.12	306.00	318.00
第 2 個	474.68	493.42	513.33
支　付	$X_1 = 768.80$	$X_2 = 799.42$	$X_3 = 831.33$

例如，第一個負債的現值是：

$$\frac{300}{1+0.08(3/12)} = \$294.12$$

註：第二個負債的現值為 $\dfrac{500}{1+0.08(\frac{5}{12})} = \$474.68$

過了 6 個月後，第一個負債之時間價值為

$300 \left[1+0.08(\frac{3}{12})\right] = \$306$，第二個負債之時間價值為

$\dfrac{500}{1+0.08(\frac{2}{12})} = \$493.42$，年底之二筆金額可同理類推。

　　財務數學最重要的問題之一就是要算出在不同特定日支付之等值金額；本例中我們可以說在給定的單利率下，須計算出兩組金額的時間價值，即假設在任一個共同的時點上之時間約當等值。兩組付款的到期值，在共同的時點下的均等狀態下就稱為等值（Equation of Value），而這個特定時點的使用被稱作焦點日（Focal Date）或評價日。在財務數學上非常有效率地用來解決很多財務方面問題的基本方法，就是使用等值的觀念。這個方法之程序進行於下列的步驟中說明：

步驟 1：先繪出一個時間圖表，在時間線的上邊畫出貸款額度，而在另下邊畫出償付的時間，一個好的時間圖表對於分析和解決問題是十分有幫助的。

步驟 2：選擇一個焦點日，且使用指定利率將所有的到期值複製到焦點日裡。

步驟 3：在焦點日中列出時間的約當等值公式。

步驟 4：使用代數的方法求出等值。

　　在單利問題的求解中，將會因所選擇的焦點期日或使用計

算公式不同而有所不同的貨幣價值，進階財務的複利計算問題；亦會因不同焦點日的位置，而有不同的解答。

範例 3 安迪欠珍妮$500，3 個月到期，並於 6 月底再欠$200，6 個月到期。假設珍妮現在收到$300，則安迪在 1 年後還要支付多少錢，假設他們同意使用單利 10%，則在 1 年後焦點日的金額是多少？

解： 我們將所有到期值放在時間圖表中。

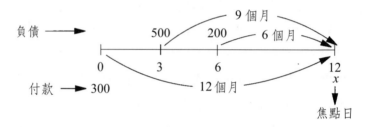

12 個月後的時間價值：

支付的金額＝負債的金額

$$X+300[1+0.10(12/12)]=500[1+0.10(9/12)]+200[1+0.10(6/12)]$$

$$X+330.00=537.50+210.00$$

$$X=\$417.50$$

這個負債在一年後將被要求支付$417.50。

範例 4 某人在單利 11%下借了$1,000，她分 3 次等值償付，第 1 次是 3 月，第 2 次是 6 月，而第 3 次是 9 月，求出焦點日是(a)現在；(b)9 月底之各支付等值金額大小？

解： (a)將所有的到期值放在時間圖表中。

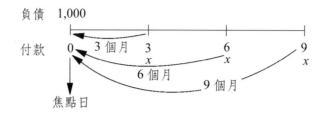

另每次償還 X 元，則目前的時間價值為

$$X[1+0.11(3/12)]^{-1}+X[1+0.11(6/12)]^{-1}+X[1+0.11(9/12)]^{-1}$$
$$=1,000.00$$

$$0.97323601X+0.9478673X+0.92378753X=1,000.00$$

$$2.8448908X=1,000.00$$

$$X=\$\,351.51$$

(b)在 9 月底的時間價值

$$X[1+0.11(6/12)]+X[1+0.11(3/12)]+X=1,000[1+0.11(9/12)]$$

$$1.055X+1.0275X+X=1082.50$$

$$3.0825X=1,082.50$$

$$X=\$\,351.18$$

注意：在不同的焦點日期中答案或有些不同。

練習題 1.4

1.　有某女子負債$100，6 個月到期，及負債$150，1 年到期。她和債權人同意她現在可以使用單利 16%償還兩種欠款，且將它們放在焦點期間裡，則現在她將支付多少的現金？

2.　有某人借入$1,000 分兩次等值償還欠款，一次在 6 個月底，另一次是 1 年後，問這些付款的金額大小是多少（假設單利是 8%且焦點日是 1 年後）？又假設焦點日是現在時又是多少？

3.　有某人在 2008 年 1 月 1 日借入$5,000，為了償還這個貸款他在同年

4 月 30 日支付$2,000,而在 8 月 31 日償還$2,000 元,而最後一次的償還是在隔年 1 月 1 日,假設單利是 17%,而焦點日是 2009 年 1 月 1 日,求出最後償還的金額大小?

4. 有某人負債$200,3 個月到期,和負債$800,9 個月到期,則兩種負債在 6 月底,以一次支付的方式應償還多少?設單利 8%且焦點日是在 6 月底。

5. 亞當太太有二種可利用的選擇來償還貸款。她可以支付$200,5 個月到期,且支付$300,10 個月到期,或她可以支付$X,3 個月到期,和支付$2X,6 個月到期。求出等值之 X,設單利 12%且焦點日是在第 6 個月底。又假設焦點日是在第 3 個月底,其等值的金額又是多少?

6. A 先生將支付 B 先生$200,5 年後到期,和支付$800,10 年後到期的欠款,假設 B 先生現在將給 A 先生$3,000,加上一個額外加總的金額($X)2 年後到期,分別求出$X,假設單利是 13%而焦點日分別是今天,或焦點日在 2 年後。

7. 有一個人負債$500,4 個月到期,和負債$700,9 個月到期,單一償還欠款在下列各焦點日各是多少:

(a) 現在;

(b) 6 個月;

(c) 1 年,假設以單利 11%計算來償還這些等值負債?

8. 史密斯先生借入$2,000,以單利 14%計算。他擬分 4 次等額償還,即以每 3 個月支付一次,期限為 1 年。試求出下列各焦點日應支付金額的大小:

(a) 現在;

(b) 1 年後到期。

9. 有某女子借入$800,以 16%的單利計算,她同意償還這個負債以$X、$2X 和$4X 金額,期間 3 個月、6 個月、9 個月的支付方法各別的償還欠款,求出$X?

1.5　分期付款

　　金融上的負債，在貸款期間常常經由分期的付款方式來償還欠款。然後在屆期日前還清。全部清償和一邊分期付款一邊賺取利息各有其計算方法。屆期時只是全部債務的累積值和分期付款的累積值兩者之間的差額而已。

範例 1　在 1999 年 2 月 4 日，某人借入了$3,000，以 11%的單利計算，他在 1999 年 4 月 21 支付$1,000，在 1999 年 5 月 12 日支付$600 和 1999 年 6 月 11 日支付了$700，則在 1999 年 8 月 15 日到期的差額是多少？

解：我們將所有的日期、金額排列在時間圖表上。

　　單利以 11%來計算。$3,000 的起始負債期間是 192 天，

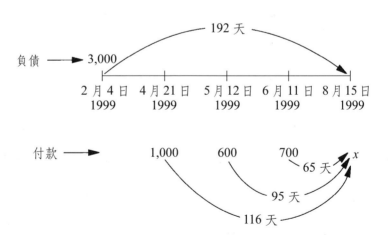

$1,000 第一項分期付款期間是 116 天，$600 的第二項分期付款期間是 95 天，$700 的第三項分期付款期間是 65 天。計算下列所給的：

起始負債	3,000.00	第一項分期付款	1,000.00
192 天的利息	173.59 註1	116 天的利息	34.96
負債的累積值	$3,173.59	第二項分期付款	600.00

註 1：192 天的利息為

$$\$3,000(0.11 \times \frac{192}{365})$$

$$= \$173.589$$

95 天的利息	17.18
第三項分期付款	700.00
65 天的利息	13.71
分期付款的累積值	$2,365.85

1999 年 8 月 15 日到期的差額是 $3,173.59 − $2,365.85 = $807.74

第二種的解：

我們可以將 1999 年 8 月 15 日當成焦點日寫上相等的金額。

1999 年 8 月 15 日：支付的金額＝負債的金額

$$X + 1,000[1 + 0.11(116/365)] + 600[1 + 0.11(95/365)] + 700[1 + 0.11(65/365)]$$

$$= 3,000[1 + 0.11(192/365)]$$

$$X + 1,034.96 + 617.18 + 713.71 = 3,173.59$$

$$X = \$807.74$$

練習題 1.5

1. 有一個$1,000 的貸款 1 年到期，用 14.5%單利計算利息，債務人 3 月時支付$200，和 7 月時支付$400。求出 1 年後到期須償還此貸款的差額？

2. 某人在 2000 年 6 月 1 日借入了$2,000，利率 12%，單利計算他在 2000 年 8 月 17 日支付了$800，在 2000 年 11 月 20 日支付了$400 和 2001 年 2 月 2 日支付了$500。則在 2001 年 4 月 18 日到期的差額是多少？

3. 有一個$5,000 的負債，6 個月到期以 10%的單利計算，而在第 2 個

月支付$3,000 的分期付款以及在第 4 個月支付$1,000 的付款，分別
償還之，則在到期日的差額是多少？

4. 有一女士在 2002 年 1 月 1 日借入了$1,000，以 16%單利計算，她在
2002 年 4 月 12 日支付了$350，2002 年 8 月 10 日支付了$200 和 2002
年 10 月 3 日支付了$400。則 2003 年 1 月 1 日到期的差額是多少？

1.6 *保證票據*

一張保證票據是表債務人承諾於未來支付一筆金額而寫下的
保證。債務人是票據的發票人，用以支付欠款或向債權人訂貨，
而為之金融支付的票據，其記載總金額（一般習慣可不含利
息），並指定償還日期。

下面是一張帶有利息之票據的格式：

保證票據

$2000.00   雪梨，2000 年 9 月 1 日

60 天後，憑票承諾支付給 A 先生的訂貨

$2,000 元整

屆期並以單利 11%來支付利息額

（簽名）B 先生

票據的票面價值是$2,000.00，到期日或屆期日是 2000 年 9
月 1 日的後 60 天，也就是 2000 年 10 月 31 日，票據的到期值是
票據到期日的價值，在這個案例中，票據的到期值是$2,000，60
天後單利 11%的累積值，也就是：

$$2,000[1 + 0.11(60/365)] = \$2,036.16$$

保證票據也許在到期前被轉售好幾次，每一個買方以票據
的出售日至到期日的票據到期值，及在適當的利率考量下與賣

方進行貼現交易。買方也可以指定他/她在投資上想要的利率，然後藉由 1.1 節的公式(3)歸納成 2 個步驟。

步驟 1：計算票據的到期值 S。

無利息票據的到期值是票據的面值。

一張帶有利息的票據，其到期值是在利率 r 的票據期間面值的累計值。

步驟 2：經由到期值 S 的貼現，在指定的利率從出售日往後計算至到期日的收入 P。

範例 1 A 小姐在 2000 年 10 月 2 日，以單利 9.5% 的貼現率出售這張票據給銀行。

(a)A 小姐售出這張票據能收到多少錢？（目前年利是 11%）

(b)假設銀行持有這張票據至到期日，則銀行真實的投資報酬率是多少？

(c)當 A 小姐在 2000 年 10 月 2 日出售這張票據，她真實的投資報酬率是多少？

解：(a)我們將日期金額整理成圖表：

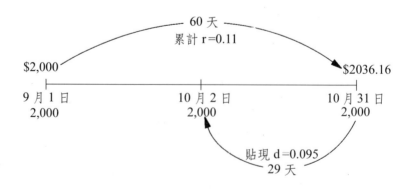

票據的到期值是 $S = 2,000[1 + 0.11(60/365)] = \$2,036.16$

2000 年 10 月 2 日 A 小姐所收到的金額是

$P = 2,036.16[1 - 0.095(29/365)] = \$2,020.79$

(b)銀行投資\$2,020.79 元在 29 天裡，所得到真實的利潤是\$15.37

（註：\$2,036.16−2,020.79），因此我們得到 $P = 2,020.79$，

$I = 15.37, t = 29/365$ 並且計算：

$$r = \frac{I}{pt}$$
$$= \frac{15.37}{2,020.79(29/365)}$$
$$= 0.0957 \text{ 或 } 9.57\%$$

另一種解法是計算相等的利率 r 在所給的貼現率 d，使用

$d = 0.095, t = 29/365$，和公式(5)：

$$r = \frac{d}{1 - dt}$$
$$= \frac{0.095}{1 - 0.095(29/365)}$$
$$= 0.0957$$

(c)A 小姐她投資在持有的票據\$2000 期間 31 天所得到真實

的利潤是\$20.79，A 小姐真實的投資報酬率是：

$$r = \frac{I}{pt}$$
$$= \frac{20.79}{2,000(31/365)}$$
$$= 0.1224 \text{ 或 } 12.24\%$$

範例 2　在 4 月 15 日有一位債務人簽發一張\$800 的票據，期間 2
個月，用 12%的單利計算，5 月 10 日這張票據的持有人
將票據出售給銀行，以單利 13%計算的價格出售，則出售
這張票據能收到多少錢？

解：

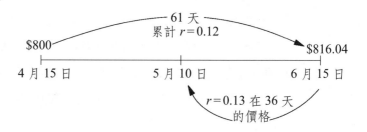

票據的到期值 $S = 800[1 + 0.12(61/365)] = \$816.04$

5 月 10 日的價格 $= 816.04[1 + 0.13(36/365)]^{-1} = \$805.71$

範例3 在 4 月 21 日有一零售商買進了總數$5,000 的商品，假設他支付現金，則他將得到 4%的現金折扣。今他改擬簽發了一張 90 天不附帶利息的票據，給他的所屬銀行，貼現票據以貼現利率 9%貼現。當他確實支付現金於這批商品時，則這張票據的面值應該是多少？

解：$5,000 的 4%現金折扣是$200，零售商須支付$4,800 的現金。他簽發了一張不附帶利息的票據其到期值 S，所給的 $P = 4,800$，$d = 0.09$，和 $t = 90/365$，

因此：

$$S = \frac{P}{1 - dt}$$

$$= \frac{4800}{1 - 0.09(90/365)}$$

$$= \$4,908.94$$

不附帶利息的票據的面值應該是$4,908.94。

練習題 1.6

1. 某投資者借出$5,000 而收到一張保證票據,而這個貸款以單利 12% 期間 90 天承諾付款。這張票被立即出售給銀行以單利 10% 貼現,則銀行支付這張票據多少錢?這個投資者的利潤是多少?當這張票據到期時銀行在這個投資上的真實利率是多少?

2. 有一張 60 天的票據承諾支付$2,000 加上單利 9%。到期前的 30 天這張票據以貼現率 7%貼現。求售出的收入?

3. 有一張$8,000,90 天附有單利 10%的票據一張,而在到期前的 60 天以單利 12%出售給銀行貼現,則收入是多少?貼現率相當於多少?

4. A 先生欠 B 小姐$1,000,B 小姐同意接受 A 先生支付一張無息的票據期間是 90 天,且這張票據可以立刻貼現給本地的銀行,以 10% 的貼現率貼現。為了使 B 小姐接受這$1,000 的收入,這張票據的面值應該是多少?

5. A 先生有一張票據$500,日期是 1998 年 10 月 17 日。這張票據期間是 120 天以單利 19%計算。假設 A 先生於 1999 年 1 月 15 日將這張票據以 20%的貼現利率貼現給銀行,則將有多少的收入?假設銀行持有這張票據一直到到期日,則銀行真實投資的利率是多少?

6. 有一位零售商買進了一批商品花費$800,她要求她的債主接受一張 60 天的無息票據,假設她的債主以 8%的貼現率立即貼現,結果收到$800 的收入,則她貼現的票據總額是多少?

7. 有一位商人買進了一批商品而且支付了一張$2,000 的面值 90 天無息的保證票據,假設這個供應商以 13%的貼現率出售這張票據,求出收入是多少?假設這批商品的成本是$1,500,這個供應商貼現後的利潤是多少?

8. 8 月 16 日有一位零售商買進了價值$2,000 的商品。假如他支付現金,則他可得到 3%的現金折扣。取得了這個現金折扣,他簽發了一張 60 天的無息票據以 16%的貼現率向銀行貼現。則當他確實支付現金於這批商品時,這張票據的面值應該是多少?

9. 一個公司在 1999 年 5 月 1 日借了$50,000 且簽發了一張附有 11%利

息的保證票據，期間 3 個月，在到期日這個公司完全支付利息而且開出第二張票據，期間 3 個月沒有利息而這天他所簽發的票據以12%的貼現率貼現，這張票據的收入剛好足夠支付這個負債。求出第一張票據利息支付的總額和第二張票據的面值？

10. 一位批發電器設備的商人接受一家零售商站所開出的保證票據，金額為$15,000，它的日期是 5 月 18 日，期間是 6 個月以 15%的單利計算利息。在 6 月 7 日和 9 月 2 日分別以$4,000 和$7,000 分期付期付款。求出到期日的總數？

11. A小姐有一張$1,500 的票據日期是 6 月 8 日。這張票據的期間是 120天以 12%的單利計息。

(a)假設A小姐在 8 月 1 日將票據以 15%的利率向銀行貼現，則收入是多少？

(b)A 小姐真實的投資利率是多少？

(c)假設這張票據被持有至到期日，則銀行真實的投資利率是多少？

1.7 總複習

1. 賺到$1,000 需要多久時間：

   若(a)以每年 15%的單利可賺得$100，多久才賺到$1,000？

   (b)以單利 13.5%，要多久時間才能累積到$1,200？

2. 歷經 55 天，使用單利 15%計息，求出$1,000 的到期值和現值？

3. 有某個信託工會支付 9%的利息使每個月維持最小的餘額，根據下列的事項，計算 1 年的利息至 12 月 31 日結束。

日　期	存入	提款	結餘
2 月　3 日	$400	—	$750
5 月 15 日	$200	—	$950
5 月 21 日	—	$300	$650
8 月 20 日	$450	—	$1,100
12 月 24 日	—	$750	$350
12 月 27 日	$1,000	—	$1,350

4. 有一個 5%的現金折扣，假如這張票據在 30 天內支付。為了進一步取得現金折扣，你可以負擔借入現金的最高利率是多少？

5. 保羅以利率 18%借入了$4,000，他每次支付$1,000 貸款，分別於 3 個月到期、6 個月和 9 個月到期日。試求出不同焦點日之等值付款的金額：

   (a)使用 6 個月到期當作焦點日；

   (b)使用現在當作焦點日。

6. 蒙莉莎在 2000 年 5 月 8 日以 18.5%的利率計息借入了$1,000，她在 2000 年 6 月 17 日支付了$500 和在 2000 年 9 月 29 日支付$400。則在 2000 年 10 月 31 日的差額是多少？

7. 羅伯特借入了$1,000，貸方開出一張貼現率 16%期間 8 個月的票據

   (a)羅伯特現在能收到多少錢？

   (b)羅伯特為了收到$1,000 的現金，則應要求貸款額度為多少？

   (c)他將以相當多少的利率支付這個貸款？

8. 思考下面的保證票據

保證票據

$1,500.00 　　　　　　　　　　墨爾本，2002 年 5 月 11 日

90 天後，憑票承諾支付 J. D. Green 先生的訂貨

$1,500 元整

屆期支付 18%的利息

（簽名）J. B. Smith

Green 先生在 2002 年 6 月 2 日將票據以 19%的貼現率向銀行貼現。

(a) Green 先生收到多少錢？

(b) Green 先生真正的投資利率是多少？

(c) 假如銀行持有這張票據至到期日，則銀行真正的投資利率是多少？

9. 有一張利率 14%，180 天金額$2,000 的保證票據。在 60 天後以 14%的貼現率出售給銀行。

(a) 求出銀行支付這張票據的金額。

(b) 票據最先的持有者真正賺得的利率是多少？

(c) 假設銀行持有這張票據至到期日，則銀行投資在票據上所賺得的利息是多少？

10. 有一張$800 期間 90 天以 18.25%的利率計息。在到期日，發票人完全支付利息且開出第二張票據沒有利息期間 60 天，而且這一天他所簽發的這張票據以 17%的貼現率貼現，這收入剛好足夠支付這個負債。求出支付第一張票據的利率，和第二張票據的面值？

2.1 *複利公式*

在第 1 章，每期單利的利息是在到期日時增加到投資金額中。然而，利息若在每期結束時滾入本金中再生利息，則稱為複利。所謂複利終值是指其原始投資（本金）與利息之和。利息期間是一段連續利率計算的時間區段。

範例 1 假設投入$1,000，每年計息一次，年息 8%，期間 3 年，以複利計算其利息和求出複利終值。

解：

期末	利息	終值
第 1 年	$1,000.00 \times 0.08 = 80.00$	$1,080.00
第 2 年	$1,080.00 \times 0.08 = 86.40$	$1,166.40
第 3 年	$1,166.40 \times 0.08 = 93.31$	$1,259.71

因此，在這 3 年內利息累積是$259.71，複利終值是$1,259.71。

在一般條件下，設 P 代表第 1 年期初存入之本金，利率為 i，按年計息。我們將可計算第 n 年期末之複利終值。

第 1 年期末：

　到期之利息 $= Pi$

　複利終值 $\quad = P + Pi$

　　　　　　$= P(1+i)$

第 2 年期末：

　到期之利息 $= [P(1+i)]i$

　複利終值 $\quad = P(1+i) + [P(1+i)]i$

　　　　　　$= P(1+i)(1+i)$

　　　　　　$= P(1+i)^2$

第 3 年期末：

　到期之利息 $= [P(1+i)^2]i$

　複利終值 $\quad = P(1+i)^2 + [P(1+i)^2]i$

　　　　　　$= P(1+i)^2(1+i)$

　　　　　　$= P(1+i)^3$

以此類推，第 n 年期末之複利終值公式為：

$$S = P(1+i)^n \qquad (7)$$

以上，為獲得存入本金 P，按利率 i 複利計息，n 年後之複利終值 S，等於 P 乘上複利因子 $(1+i)^n$ 來得之。

習慣以複利因子乘上現值 P 來求得終值，故此複利因子有

時稱終值利息因子（Future Value Interest Factor）：

$$終值利息因子 = （FVIF_{i, n}） = （1+i）^n$$

範例 2　計算投入$100 本金，年利率 12%，按年計息，期間：(a)5 年；(b)25 年，之複利終值。

解：

(a)$P = 100$，$i = 0.12$，$n = 5$

$S = 100 (1.12)^5$

$\quad = \$176.23$

其複利利息在本金$100，年利率 12%，按年計息，期間 5 年下為$76.23。

(b)$P = 100$，$i = 0.12$，$n = 25$

$S = 100 (1.12)^{25}$

$\quad = \$1,700.01$

此複利利息在本金$100，年利率 12%，按年計息，期間為 25 年下為$1,600.01，其相當於 16 倍的原投資金額。若以單利法計算，在此投資金額年利率 12%，按年計息，其單利利息只有$300。此解說明了複利計息可使在一段長時期下利息做倍數的增加。

表 2.1 顯示複利利息在不同期間數下金額成長之效果。

表 2.1　本金 $100 在各種複利利率下之複利終值

期間（年）	6% 按年計息	8% 按年計息	10% 按年計息	12% 按年計息
5	133.82	146.93	161.05	176.23
10	179.08	215.89	259.37	310.58
15	239.66	317.22	417.72	547.36
20	320.71	466.10	672.75	964.63
25	429.19	684.85	1,083.47	1,700.01
30	574.35	1,006.27	1,744.94	2,995.99
35	768.61	1,478.53	2,810.24	5,279.96
40	1,028.57	2,172.45	4,525.93	9,305.10
45	1,376.46	3,192.04	7,289.05	16,398.76
50	1,842.02	4,690.16	11,739.09	28,900.22

在表 2.1 這個例子的計息期間為 1 年一次。然而，利息期間不一定要是 1 年一次，在許多的情況下利息是每半年計息一次或每季計息一次。這些利率如何以年利率來表達，同如名目利率。我們將在範例 3 說明。

在某些情況下，利息期間不再是 1 年。因此，有必要調整年利率。例如，利率是半年計息一次，其計息期間為半年。因此其利率為將 1 年的實質利率一分為二。

範例 3　求本金 $1,000，期間 2 年，年利率 10%，半年付息一次之複利利息。

解：因為一期為 6 個月，每期的利率為 5%，因此可分 2 年為 4 期。

期末	複利利息	終值
第 1 期	$1,000.00 \times 0.05 = 50.00$	$1,050.00
第 2 期	$1,050.00 \times 0.05 = 52.50$	$1,102.50
第 3 期	$1,102.50 \times 0.05 = 55.13$	$1,157.63
第 4 期	$1,157.63 \times 0.05 = 57.88$	$1,215.51

或 $P = 1,000.00$，$i = 0.05$，$n = 4$：

故 $S = 1,000.00(1.05)^4$

$\qquad = \$1,215.51$

其複利利息在本金$1,000，2 年期，年利率 10%，半年付息一次，為$215.51。

以下為我們習慣用的代號：

$P =$ *本金，或 S 的現值*

$S =$ *屆期的價值，或 P 的終值*

$n =$ *利息期間數*

$m =$ *每年計息次數，或以複利計算的頻率（次數）*

$j_m =$ *按年支付的名目利率，代表年利率 j 每年付息 m 次*

$i =$ *每期的實質利率 $= j_m / m$*

註：例如 $j_{12} = 9\%$ 代表年利率 9%，轉換每年付息 12 次之實質利率為每月 3/4% 或 $i = 0.0075$。

範例 4 某人存$1,000 到一活存帳戶，其年利率為 12.25%，每月付息一次。求：(a)第 1 年的利息收入？(b)第 2 年的利息收入？

解：(a)$P = 1,000$，$i = 0.1225 / 12$，$n = 12$，計算第 1 年底之終值：

$$S = 1,000 \ (1 + 0.1225 / 12)^{12}$$
$$= \$1,129.62$$

第 1 年之複利利息為$129.62

(b)計算第 2 年底之終值為：

$$S = 1,000 \ (1 + 0.1225 / 12)^{24}$$
$$= \$1,276.04$$

第 2 年之複利利息為：

$$1,276.04 - 1,129.62 = \$ 146.42$$

範例 5　Jennifer 有一帳戶，年利率 5.5%，每日付息。利息在 6 月 30 日及 12 月 31 日被記錄於年終報表中。以下為她帳戶中的交易，她在 2 月 8 日開戶，求這一年的利息收入。

日期	存入	提取	結餘
2 月 8 日	$1,500	—	$1,500
3 月 5 日	—	$100	$1,400
6 月 17 日	$300	—	$1,700
8 月 20 日	—	$700	$1,000

解：讓我們整理一下圖表中的資料：

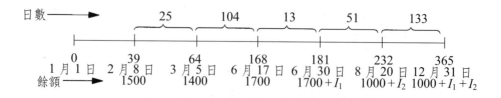

2/8 至 3/5 之利息：　　$1,500.00 \times 0.055 \times 25/365 = 5.65$

3/5 至 6/17 之利息：　　$1,400.00 \times 0.055 \times 104/365 = 21.94$

6/17 至 6/30 之利息： $1,700.00 \times 0.055 \times 13/365 = \underline{\quad 3.33\quad}$

2/8 至 6/30 之利息： $\longrightarrow \quad I_1 = \quad 30.92$

6/30 至 8/20 之利息： $1,730.92 \times 0.055 \times 51/365 = \quad 13.30$

8/20 至 12/31 之利息： $1,030.92 \times 0.055 \times 133/365 = \underline{\quad 20.66\quad}$

6/30 至 12/31 之利息： $\longrightarrow \quad I_2 = \quad 33.96$

這 1 年的利息總和 $\qquad I_1 + I_2 = \$\ 64.88$

範 例 6 台灣目前各銀行計息方法是採每日存款餘額之和（即為總積數）乘上年利率，再除以 365（民國 83 年 7 月 1 日起一年計息不再用 360 天，全修正為 365 天計算）即得利息金額。今以活期存款利息為案例加以說明：

日期	摘要	支出	存入	結存	日數	積數
3 月 11 日	新開戶		100	100	4	0
3 月 15 日	交換票據		50,000	50,100	36	1,803,600
4 月 20 日	現金	23,000		27,100	10	271,000
4 月 30 日	現金	26,800		300	18	0
5 月 18 日	轉帳		420	720	6	4,200
5 月 24 日	轉帳		34,000	34,720	28	971,600
6 月 21 日	毛利息 209 所得稅 0		209	34,929		

共 102 天，$3,050,400

解： 1. 合計計息日數為 102 天（從 3 月 11 日到 6 月 21 日止），台灣的金融界計息日數複利「算頭不算尾」，即 3 月 11 日當日要計息，6 月 20 日不計息，故計息日天數為 31 － 11 ＋ 1 ＋ 30 ＋ 31 ＋ 21 － 1 ＝ 102 天。但國際銀行或有採算頭日，亦算尾日之方法，請讀者留意之。

2. 合計積數為每日結存乘上計息日數之加總，如

3,050,400。

3. 計息方法：3,050,400 × 2.5%/365 = 208.93

依規定，利息應計至「元」單位為止，元以下四捨五入，因此利息應為 209 元。

4. 行政院 87 年 4 月 8 日公布利息所得未超過 20,000 元，無須扣繳所得稅。

練習題 2.1

A 部分

根據下表求題 1～題 8 之終值及其複利利息總和。

題號	本金	名目利率	付息頻率	期間
1	$100	15 1/2%	每年計息一次	5 年
2	$500	11 1/4%	每月計息一次	2 年
3	$220	8.8%	每季計息一次	3 年
4	$1,000	9%	半年計息一次	6 年
5	$50	12%	每月計息一次	4 年
6	$800	7 3/4%	每年計息一次	10 年
7	$300	8%	每週計息一次	3 年
8	$1,000	10%	每日計息一次	2 年

9. 存款$500，期間 1 年，求複利利息：
(a) $j_{12} = 8\%$；(b) $j_{12} = 12\%$；(c) $j_{12} = 16\%$。

10. 計算一筆在 2000 年 12 月 31 日的借款$2,000，$j_4 = 12\%$，當 2003 年 12 月 31 日時應償還多少金額？

11. 設存款$100，期間 5 年，年利率 16%，試求下列各項複利終值：
(a)每年計息一次；(b)半年計息一次；(c)每季計息一次；
(d)每月計息一次；(e)每日計息一次。

12. 一對雙親為了他們剛出生的女兒，存款$1,000 到一活存帳戶中。若此帳戶的年利率6%，每月計息一次，請問當他們女兒 18 歲時此帳戶有多少錢？

13. 在 1492 年，Isabella 女王為了哥倫布（Christopher Columbus）的旅程，贊助他$10,000。若當時她將這筆錢存放在銀行中，年利率3%，在 1992 年時此帳戶將累積多少錢？

14. 約翰有一存款帳戶，年利率$3\frac{3}{4}$%，按日計息，利息在每個月月底被轉到帳戶內。這個帳戶在 3 月 15 日開戶，以下為帳戶內的交易，計算 7 月底時其利息收入：

日期	存入	提取
3 月 15 日	800	—
4 月 30 日	300	—
7 月 7 日	—	200

B 部分

1. Melinda 有一存款帳戶，其利率為 4%，她在 12 月 31 日以$1,000 開戶。求在以下情況她在第 1 年的利息收入：
   (a)利息每日計息；
   (b)利息按日計算，在 6 月 30 日和 12 月 31 日被記錄於帳上；
   (c)利息按日計算，在每月月底時一次支付。

2. 使用歸納法證明此複利公式 $S = P(1+i)^n$。

3. 繪製一個圖表用來表示$100 在複利率$j_{365}$的 4%、8%、12%和 16%年利率，期間為 5、15、20 和 25 年下其本金的成長。

4. 找出在本金$100,000，期間 10 年，名目利率 12%，而計息次數 $m = 1, 2, 4, 12, 52$ 和 365 次之複利利息。

2.2 等值率

在我們詳述這換算次數 m 前，這每年名目利率是無意義的。

表 2.2 說明這複利計息次數的效果，在這本金$10,000，期間 10 年，在一名目利率為 8%的年利率且 m = 1,2,4,12 和 365。

表 2.2 $10,000，期間 10 年，年利率 8%，在不同複利計算下之不同的效果。

換算次數（m）	每期利率（i）	期數	總額
1	8%	10	$21,589.25
2	4%	20	$21,911.23
4	2%	40	$22,080.40
12	$\frac{2}{3}$%	120	$22,196.40
365	$\frac{8}{365}$%	3,650	$22,253.41

在相同的名目利率上，終值會隨計息次數增加而增加到複利終值上。名目利率 j_m 表每年複利 m 次，而有效利率的定義是此利率在每年能產生與複利相同金額的單利率。即擬找尋這有效的年利率 j 符合名目利率 j_m，我們比較$1 在 1 年後的終值。

若年利率 j，$1 在 1 年後的總金額（S）為 $1+j$。而 $i = \frac{j_m}{m}$，i 表每期的有效利率，$1 在 1 年後將複利累積為 $(1+i)^m$。

因此

$$1+j = (1+i)^m$$
$$j = (1+i)^m - 1 \qquad (8)$$

如同 i，這有效年利率 j 也應是用十進位表示的複利利率。它可能適當地被寫成百分比。

在附錄 D 我們將考慮當連續地複利 m 等於無限次數時的特

別情況。

範 例 1　**找出有效利率 j 相對於(a)$j_2 = 10\%$；(b)$j_{12} = 18\%$；和(c)j_{365} $= 13\frac{1}{4}\%$。**

解：(a)$1 利率 j，1 年後總金額為 $1+j$。

$1 利率 $j_2 = 10\%$，1 年後總金額為 $(1.05)^2$。

比較此終值我們得到：

$1+j = (1.05)^2 = 1.1025$

$j = 0.1025$ 或 10.25%

(b)我們知道 $i = 0.015$（註：$i = 0.18/12 = 0.015$）

$j = (1.015)^{12} - 1$

$= 0.19561816$ 或 19.56%

(c)$j = (1 + \dfrac{0.1325}{365})^{365} - 1$（註：$13\frac{1}{4}\% = 0.1325$）

$= 0.14165139$ 或 14.17%

此表示在相同期間，這二個不同複利利率是會產生相同終值。

範 例 2　**找出與(a)$j_{12} = 12\%$；和(b)$j_2 = 10\%$；相同終值的利率 j_4。**

解：我們應計算出$1，1 年後之終值。

(a)$1 在利率 j_4下，在 1 年後其總額為 $(1+i)^4$。在$1 利率 $j_{12} = 12\%$，我們在 1 年後將得總金額 $(1.01)^{12}$。

因此

$(1+i)^4 = (1.01)^{12}$

$1+i = (1.01)^3$

$$i = (1.01)^3 - 1$$
$$= 0.030301 \text{ 或 } 3.03\% \text{（每季）}$$

和

$$j_4 = 4i$$
$$= 0.1212 \text{ 或 } 12.12\%$$

(b)$1 在利率 j_4 下，在 1 年後其總金額為 $(1 + i)^4$。在 $1 利率 $j_2 = 10\%$，我們在 1 年後將得總金額 $(1.05)^2$。

因此

$$(1 + i)^4 = (1.05)^2$$
$$1 + i = (1.05)^{0.5}$$
$$i = (1.05)^{0.5} - 1$$
$$= 0.02469508 \text{ 或 } 2.47\% \text{（每季）}$$

和

$$j_4 = 4i$$
$$= 0.0987803 \text{ 或 } 9.88\%$$

範例 3　投資 3 年，年利率 $j_2 = 9\%$，求單利下等值之利率？

解： 設 r 為單利利率，投資$1，在利率為 r，3 年後總金額為 $1 + 3r$。投資$1，在利率 $j_2 = 9\%$，3 年後之複利總金額為 $(1.045)^6$。

因此

$1 + 3r = (1.045)^6$

$1 + 3r = 1.302\ 260\ 1$

$r = 0.10075338$ 或 10.08%

練習題 2.2

A 部分

求以下利率的有效利率（i）（到小數點第二位的%）：

1. $j_2 = 7\%$

2. $j_4 = 16\%$

3. $j_4 = 8\%$

4. $j_{365} = 12\%$

5. $j_{12} = 18\%$

找出名目利率以%表達，若已知每期的有效利率（i）：

註：原文名目利率 j 應改為有效利率 i。

6. $i = 0.06$，求 j_2。

7. $i = 0.09$，求 j_4。

8. $i = 0.10$，求 j_{12}。

9. $i = 0.17$，求 j_{365}。

10. $i = 0.08$，求 j_{52}。

求名目利率以%表達，若已知所給的名目利率：

11. $j_2 = 8\%$，求 j_4。

12. $j_4 = 6\%$，求 j_2。

13. $j_{12} = 18\%$，求 j_4。

14. $j_6 = 10\%$，求 j_{12}。

15. $j_4 = 8\%$，求 j_2。

16. $j_{52} = 11\%$，求 j_2。

17. $j_2 = 18\frac{1}{4}\%$，求 j_{12}。

18. $j_4 = 12.79\%$，求 j_{365}。

19. 投資 2 年，年利率 $j_{12} = 13.5\%$，求單利下等值之利率？

20. 投資 3 年，年利率 $j_{365} = 12\%$，求單利下等值之利率？

21. 若信用卡帳戶未償金額之利息為每月 $1\frac{3}{4}\%$，求有效的年利率。

22. 一公司提出其投資單據利率分別為 $j_2 = 15.5\%$ 和 $j = 0.16$。求哪一個

投資選擇能產生較高的利息？

23. 下列投資利率何者能產生最高及最低的投資利益？

(a) $j_{12} = 15\%$，$j_2 = 15.5\%$，$j_{365} = 14.9\%$

(b) $j_{12} = 16\%$，$j_2 = 16.5\%$，$j_{365} = 15.9\%$

B 部分

1. 請調查出三家不同的銀行，找出什麼是當前投資 3 年收益最好和最壞的利息利率，並計算若你投資$2,000，期間 3 年，以複利計算收益最高和最低的利率之間的差額。

2. 試找出 Visa 和 Mastercard 的帳戶在較大的百貨公司的有效利息利率。

3. 為了一特定名目利率 $j_2 = 2i$，試導出一等式相等於名目利率 j，j_4，j_{12}，和 j_{365}。

4. 為了一特定名目利率 $j_2 = 12i$，試導出一等式相等於名目利率 j，j_2，j_4，j_{52}，和 j_{365}。

5. 投資$20,000，期間 5 年，名目利率 16%。若其複利計息次數 $m = 1$，2，4，12，和 365 次分別計算此投資之終值：

(a)複利公式；

(b)等值的有效利率；

(c)等值的複利率按月計息。

6. 一投資金額，投資期間為 3 年。在第 1 年的利息利率為 $j_{12} = 15\%$。第 2 年的利率是 $j_4 = 10\%$，在第 3 年改變為 $j_{365} = 12\%$。找出此利率水準的每年有效利率，其在第 3 年到期時會有相同的終值。

7. 一銀行之活期存款利率為年利率 12%。每 3 年年底銀行多支付 2% 到帳戶中。求有效利率 j，當一投資者結束此帳戶在：

(a)2 年底；

(b)3 年底；

(c)4 年底。

8. 若 j_2 和 $j = j_2 + 0.0025$，對利息而言為等值率。求 j_2。

9. 一保險公司讓你支付的人壽保險費在每年初支付$100，或每半年初支付$51.50 元。那麼 j_2 應是多少？

2.3 *複利現值*

商業交易中，決定本金 P 的現值是非常必要的，由公式(7)我們可以由既定的利率（i）、計息期間（n）及累積的總金額（S）得知：

$$P=\frac{S}{(1+i)^n}=S(1+i)^{-n} \qquad\qquad (9)$$

P 為 S 的現值（或者稱為貼現值）。由 S 找出 P 的過程稱作為貼現。

此因子 $(1+i)^{-n}$ 稱為現值複利因子。

有時候也寫成 V^n。因此，現值利率因子（$PVIF_{i,n}$）$=(1+i)^{-n}$

藉由已知期間（n）、利率（i），我們可以得知現值利率因子 $(1+i)^{-n}$ 及現值 P。其 $(1+i)^{-n}$ 亦可由計算機上的函數功能 y^x（或 x^y）計算出。

範例 1　請計算一票據面額為 $100,000，(a)10年到期；(b)25年到期，利率 $j_{12}=12\%$ 之現值為多少？

解： (a)我們知道總金額 S 為 $100,000，利率 i 為 0.01，期數 n 為 120，即可得：

$$P=100,000(1.01)^{-120}$$
$$=\$30,299.48$$

(b)我們知道總金額 S 為 $100,000，利率 i 為 0.01，期數 n 為 300，即可得：

$$P=100,000(1.01)^{-300}$$

$$= \$5,053.45$$

範例 2 讓我們來假設你可以用現金\$18,000 買一商品，或者可用分期的方式付款，現在只要付\$10,000，然後第 1 年再償付\$5,000，第 2 年償付\$5,000。如果利率為 $j_{12} = 16\%$，選擇哪一種付款方式對你最好？

解：我們來設法將其資料以圖示說明之，注意其週期上所表示的時間區段：

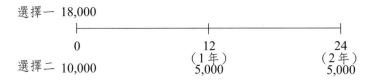

選擇一的現值為\$18,000

選擇二的現值為：

$$= 10,000 + 5,000\left(1 + \frac{0.16}{12}\right)^{-12} + 5,000\left(1 + \frac{0.16}{12}\right)^{-24}$$

$$= 10,000 + 4,265.23 + 3,638.43$$

$$= \$17,903.66$$

所以你應該選擇第二項條件而省下現值 $18,000 - 17,903.66$
$= \$96.34$

但在不同的利率下，我們或許會做不同的抉擇。如果年利率為 $j_{12} = 12\%$，其第二項條件的現值則為：

$$= 10,000 + 5,000(1.01)^{-12} + 5,000(1.01)^{-24}$$

$$= 10,000 + 4,437.25 + 3,937.83$$

$$= \$18,375.08$$

反之，你應該選擇第一項條件以省下$375.08

範例 3　有一張面額$2,000 的票據，日期標示為 2003 年 9 月 1 日，利息以 j_{12} = 16%支付，3 年後到期。在 2004 年 12 月 1 日時，此票據持有人將此票據貼現給願意以利率為 j_4 = 17.25%支付其票款的某人。請計算出 2004 年 12 月 1 日此票據價格為多少？

解：以圖示說明：

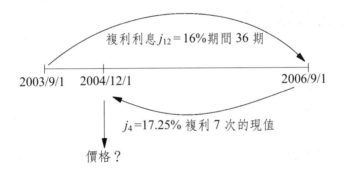

此票據到期值為：

$$S = 2,000 \left(1 + \frac{0.16}{12}\right)^{36}$$

$$= \$3,221.91$$

價格為：

$$P = 3,221.91 \left(1 + \frac{0.1725}{4}\right)^{-7}$$

$$= \$2,397.50$$

練習題 2.3

A 部分

找出下列各條件的現值：

題號	總金額	名目利率	計息期	期間
1	$100	16%	3 個月	3 年
2	$50	8.5%	1 個月	2 年
3	$2,000	11.8%	12 個月	10 年
4	$500	20%	6 個月	5 年
5	$800	12%	每日	3 年

6. 現在應該要投資多少錢，才能在 5 年後升值為$1,000，設利率為 $j_4 = 18\%$？

7. 如果利率為$j_{12} = 10.4\%$來計算，想要在 3 年後得到$2,000，那麼現在應該要儲蓄多少錢來投資基金呢？

8. 請問$2,500，10 年到期，其利率為 $j_2 = 9.6\%$ 的現值為多少？

9. 有一女子在 20 歲生日的時候拿到了$1,000，這是一筆她父母在她出生時存在銀行所產生的錢，這筆存款的利率如果為$j_2 = 6\%$，這筆錢當初是多少？

10. 有一筆待付的貨款，2002 年 10 月 31 日為其到期日，到期值為$2,000，利率為$j_4 = 13.25\%$時，此貨款在 1998 年 6 月 30 日時的價值為多少？

11. 有一張載明日期為 2003 年 10 月 1 日的票據，每年須償付$800，共計 7 年。但是在 2005 年 10 月 1 日時被賣出了，當時利率為$j_4 = 16\%$，試問該用多少錢來買這張票據呢？

12. 有一張待付的票據$250，其利率為 $j_{12} = 15.25\%$，1993 年 8 月 1 日到期，4 年後發行。1994 年 11 月 1 日時，此票據持有人將此票據貼現給一位要求以$j_4 = 13.5\%$計息的買者，此票據持有人將會得到多少

錢呢？

13. 有一張票據，到期日為 1997 年 1 月 1 日，面額\$1,000，年利 13%，每半年複利一次，共計 5 年。1998 年 7 月 1 日時，此票據持有人將此票據貼現給一位要求以年利 14.5%，每 3 個月複利一次的買者。請找出此交易後會繼續得到多少利息？

14. 有名男子可以用\$17,000 現金買一土地，或用儲蓄存款\$12,000 支付，加每年支付\$1,000，償付 5 年。如果他的利率為 $j_{365} = 16\%$，哪一種付款方式對他最好？

15. 利率為 $j_2 = 9\%$，在 1989 年 7 月 1 日\$1,000 及 2006 年 7 月 1 日\$600 時，請找出 1999 年 7 月 1 日的總價值？

16. 有一筆現金以年利 15%計息，試找出\$3,000 負債的現值，加上利息於 5 年間每年年底以複利 16.5%計息支付？

B 部分

1. 有某人可以用現金\$13,000 整買一財貨，或以儲蓄存款支付，即以\$6,000 分 2 年支付，且另\$6,000 元分 5 年支付，如果此筆錢可以投資，試問以下條件中，哪一種方法對他最有利？
   (a) $j_{12} = 18\%$？
   (b)前 3 年以 $j_4 = 12\%$支付，後 2 年以 $j_4 = 14\%$？

2. 有一載明面額\$2,500、1994 年 1 月 1 日到期的票據，利息於第 40 個月後開始以 $j_{12} = 15\%$計息。1994 年 5 月 1 日時，此票據所有人將此票據貼現給金融顧問有限公司，利率為 $j_4 = 16.25\%$。同一天，此金融顧問有限公司將其票據賣給銀行，以年利 16%計息貼現給銀行。此買賣過程中，金融顧問有限公司從中取得了多少利潤？

3. 試找出 5 年到期，金額\$1,000，外加利息以年利 14.25%計息之貼現值，其名目利率 16%複利計息，$m = 1$，2，4，12，52 和 365。

4. 公司的經理必須決定出以下二提議何者最適，以下為可用之參考資料：

提議	投資	每年底淨現金流入		
	〔現今〕	第一年	第二年	第三年
A	80,000	95,400	39,000	12,000
B	100,000	35,000	58,000	80,000

公司經理必定要選擇出此兩項提議的決定，此計畫以年利 14%計息，可為公司賺取一筆利潤。

2.4 短期的終值或現值

公式(7)和(9)是假定 n 是一個整數。理論上及實際上，這些公式的 n 都可以用分式來表示。

範 例 1　試找出$1,500 的終值與現值，期間為 16 個月，利率為 $j_4 = 18\%$ 。

解：請精確算出$1,500的終值，我們使用公式(7)，用 $P = 1,500$ ，

$i = \dfrac{0.18}{4} = 0.045$ ， $n = 5\dfrac{1}{3}$ 表示

我們得知：$S = 1,500\,(1.045)^{5\frac{1}{3}}$

$\qquad\qquad = \$1,896.90$

請精確算出$1,500 的現值，我們使用公式(9)，用 $S = 1,500$ ，

$i = 0.045$ ， $n = 5\dfrac{1}{3}$ 表示

我們得知：$P = 1,500\,(1.045)^{-5\frac{1}{3}}$

$\qquad\qquad = \$1,186.14$

然而這種精確計算複利率的方式通常不在實務上使用。複利計算通常使用於一段完整的利率期間，而剩餘的利息期間，再

用單利計算。這種方法被稱為近似法，我們將在範例 2 以圖表説明之。這種以數線來表示單利時間的計算方式我們將會在練習題 2.4 B 部分的問題 2 中看到。這種以數線表示的方式，我們在附錄 C 會解釋得相當完整，讀者可以很清楚的明白其意義。

範例 2　**請找出$1,500 的終值與現值，期間 16 個月，利率為 $J_4 = 18\%$，使用近似法，且比較出與範例 1 的結果有何不同。**

解：以近似值的方式來計算$1,500 的終值，期間為 16 個月，利率為 $J_4 = 18\%$，首先，我們將$1,500 分為 5 個時期，利率為 $J_4 = 18\%(i = 0.045)$，然後累積這些值，再加到最後一個月，單利按年計息 18%（時間以圖表說明）。

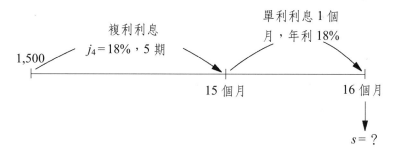

以數字表示，我們可以將此兩期間計算得知：

$$S = 1,500(1.045)^5 \left[1 + (0.18)\left(\frac{1}{12}\right)\right]$$
$$= \$1,897.31$$

特別注意：單利計算是以本金乘上單利利率因子$(1 + rt)$的加總，R 表示年利率，T 表示期間。

計算近似現值$1,500，期間為 16 個月，利率為 $J_4 = 18\%$。

我們先計算六個時期的$1,500，利率以$J_4 = 18\%$計算（一般來說，我們在計算整段時間的極小值時包括全部的時期）然後累積這些值，年利率 18% 以單利計息，期間為 2 個月（詳情以圖表示之）。

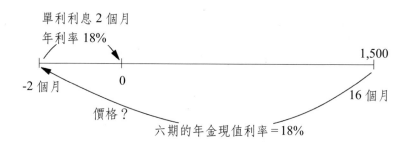

以數字來表示，我們可以得知：

$$P = 1,500\,(1.045)^{-6}\,[\,1 + (0.18)\,(\tfrac{2}{12})\,]$$
$$= \$1,186.40$$

比較範例 2 及範例 1 的結果，我們可以判斷出此近似值接近於這個精確值。

近似值的證法，總是比精確值來得大一點（詳情請見練習題 2.4 部分 B 練習題 1）

範例 3 有一張$3,000 的無息票據，1999 年 8 月 18 日到期。在 1998 年 6 月 11 時，票據持有人將此票據賣出，利率為 $J_{12} = 12\%$。如果以近似值方法來計算，此票據持有人將會繼續得到多少貼現現值呢？

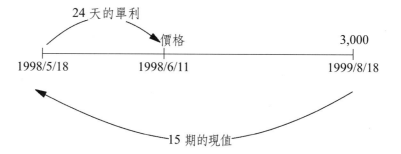

首先，我們找出\$3,000 的現值，期間為 15 個月，利率為
$i = 0.01$。然後，累加這些值，年利率以單利計算 12%，期
間為 24 天。

$$P = 3,000\ (\ 1.01\ )^{-15}\ [\ 1 + (\ 0.12\ )\ (\frac{24}{365})\ ]$$

$$= \$2,604.44$$

這個過程產生了\$2,604.44 之貼現現值。

練習題 2.4

A 部分

第 1 題到第 4 題，請先用精確值方法，而後再用近似值方法，比較
出每一項得出的答案。

1. 試找出\$100 的終值，期間為 5 年 7 個月，利率為 $j_2 = 13.5\%$。
2. 試找出\$800 的終值，期間為 4 年 7 個月，利率為 $j_4 = 20\%$。
3. 試找出\$5,000 的現值，到期日為 8 年 10 個月，利率為 $j_2 = 12.73\%$。
4. 試找出\$280 的現值，到期日為 3 年 7 個月，年利率 10%。
5. 有一張面值\$2,000 的無息票據，1998 年 10 月 20 日到期。在 1993 年
   4 月 28 日時，此票據持有人將此票據賣給銀行，利率為 $j_4 = 12\%$，
   此交易會產生多少貼值？
6. 在 2001 年 7 月 7 日時，Ms Smith 借了\$1,200，利率為 $j_{12} = 12\%$。她
   將在 2004 年 9 月 18 日要付多少錢？

7. 在 1999 年 4 月 7 日，有一筆負債$4,000，利息為 $j_2 = 18\%$。在到期日 2004 年 9 月 19 日，此負債將需償付多少總金額？

8. 有一張無息票據$850，到期日為 1996 年 10 月 8 日。在 1993 年 8 月 7 日時，此票據所有人將此票據貼現給一位要求利率為 $j_2 = 15.25\%$ 的人，請問此票據貼現值為多少呢？

B 部分

1. (a)假設 $0 < i < 1$，請證明：
   (i) $(1+i)^t < 1 + it$ 且 $0 < t < 1$；
   (ii)$(1+i)^t > 1 + it$ 且 $t > 1$。
   暗示：用二項式定理
   (b)請以數線表示(a)並以圖示之 $(1+i)^t$ 和 $1+it$。
   (c)當利息期間為短期且複雜時，請顯示出近似終值及近似現值比精確值還大。

2. 有一個通則，可以在數線上利用已知的兩個值找出另一個不知名的值。這個方法是基於下列的式子。

   $$f(n+k) = (1-k)f(n) + kf(n+1) \quad 0 < k < 1$$
   $$即 f(2\tfrac{2}{3}) = \frac{1}{3}f(2) + \frac{2}{3}f(3)$$

   回應這個複利利息公式 $f(n) = (1+i)^n$，我們可以得知

   $$(1+i)^{n+k} = (1-k)(1+i)^n + k(1+i)^{n+1} \quad 0 < k < 1$$

   證明其使用的數線相同於我們所假設的短時間的單利計算。證明：

   $$(1-k)(1+i)^n + k(1+i)^{n+1} = (1+i)^n(1+ki)$$

   如果你們還不了解數線的意思，就請參見附錄 C。

3. 有一張$1,200 的票據，日期標示為 1999 年 8 月 24 日，到期日為兩年，利率為 $J_{12} = 14.75\%$。在 2000 年 8 月 18 日時，此票據所有人將此票據貼現，按季計息 $16\tfrac{1}{4}\%$，請使用兩種方式來計算出此貼現值。

4. 有一張票據$2,000，載明日期為 2000 年 4 月 5 日，其到期日為 2004 年 10 月 4 日，按年計息 12%。在 2001 年 6 月 7 日時，此票據持有人將此票據貼現給銀行，銀行要求利率為 $j_4 = 14\%$，請用求近似值的方法來算出此交易產生了多少貼現值？

2.5 求利率或相關期間

已知 S、P 和 n，我們可以以已知的值代進原始複利率方程式 $S = P(1+i)^n$，求出未知的利率 i。我們可討論二種解答的方法。二種方式都會求出準確的 i 值。

1. 我們可以解指數方程式：

$$P(1+i)^n = S$$

直接代進 i，用計算機的次方，求出：

$$P(1+i)^n = S$$

$$(1+i)^n = \frac{S}{P}$$

$$1+i = \left(\frac{S}{P}\right)^{\frac{1}{n}}$$

$$i = \left(\frac{S}{P}\right)^{\frac{1}{n}} - 1$$

2. 用對數也可來解決指數方程式 $P(1+i)^n = S$，求出未知的利率 i。相關對數的解釋和其在複利問題上的應用可在附錄 A 中找到。此課本先假設讀者有口袋型計算機且機內建有函數功能和其相反的 10^x 功能。對於對數表的使用暫不予考慮。

範例 1 名目利率要多少才會使錢本身在 12 年內增加三倍？

解：我們可以用任何錢的總數來當本金，$P = x$，$S = 3x$ 和 $n = 144$。
用 $S = P(1+i)^n$，我們可以獲得每個月未知利率的平均：

$$3x = x(1+i)^{144}$$

$$(1+i)^{144} = 3$$

解指數方程式，直接代進 i 然後用口袋計算機，得出：

$$(1+i)^{144}=3$$
$$1+i=3^{1/144}$$
$$i=3^{1/144}-1$$
$$=0.00765843$$
$$j_{12}=12i$$
$$=12\times0.00765843$$
$$=0.0919 \text{ 或 } 9.19\%$$

用指數方程式 $(1+i)^{144}=3$ 兩邊套用對數，得出：

$$144\log(1+i)=\log3$$
$$=0.47712125$$
$$\log(1+i)=0.00331334$$
$$1+i=1.00765843$$
$$i=0.00765843$$
$$\text{且 } j_{12}=12i$$
$$=0.919 \text{ 或 } 9.19\%$$

　　當 S，P 和 I 已知，我們可用已知的值代進複利方程式 $S=P(1+i)^{n}$，運用以下其中一種方法，求出未知的 n：

　　1.利用對數來解指數方程式 $P(1+i)^{n}=S$，求出未知指數 n。假如運用準確的累積方法，複利可用在利息期間內分數的部分，對數方法可解答出一正確的 n 值。

　　2.在附錄 C 有線性內插法的解釋。假如運用近似的累積方法，則簡單的利息是允許在期間內分數的部分。線性內插法求出正確的 n 值。實際上，準確的解答是依用在內插法上重要的數字圖形。

範例 2　從$500 累積到$850 在 $j_{12}=12\%$ 需要多長的時間？假設：
(a)累積的正確法；
(b)累積近似法。

解： n 代表月份，計算出：

$$500(1+0.01)^n=850$$
$$(1.01)^n=850/500$$
$$=1.7$$

(a)假如複利法是用在找利息期間的分數部分，我們可以用對數解此方程式$(1.01)^n=1.7$。求出：

$$n\log 1.01=\log 1.7$$
$$n=\frac{\log 1.7}{\log 1.01}$$
$$=53.3277（個月）$$

(b)假如簡單利息法是用在找利息期間的分數部分，我們可用線性內插法求出 n。其相關的方程式是：

$$(1.01)^{53}=1.69447$$
$$(1.01)^n=1.7$$
$$(1.01)^{54}=1.71141$$

故線性內插法的公式變成：

$$\frac{n-53}{54-53}=\frac{1.7-1.69447}{1.71141-1.69447}$$
$$n-53=\frac{0.00553}{0.01694}$$
$$=0.326$$
$$\therefore\quad n=53.33（個月）$$

另解(b)

在 $j_{12}=12\%$，未來 53 期後的終值$500，是 $500(1.01)^{53}=$

$847.23。現在我們計算累積到$847.23，在年利率12%單利下需要多長的時間。

$$T = \frac{I}{Pr}$$

$$= \frac{2.77}{847.23 \times 0.12}$$

$$= 0.02724565 \text{ 年或 } 0.327 \text{ 個月}$$

所以　$n = 53.33$ 個月

練 習題 2.5

A 部分

從問題 1 至 4，使用口袋計算機和對數直接求出名目利率。

1. $P = \$2,000$，$S = \$3,000$，$t = 3$ 年 9 個月，求出 j_4？

2. $P = \$100$，$S = \$150$，$t = 4$ 年 7 個月，求出 j_{12}？

3. $P = \$200$，$S = \$600$，$t = 15$ 年。求出 j？

4. $P = \$1,000$，$S = \$1,581.72$，$t = 3$ 年 6 個月，求出 j_2？

從問題 5 至問題 8，求出時間，假設使用兩者正確和近似方法。

5. $P = \$2,000$，$S = \$2,800$，　$j_4 = 10\%$。

6. $P = \$100$，$S = \$130$，　$j_2 = 9\%$。

7. $P = \$500$，$S = \$800$，　$j_{12} = 12\%$。

8. $P = \$1,800$，$S = \$2,200$，　$j_4 = 8\%$。

9. 投資基金廣告上宣稱可以保證你的錢在 10 年內會增加二倍。其中隱含有效年利率是多少？

10. 假設 4 年內的投資成長為 50%，可以賺取多少利率 j_4？

11. 從 1992 年到 1997 年，普通股所賺取的利潤從 $\$4.71$ 增加到 $\$9.38$。年複利率為多少（以 0.1% 有效數字計算）？

12. 假設投資在 3 年內從 $\$4,000$ 增加到 $\$6,000$，其成長率 j_{365} 為何？從問題 13 到問題 15，使用對數找出其時間。

13. 你的定期存款增加二倍，需要多久的時間累積：

    (a) $j = 0.1956$？

    (b) $j_{365} = 15\%$？

14. 在基金報酬率為 9.8% 半年一計，從 \$800 增加到 \$1,500 需要多長的時間？

15. 在 $14\frac{1}{4}$ % 每日複利條件下，增加你的投資 50%，需要多長的時間？

B 部分

運用正確方法在 B 部分的所有問題。

1. 已知利率 j_2，在 8 年內會雙倍增加。假如你投資 \$1,000 在此利率下，你會有多少錢？

    (a) 5 年內？

    (b) 10 年內？

2. 假設錢在 6 年內，每日複利的特定利率下會增加二倍，需要多長的時間可以使錢的總額增加到三倍的價值？

3. 畫一圖表示需要使你的錢增加二倍的時間，在有效利率為每年 2%、4%、6%……20%。

4. 在 1996 年 1 月 1 日存入 \$500，半年複利一次，年利率 12%。在 1999 年 1 月 1 日，另存入 \$400 在另一帳戶，有效年利率 $15\frac{1}{2}$ %。假設使用正確方法在分數的利息期間，求出此二帳戶將會有等值的時間？

5. 測定要多長的時間，使 \$1 在 $j_{12} = 18\%$，二倍終值及另一 \$1 定存在同一時間在 $j_2 = 10\%$ 計息下。

6. 錢在 t 年內，有效利率 j 下會增加二倍。在多少的利率下，錢也可在 $\frac{t}{2}$ 年內增加二倍？為什麼你的答案不是 $2j$？

2.6 等值方程式

在第 1 章，等值方程式中就已討論單利之使用。我們建議讀者在還未閱讀此節時，先閱讀 1.4 節，因為大部分 1.4 節的原則

和程序會運用在此節。

一般而言,我們用等值觀念來比較過去的值:X 在已知的日期應付的款項是相等於複利息 i,在 n 期後應付的款項Y,假設:

$$Y = X(1+i)^n \text{ 或 } X = Y(1+i)^{-n}$$

接下來的圖表說明過去的值或未來的值相等於已知 X 值。

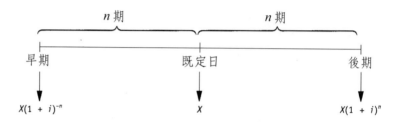

注意:從以上的圖表在時間上簡單劃分可以說明:

- 當我們計算下一期的錢,我們會以複利息因子$(1+i)^n$乘上總金額。

- 當我們計算前一期的錢,我們會以複利息因子$(1+i)^{-n}$乘上總金額。

範例1　3 年後須清償貸款$500。試找出(a)3 個月和(b)3 年 9 個月的等值的借款,$j_4 = 12\%$。

解:我們將資料放在圖上,分成四等份(一季為一期):

等值:

$$X = 500\,(\,1.03\,)^{-11} = \$361.21$$

$$Y = 500\,(\,1.03\,)^{\,3} = \$546.36$$

注意：X 和 Y 是等值，故：

$$Y = X\,(\,1.03\,)^{\,14}\ 或\ 546.36 = 361.21\,(1.03)^{\,14}$$

　　如同前述之單息、過去等值的總金額、不同的到期日，不全考慮進去將是沒有意義的。要計算連續的支付款項，我們要用等值來表示不同期間之價值。

範例2　有一個人欠$200，在第 6 個月後到期，且擬再欠$300，在第 15 個月後到期。計算：(a)個別償付款項的現值；(b)在第 12 個月後應償付的等值債務，假設這些錢，均以 j_{12} ＝15%年利率計算?

解：我們將資料放在圖上，X 為現在單一支付款項，Y 為 12 個月後單一支付款項。

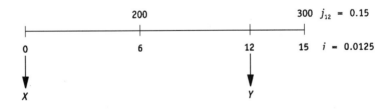

計算不同時點之等值 X，Y

$$X = 200\,(1.0125\,)^{-6} + 300\,(\,1.0125\,)^{-15} = 185.63 + 249.00 = \$434.63$$

$$Y = 200\,(1.0125)^{\,6} + 300\,(1.0125\,)^{-3} = 215.48 + 289.03 = \$504.51$$

我們可以證明 X 和 Y 等值的特性：

$$Y = X\,(1.0125\,)^{12} = 434.63\,(1.0125)^{\,12} = \$504.50$$

或 $X = Y(1.0125)^{-12} = 504.51(1.0125)^{-12} = \$434.64$

在計算 X 和 Y 中，允許 1%的誤差。

在 1.4 節曾交代過，在財務數學當中最重要的問題之一是用等值的支付款項來取代已知的支付款項。二種支付款項是在給定已知的複利下。此方程式說明過去某一時點，或在一般特別日期，二種支付款項之時間價值相等，故叫作等值。日期稱為焦點日期或預估日期。

此程序在 1.4 節解釋過了，用以解決財務數學上的問題，當有複利息時，亦可運用同樣的方式估算。無論如何，在使用複利息時，答案不是依靠不同焦點日期的位置而有所不同。範例 3 和範例 4 是用來說明在財務數學上如何使用等值的方程式。

範例 3 有一債務$1,000 利息 $j_4 = 10\%$。3 月時先償還$200，以後再分 3 次支付，即在最後 6、9 和 12 月。試問每次支付款項應為多少?

解： 我們將資料放在圖上，

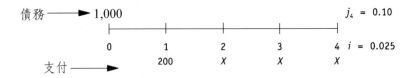

任何一個日期可以選為焦點日期。在此，列出使用現在時間和 12 月末的計算方法。

等值的方程式在 12 月末：

支付的數值 = 債務的數值

$$200(1.025)^3 + X(1.025)^2 + X(1.025)^1 = 1,000(1.025)^4$$

$$215.38 + 1.050625X + 1.025X + X = 1,103.81$$

$$3.075625X = 888.43$$

$$X = \$288.86$$

等值的方程式為：

現在支付數值＝現在債務數值

$$200(1.025)^{-1} + X(1.025)^{-2} + X(1.025)^{-3} + X(1.025)^{-4} = 1,000.00$$

$$195.12 + 0.9518144X + 0.92859941X + 0.905\,950\,64X = 1,000.00$$

$$2.7863645X = 804.88$$

$$X = \$288.86$$

範例 4 有一個男人將$50,000 的遺產，去投資有$j_{12} = 9\%$報酬率的基金。在他去世時，留有二個孩子，分別是 13 歲和 18 歲。預訂每一個小孩到達 21 歲時，可以平均分得其遺產。試問每一個小孩可分得多少遺產？

解：較年長的孩子可以在 3 年內獲得X；年幼的孩子也可在 8 年內獲得X。我們將資料放在圖上，使用月份為時間的單位。

等值的方程式之現值為：

支付的數值＝遺產的數值

$$X(1.0075)^{-36} + X(1.0075)^{-96} = 50,000$$

$$0.76414895X + 0.48806170X = 50,000$$

$$1.25221065X = 50,000$$

$$X = \$39,929.39$$

每一個孩子可以得到$39,929.39。

以下的計算是用以檢查答案的正確性。

基金的總數在最後 3 年 $= 50,000 (1.0075)^{36} = \$65,432.27$

先支付年長孩子的款項 $= \underline{\$39,929.39}$

結存的基金 $= \$25,502.88$

5 年後基金的總數 $= 25,502.88 (1.0075)^{60} = \$39,929.38$

再支付給次子，計算過程中允許 1%的誤差。

練習題 2.6

A 部分

1. 假若 $j_4 = 16\%$，求出在最後第 15 年到期的錢的總數相等於$1,000 在最後的第 6 年到期的總數？

2. 求出 5 年後應支付的總數，是相等於$1,800 在 12 年後到期的總值，$j_2 = 11\frac{3}{4}\%$？

3. 有一份債務合約在 7 年末到期，在最後(a)3 年、(b)10 年，假設 $j_{12} = 10\%$，求出其債務等值？

4. $1000 應在 2 年末支付和$1,500 應在最後 4 年末支付。假設 $j_4 = 8\%$，求個別總數在 3 年末的等值？

5. $800 應在 4 年末支付和$700 應在 8 年末支付。假如 $j_{12} = 12\%$，求出等值個別的總數在：

   (a)2 年末；

   (b)6 年末；

   (c)10 年末。

列出你的答案。

6. 有一債務$2,000 在 8 年末到期。設$1,000 是在 3 年末支付，求出在 7 年末償付的個別款項，$j_2 = 12\%$？

7. 有某人借$4,000，$j_4 = 12\%$。他保證在第 1 年末支付$1,000，第 2 年末支付$2,000，其餘的在第 3 年支付。試求出最後的支付款項？

8. 有一個消費者買值$1,500 的商品。他付定金$300，將在 6 月末支付$500。假如此商在未支付的餘額索取 $j_{12} = 18\%$，試求出其在期末所應支付的最後款項？

9. 有一銀行戶列出以下的存款和提款：

日期	存入	提款
2003 年 1 月 1 日	$200	---
2003 年 7 月 1 日	$150	---
2004 年 1 月 1 日	---	$250
2004 年 7 月 1 日	$100	---

設此戶頭 $j_2 = 16\%$，利息在 6 月 30 日和 12 月 31 日支付，求出此帳戶在 2005 年 1 月 1 日的餘額？

10. 以支付$400 在 5 年末代替支付$300 在 10 年末，有一婦女同意支付 X 在 3 年末和 $2X$ 在 6 年末。試求出 X，已知其有效利率是年利 10%？

11. 有一男子將其遺囑上的$50,000 設一基金，在他 3 個小孩 21 歲時可獲得相同的遺產。當此男人去世時，他的小孩子的年齡分別是 19、15、13。假如此基金的利息是 $j_2 = 12\%$，每個小孩分得多少？

12. 有一塊土地可以用$50,000 現金購買或先支付$20,000 定金，再分別於 2 年末和 4 年末支付兩次相等的款項$20,000。付現金者，買方需要從其投資所賺的利息 $j_2 = 8\%$ 中提款。現在，哪一個選擇較好，以及好多少？

B 部分

1. (a)試證明：在既定日，以複利計息，以單值來取代一組連續的現金支付，是可以得到相同結果的。

(b)以上敘述用代數法，請證明；若改用單利計息上，則是不正確的。

2. 若年利 14%，求出在 2 年後的多少錢可以等值於今日的$1,000，加上在 4 年末支付的$2,000，其年利為 $12\frac{1}{2}$ %，可轉換半年率？

3. 在 1997 年 1 月 1 日，史密斯先生借入$5,000 來預付其在 2003 年 1 月 1 日須支付的款項，利息 $j_4=13\%$。現在是 1999 年 1 月 1 日，史密斯先生要在今天付$500，完全償付其款項在 2001 年 1 月 1 日和 2003 年 1 月 1 日。假如現在 $j_4=12\%$，其支付款項為何？

2.7　*利率變動*

前面的章節已假設複利是在特定條件不變下，且持續的過程。然而，在實例中諸多特定條件的固定，可能不實際。如利率變化是經常發生的，像銀行、建築協會、借貸工會常會依市場條件變化他們的存款利率。

但此複雜的利率改變，其實在計算上並不困難，因為此問題仍可用適合的複利方法去演算。範例 1 和範例 2 馬上計算出利率改變的每個日期，我們並沒有使用新的複利計算方法，這些問題可以考慮成二個或以上的複利組合問題，將之簡單表示在一個問題上。

範例 1　其年利 12%，持續 6 年，和改變年利為 9%，適用 2 年，總計在 8 年內$1,000 會累積到多少？

解：時間圖表上開始計算二個點和二種利率。

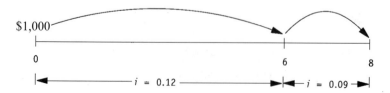

$$6 \text{ 年後的價值} = 1,000 \, (1.12)^6$$
$$= \$1,973.82$$

$$8 \text{ 年後的價值} = 1,973.82 \, (1.09)^2$$
$$= \$2,345.10$$

$$\text{或 } 8 \text{ 年後的價值} = 1,000 \, (1.12)^6 (1.09)^2$$
$$= \$2,345.10$$

注意：當複利是呈多變化時，不必去計算平均利率。每個
複利率是各有其影響力。

範例 2 有一筆欠款$10,000，10 年後到期，在前 3 年利率是 j_4
=8%，後 5 年之利率則為j_2＝10%，而在最後 2 年j_1＝9%。
求其現值？

解： 這個問題應分成 3 段，將 10 年後到期的值移到現在，在每
個日期有利率變化，用時間圖表來説明此問題：

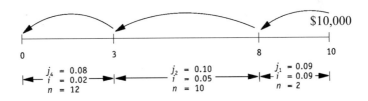

分三段解析：

第一步　8 年後的值 ＝ 1,000 $(1.09)^{-2}$
　　　　　　　　　　 ＝ \$8,416.80

第二步　3 年後的值 ＝ 8,416.8 $(1.05)^{-10}$
　　　　　　　　　　 ＝ \$5,167.19

第三步　現在的值 ＝ 5,167.19 $(1.02)^{-12}$
　　　　　　　　　 ＝ \$4,047.29

此解答也可以用此方式表達：

現在的值 $= 10,000\,(1.02)^{-12}(1.05)^{-10}(1.09)^{-2}$

$\qquad\qquad\quad = \$4,074.29$

等值方程式包含一個以上的利率變化。以上的方法是適合用在有利率變化的問題，可以立刻計算其值。當利率是多變時，每一個支付款項要獨立計算，因此等值方程式（在焦點日期）得等到最後一式算出，才能表示出來。

範例 3　某學生有\$200 欠款應在 6 月個內償還，且另筆\$300 欠款應在 15 月個內償還。試求出其現在個別欠款的支付款項，已知在 9 個月內利率 $j_4 = 12\%$，9 個月以後的利率 $j_4 = 8\%$？

解：將資料放在時間圖表上，X 是個別支付款項，時間分四等份。

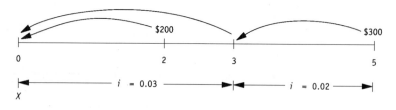

$\$200$ 欠款的現值 $= 200\,(1.03)^{-2}$　註：3 月一次計息

$\qquad\qquad\qquad\quad = \$188.52$

$\$300$ 欠款在第三等份的值 $= 300\,(1.02)^{-2}$　註：第三次計息

$\qquad\qquad\qquad\qquad\qquad = \$288.35$　　是在第 9 個月時

$\$300$ 欠款的現值 $= 288.35\,(1.03)^{-3}$　　點上，前後利率

$\qquad\qquad\qquad\quad = \$263.88$　　是不同的。

兩個欠款的現值 = $188.52 + $263.88

　　　　　　　　= $452.40

範例 4 有一公司有以下三個債務：

$20,000 債務在 2005 年 1 月 1 日到期；

$30,000 債務在 2009 年 1 月 1 日到期；

$50,000 債務在 2014 年 1 月 1 日到期。

希望以 2007 年 1 月 1 日到期的一個債務取代此三個債務，

貸方同意使用以下的利率：

從 2005 年 1 月 1 日至 2007 年 1 月 1 日年利 12%；

從 2007 年 1 月 1 日至 2010 年 1 月 1 日年利 11%，之後則

以年利 10% 計算。

解： 此問題可用以下時間圖表加以表達：

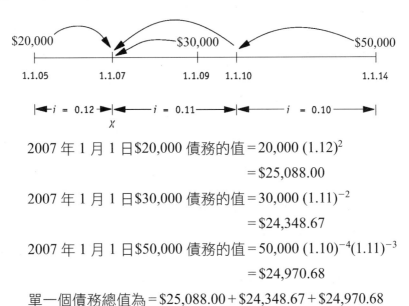

2007 年 1 月 1 日 $20,000 債務的值 = $20,000 (1.12)^2$

　　　　　　　　　　　　　　　= $25,088.00

2007 年 1 月 1 日 $30,000 債務的值 = $30,000 (1.11)^{-2}$

　　　　　　　　　　　　　　　= $24,348.67

2007 年 1 月 1 日 $50,000 債務的值 = $50,000 (1.10)^{-4}(1.11)^{-3}$

　　　　　　　　　　　　　　　= $24,970.68

單一個債務總值為 = $25,088.00 + $24,348.67 + $24,970.68

　　　　　　　$X = \$74,407.35$

練習題 2.7

A 部分

1. 已知前 6 年的年利 11%，後 6 年的年利 9%，12 年後\$2,000 將會累積到多少？

2. 有一欠款\$1,000，6 年後到期，已知前 2 年 $j=0.08$，2 年之後的 $j=0.07$，試求其現值？

3. 海倫在 1995 年 1 月 1 日在其聯合帳戶存入\$500。已知 1995 年 $j_2=8\%$，1996 年和 1997 年 $j_2=9\%$，1998 年和 1999 年 $j_2=6\%$，試問其帳戶在 2000 年 1 月 1 日會是多少錢？

4. \$2000 投資 10 年，其利率的計算如下：
   前 1，2，3 年 $j_2=10\%$；
   第 4，5，6，7 年 $j_4=8\%$；
   最後第 8, 9, 10 年 $j_{12}=12\%$。
   試求出其未來的值和其所應得的利息？

5. 試求出某一筆在 1998 年到期的欠款是相等於在 1992 年 1 月 1 日到期的\$2,000 欠款，已知在 1992 年 $j_2=10$ 和 1993 年之後為 $j_2=9\%$。

6. 有一債務\$5,000 在 5 年後到期。建議現在付\$X，另一\$X 在 10 年內償還此債務。試求出\$X 的值，已知前 6 年的年利 12%，後 4 年的年利 8%？

7. 有一公司希望變換其以下的三個債務：
   \$20,000 債務在 1998 年 7 月 1 日到期；
   \$30,000 債務在 2001 年 1 月 1 日到期；
   \$35,000 債務在 2004 年 7 月 1 日到期。
   以單一債務\$Y 在 2001 年 1 月 1 日償還。已知在 2001 年 1 月之前利率為 $j_2=12\%$，2001 年 1 月之後 $j_2=10\%$。試求出 Y 的值？

8. 有一對年輕夫婦，購進一塊值\$29,000 的土地。他們給付 20%的定金，其餘分二次付還，各付\$15,000 在第 2 年及第 4 年。已知在前 2 年 $j_2=8\%$，後 2 年 $j_4=12\%$，他們會該接受這個付款方式嗎？

B 部分

1. 請以代數證明

$$(1+i)^n \times (1+j)^n \neq \left[1+\frac{i+j}{2}\right]^{2n}$$

   推斷出複利率是不能均值化的。

2. 海倫在 4 年間投資$500。其名目利率保持每年 8%，雖然在第 1 年是可轉換成半年率，第 2 年為可轉換成季利，第 3 年為可轉換成月利，第 4 年為可轉換成日利。試求出其累積值？假設第 1 年的利率保持不變，其最大的值為何？

3. 試求出 2001 年 7 月 2 日到期的欠款，其值相等於 1998 年 1 月 1 日到期$1,000 的欠款加上 2003 年 3 月 1 日到期$2,000 的欠款，已知在 2001 年 7 月 1 日之前為 $j_4 = 8\%$，之後是 $j_{12} = 12\%$？

4. 試求出在 8 年內到期的$20,000 欠款和 15 年內到期的$30,000 欠款的加總：

   在前 1，2，3 年 $j = 0.12$；

   第 4，5，6，7，8 和 9 年 $j_2 = 10\%$；

   第 10，11，12 年 $j_4 = 8\%$；

   後 13，14，15 年 $j_6 = 9\%$。

2.8　其他複利理論的應用

　　我們都知道你投資愈多的錢在已知利率 i 上，你將會賺愈多的利息。而且，你賺一塊錢的利息，將會是你所投資的錢的一部分且它會自己再賺利息。後者是歸因於幾何數成長和不同複利率。

　　在任何時候我們有幾何數成長個案時，亦可應用複利理論來解決。

範例 1　有一棵樹在 1983 年測量出含 150 立方公尺的木材。假如此樹成長率為每年 3%，在 1993 年此樹的材積為多少？

解：這是幾何數成長，所以我們可以用複利理論。在 1993 年木材的材積 $= 150 (1.03)^{10}$

$\qquad = 202$ 立方公尺

範例 2　在 1947 年 6 月澳洲的人口為 7 百 58 萬。在 1976 年為 1 千 3 百 92 萬。

(a)試求出 1947 年到 1976 年，每年成長率？

(b)在這個成長率下，在哪一年其人口會達 2 千萬？

解：(a)其解和在複利率問題中求出未知的利率一樣。

$$7.58 (1 + i)^{29} = 13.92$$

$$(1 + i)^{29} = \frac{13.92}{7.58}$$

$$1 + i = (\frac{13.92}{7.58})^{\frac{1}{29}}$$

$$= 1.02118$$

$$i = 0.0212 \text{ 或 } 2.12\%$$

(b)同樣的用在求複利上，求未知時間的問題。

$$13.92 (1.0212)^{t} = 20$$

$$(1.0212)^{t} = \frac{20}{13.92}$$

$$t \log (1.0212) = \log (\frac{20}{13.92})$$

$$t = 17.28$$

因此，在同樣的成長率下，澳洲將在 1993 年達到 2 千萬的人口。然實際上，此後人口的成長率有下降。

　　複利理論也可以分析很多經濟變化，包括薪資成長率和通貨膨脹率。

範例 3　在 1985～86 年，在澳洲，每個星期的平均所得（所有員工）是$358.5。在 1995～96 年增加到每星期$557.3。

(a)在 10 年內，每年薪資成長率的平均為何？

(b)在此薪資成長率下，需要多長的時間才會使其薪資成雙倍？

解：(a)$358.50 (1+i)^{10} = 557.3$

$$(1+i)^{10} = 1.5545$$

$$1+i = (1.5545)^{\frac{1}{10}}$$

$$= 1.0451$$

$$\therefore \quad i = 0.0451$$

　　因此，在此期間內，平均薪資成長率為 4.5%。

(b)　　　$(1.045)^t = 2$

$$t \log 1.045 = \log 2$$

$$t = \frac{\log 2}{\log 1.045}$$

$$= 15.75 \ 年$$

　　範例 3 的答案說明了一個比較粗略的法則：即約在年利率 $i\%$，其值在 $\dfrac{70}{i}$ 年，將會增加雙倍。如在年利 5% 下，約 14 年內其值將會增加雙倍。同理在年利 10% 下，約 7 年內也會增加雙倍。同樣的，引申薪資的年成長率若為 10%，新資將會在 7 年內增加雙倍。此原則稱為第 70 條法則（Rule of 70）。

*練*習題 2.8

A 部分

1. 有一城市在 1970 年到 1980 年的人口成長率為 4%。若在 1970 年的人口為 40,000 人，假設其成長率保持相同，估計在 1990 年的人口為多少?

2. 快樂城市在 1992 年 12 月 31 日的人口為 15,000 人。此城市的年成長率是 2%。其人口在 2000 年會增加到多少?

3. 假設有一個城市在 8 年內的人口從 100,000 人增加到 160,000 人，求其年成長率?

4. 假設居住的成本平均每年提高了 8%，需要多長的時間其購買力會從$1 降到$0.60?

5. 5 年內居住成本平均每年提高 8.7%。屋子因為通貨膨脹而增加到$60,000，試問原屋價為何?

6. 有一大學畢業生在其 22 歲生日時，開始新的工作，年薪$20,000。假如其薪資每年可提高 10%，當他在 65 歲退休時會賺到多少錢?

B 部分

1. (a)第 70 條法則（Rule of 70）的調查，請測定出正確的時間，使其值增加雙倍，請試用以下的利率:$j_4 = 8\%$;$j_{12} = 12\%$;$j_{365} = 15\%$
   (b)試以代數法表示在 i 利率下，其時間長度增加雙倍的值。

2. 在實驗中果實每 40 分鐘增加 4%。假如今天凌晨 1 點時有 100,000 個果實，明天早上 7 點到 11 點之間將會增加多少的果實?

3. 厄瓜多爾的人口年成長率為 3%，其人口在 x 年內將會增加雙倍。加拿大的人口成長率為 1.5%，其人口在 y 年後將會增加雙倍。求出 y/x 比例?

4. 某一郡在 1970 年的人口為 200,000 人，1980 年 250,000 人。試估計此郡在 1990 年到 1995 年之間人口的成長率為多少?

2.9 總複習

1. 試求出在 1989 年 12 月 1 日到期的$1,000 欠款和在 1999 年 12 月 1 日到期$800 欠款,在 1994 年 6 月 1 日的現值為多少?已知 $j_2 = 11.38\%$。

2. 有一個人存入$1,500 在其現金管理基金戶頭。已知此基金年日複利率為 9.8%,試求出其戶頭最初的累計值。

3. 在其第一個孫子出生時,史密斯買$100 儲蓄債券,年利息為 8%。試計算其孫子在 20 歲生日時將會領到的現金?

4. 在 1970 年的人口調查,估計美國的人口為 203 萬。假設其人口年成長率為 3%,試求出在 2000 年美國的人口數?

5. XYZ 公司銷售年成長率為 4%。假設在 1998 年其銷售額為$680,000,試推算其 2003 年的銷售額?

6. 已知投資利息為每半年 8%,試求出投資$100,其 5 年到 10 年內所賺的利息總數?

7. 珍妮買某產品價值$1,500。她想要在 3 月末支付$500,6 月末再支付$600,9 月末支付$300。而已知未付的餘額須以 $j_{12} = 21\%$ 計息,試問她的存款應有多少?

8. 金融公司提供公司債券支付 $j_2 = 16\frac{3}{4}\%$,$j_4 = 16\frac{1}{4}\%$ 或 $j_{12} = 16\frac{1}{8}\%$。試求出投資者最佳及最差的選擇各為何?

9. 有一票據 2000 年 11 月 21 日到期,面值為$3,000,免付利息。在 1996 年 4 月 3 日,持票人將其向銀行貼現,$j_4 = 14\%$。求出價值?

10. 在 $j_{365} = 14\%$ 下,需要多長的時間,方可使$1,000 累積到$2,500?

11. 有一投資基金廣告,將會使你的錢在 10 年內增加三倍。試求其利率 j_4?

12. 有一貸款$10,000,從 1995 年開始,2001 年 1 月 1 日償還。債務人希望在 1998 年 1 月 1 日付款$2,000 和在 2000 年 1 月 1 日與 2001 年 1 月 1 日平均付款。已知利息 $j_{12} = 15.25\%$,試計算這些款項的金額?

13. 已知 $j_{365} = 12.5\%$,在 1983 年 11 月 20 日存入的$1,000,在什麼時候會增加到至少$1,250?

14. 為了償還一貸款$5,000,$j_{12} = 15\%$,史密斯同意在 2、5、10 月分三期付

　　款。第二筆款項是第一筆款項的雙倍，第三筆款項是第一筆款項的三
　　倍。各個款項為多少？

15. 試求出會使你的投資金額在 5 年內增加雙倍的名目利率為何？

16. 保羅在其儲蓄戶頭存入$1,000，利息為 10%，他發現其儲款累積到
　　$1,610.51。假如他在同一時間投資$1,000 在公司債券，年利息為 13.25%
　　且將其利息存入其儲蓄戶，現在他的$1,000 已累計到多少？

17. 已知前 2 年$j_4 = 8\%$，2 年之後則為$j_2 = 10\%$，試算 5.5 年後到期的$2,000
　　欠款的現值？

18. 有一貸款$5,000，在 2008 年 7 月 1 日到期。然而其借款人在 2004 年 3
　　月 1 日預付$2,000。試求出 2008 年 7 月 1 日到期欠款的現值？假設在
　　2004 年 $j_{12} = 12\%$，在 2005 年 $j_6 = 11\%$，在 2006 年 $j_4 = 10\%$，在 2007 年
　　$j_3 = 9\%$，在 2008 年 $j_2 = 8\%$。

3 年 金

3.1 定 義

年金是一種連續的期間之金額支付，通常此金額都相同，且間隔的時間也相同。保險金支付、抵押支付、公債的利息支付、租金支付和股息支付等等，都是一些年金的例子。

年金的有效支付時間裡，稱作償付期間。這個時間從第一次的支付期間開始到最後一次的支付期間，稱作年金的期限。當年金的期間固定，也就是第一天和最後一次的支付日期是固定的，這種年金稱作固定年金。當年金的期限須依據某些不固定的事件時，這種年金稱作變動年金。公債利息支付的型式是固定年金，人壽保險的支付型態則是變動年金（他們的保險在死亡時終止）。除非有另外的指示，否則在本文裡所稱的年金均指固定年金。

當支付是在每一支付期間的期末做償付，這種年金稱作普通年金。例如，包括公債的償還和債券利息的支付。當支付是在每一支付期間的期初來償付，這種年金稱作期初年金。保險支付就是期初年金的最佳例子。

3.2 普通年金的終值

普通年金的終值是定義為各期末的到期金額的總金額。普通年金顯示出期間圖表包括利息期間（每一支付期間相等）單位計量，而且 R 是表示正常支付的定額金錢。

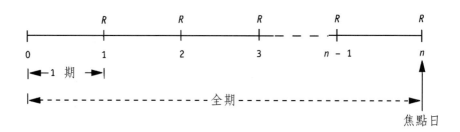

我們可以藉由重複應用複利的公式，來計算這個年金的價值。以範例 1 為例。

範例 1 每年付$250，持續 4 年的支付，在利息 3%下，試計算出普通年金的終值。

解： 我們先在時間圖表上排出每一期間。

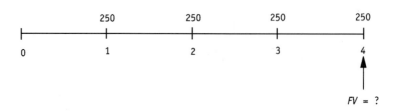

第 1 期末的支付金額之終值 $= 250(1.03)^3 = 273.18$
第 2 期末的支付金額之終值 $= 250(1.03)^2 = 265.23$

第 3 期末的支付金額之終值 $= 250\,(1.03) = 257.50$

最後一期的支付金額　　　　$= 250$　　$= 250.00$

　　　　　　　總計　　　　　　　　$= \$1{,}045.91$

因此，我們加總了不同時點之四個金額得到了終值$\$1{,}045.910$

　　現在，可發展出一種公式去計算普通年金的終值，使用幾何加總。幾何加總的相關內容請參閱附錄 B。

　　讓我們來想像，每一期末支付$\$1$，共支付 n 期的普通年金表示在時間表上為：

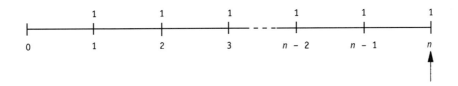

　　擬計算這個年金的終值，我們必須累積每一期末支付$\$1$直到期末的年金，並且將它們加起來。這可以表示如下：

$$\textbf{\textit{終值}} = (1+i)^{n-1} + (1+i)^{n-2} + \cdots\cdots + (1+i)^2 + (1+i)^1 + 1$$

　　在第 1 年期末第一次支付之$\$1$可計息為 $(n-1)$ 年，第 2 次支付為 $(n-2)$ 年，依此類推。這可以另一個方法表示：

$$\textbf{\textit{終值}} = 1 + (1+i) + (1+i)^2 + \cdots\cdots + (1+i)^{n-2} + (1+i)^{n-1}$$

　　這個式子是一個 n 項的幾何級數，首項（例如 a）是 1，及 $(1+i)$ 的公比（例如 r）。因此，用這公式去計算幾何級數，展示在附錄 B 中。

$$終值 = \frac{a(r^n - 1)}{r - 1}$$

$$= \frac{1(1+i)^n - 1}{(1+i) - 1}$$

$$= \frac{(1+i)^n - 1}{i}$$

用這個公式去計算年金的終值是非常重要的。它可以知道在 i 之下，每一期末支付$1，$n$ 期的終值（或累積值）。它通常寫成：

$$s_{\overline{n}|}^{i} = \frac{(1+i)^n - 1}{i}$$

取而代之地，可以了解年金的終值利息因子。（*FVIFA*）寫成如下：

$$FVIFA_{I, n} = \frac{(1+i)^n - 1}{i}$$

誠如第 2 章所述，FVIFA 是終值利息因子（Future Value Interest Factors）之簡稱。

無論使用哪種表示法，利率和期數總是不可缺乏的因素。

要得到 n 期支付，每一期金額為 R 的普通年金的終值，我們簡單地乘上 R 即可。如此，普通年金的終值之基本公式為：

$$終值 R s_{\overline{n}|}^{i} = R \frac{(1+i)^n - 1}{i} \tag{10}$$

使用這個公式在範例 1 時，我們計算出：

$$終值 = 250 s_{\overline{4}|}^{.03} = 250 \frac{(1.03)^4 - 1}{0.03}$$

在傳統上，財務數學的教科書會提供複利表，給予因子的價值，諸如：

$$(1+i)^n; \ (1+i)^{-n}(或 \ V^n); \ s_{\overline{n}|}^{\frac{i}{}} = \frac{(1+i)^n - 1}{i} :$$

$$且 \ a_{\overline{n}|}^{\frac{i}{}} = \frac{1 - (1+i)^{-n}}{i}$$

（這個最後的因子將在第 3.3 節中介紹）這個表列出利率 i 值和支付 n 的期數值，而得到正確的 $s_{\overline{n}|}$ 值。

在內容中，藉由使用計算機或試算表、複利表已經能將因子一點一滴直接地算出來，而且呈現出最正確的結果。如表 3-1 顯示來自複利表 3% 和 6% 的一個結果。學生應學習了解這個表，並且解釋它們。例如，在 40 年之後，$1 的複利在年利 3% 下會變成 $3.26，年利 6% 下則有 $10.29。

表 3.1　每年利率為 3% 和 6% 的複利表

利　率	3%				6%			
	$(1+i)^n$	$(1+i)^{-n}$	$s_{\overline{n}|}^{\frac{i}{}}$	$a_{\overline{n}|}^{\frac{i}{}}$	$(1+i)^n$	$(1+i)^{-n}$	$s_{\overline{n}|}^{\frac{i}{}}$	$a_{\overline{n}|}^{\frac{i}{}}$
	$FVIF_{i,n}$	$PVIF_{i,n}$	$FVIFA_{i,n}$	$PVIFA_{i,n}$	$FVIF_{i,n}$	$PVIF_{i,n}$	$FVIFA_{i,n}$	$PVIFA_{i,n}$
$n=0.25$	1.007 417	0.992 638	0.247 236	0.245 415	1.014 674	0.985 538	0.244 564	0.241 027
0.5	1.014 889	0.985 329	0.496 305	0.489 024	1.029 563	0.971 286	0.492 717	0.478 569
0.75	1.022 417	0.978 075	0.747 222	0.730 839	1.044 671	0.957 239	0.744 511	0.712 675
1	1.030 000	0.970 874	1.000 000	0.970 874	1.060 000	0.943 396	1.000 000	0.943 396
2	1.060 900	0.942 596	2.030 000	1.913 470	1.123 600	0.889 996	2.060 000	1.833 393
3	1.092 727	0.915 142	3.090 900	2.828 611	1.191 016	0.839 619	3.183 600	2.673 012
4	1.125 509	0.888 487	4.183 627	3.717 098	1.262 477	0.792 094	4.374 616	3.465 106
5	1.159 274	0.862 609	5.309 136	4.579 707	1.338 226	0.747 258	5.637 093	4.212 364
6	1.194 052	0.837 484	6.468 410	5.417 191	1.418 519	0.704 961	6.975 319	4.917 324
7	1.229 874	0.813 092	7.662 462	6.230 283	1.503 630	0.665 057	8.393 838	5.582 381
8	1.266 770	0.789 409	8.892 336	7.019 692	1.593 848	0.627 412	9.897 468	6.209 794
9	1.304 773	0.766 417	10.159 106	7.786 109	1.689 479	0.591 898	11.491 316	6.801 692
10	1.343 916	0.744 094	11.463 879	8.530 203	1.790 848	0.558 395	13.180 795	7.360 087
11	1.384 234	0.722 421	12.807 796	9.252 624	1.898 299	0.526 788	14.971 643	7.886 875
12	1.425 761	0.701 380	14.192 030	9.954 004	2.012 196	0.496 969	16.869 941	8.383 844

13	1.468 534	0.680 951	15.617 790	10.634 955	2.132 928	0.468 839	18.882 138	8.852 683
14	1.512 590	0.661 118	17.086 324	11.296 073	2.260 904	0.442 301	21.015 066	9.294 984
15	1.557 967	0.641 862	18.598 914	11.937 935	2.396 558	0.417 265	23.275 970	9.712 249
16	1.604 706	0.623 167	20.156 881	12.561 102	2.540 352	0.393 646	25.672 528	10.105 895
17	1.652 848	0.605 016	21.761 588	13.166 118	2.692 773	0.371 364	28.212 880	10.477 260
18	1.702 433	0.587 395	23.414 435	13.753 513	2.854 339	0.350 344	30.905 653	10.827 603
19	1.753 506	0.570 286	25.116 868	14.323 799	3.025 600	0.330 513	33.759 992	11.158 116
20	1.806 111	0.553 676	26.870 374	14.877 475	3.207 135	0.311 805	36.785 591	11.469 921
21	1.860 295	0.537 549	28.676 486	15.415 024	3.399 564	0.294 155	39.992 727	11.764 077
22	1.916 103	0.521 893	30.536 780	15.936 917	3.603 537	0.277 505	43.392 290	12.041 582
23	1.973 587	0.506 692	32.452 884	16.443 608	3.819 750	0.261 797	46.995 828	12.303 379
24	2.032 794	0.491 934	34.426 470	16.935 542	4.048 935	0.246 979	50.815 577	12.550 358
25	2.093 778	0.477 606	36.459 264	17.413 148	4.219 871	0.232 999	54.864 512	12.783 356
26	2.156 591	0.463 695	38.553 042	17.876 842	4.549 383	0.219 810	59.156 383	13.003 166
27	2.221 289	0.450 189	40.709 634	18.327 031	4.822 346	0.207 368	63.705 766	13.210 534
28	2.287 928	0.437 077	42.930 923	18.764 108	5.111 687	0.195 630	68.528 112	13.406 164
29	2.356 566	0.424 346	45.218 850	19.188 455	5.418 388	0.184 557	73.639 798	13.590 721
30	2.427 262	0.411 987	47.575 416	19.600 441	5.743 491	0.174 110	79.058 186	13.764 831
31	2.500 080	0.399 987	50.002 678	20.000 428	6.088 101	0.164 255	84.801 677	13.929 086
32	2.575 083	0.388 337	52.502 759	20.388 766	6.453 387	0.154 957	90.889 778	14.084 043
33	2.652 335	0.377 026	55.077 841	20.765 792	6.840 590	0.146 186	97.343 165	14.230 230
34	2.731 905	0.366 045	57.730 177	21.131 837	7.251 025	0.137 912	104.183 755	14.368 141
35	2.813 862	0.355 383	60.462 082	21.487 220	7.686 087	0.130 105		14.498 246
36	2.898 278	0.345 032	63.275 944	21.832 252	8.147 252	0.122 741	111.434 780	14.620 987
37	2.985 227	0.334 983	66.174 223	22.167 235	8.636 087	0.115 793	119.120 867	14.736 780
38	3.074 783	0.325 226	69.159 449	22.492 462	9.154 252	0.109 239	127.268 119	14.846 019
39	3.167 027	0.315 754	72.234 233	22.808 215	9.703 507	0.103 056	135.904 206	14.949 075
40	3.262 038	0.306 557	75.401 260	23.114 772	10.285 718	0.097 222		15.046 297

範例 2　計算出每一期期末支付$100 之 15 年後的年金終值。假設 $j_4 = 12\%$，使用(a)計算機；(b)複利表所給的值。

解：(a)我們知道 $R = 100$，$i = 0.03$，$n = 15 \times 4 = 60$，計算出：

$$終值 = 100s_{\overline{60}|}^{.03} = 100\left[\frac{(1.03)^{60} - 1}{0.03}\right] = \$16{,}305.34$$

(b)因為 $n = 60$ 的值超過了表的極限，我們將 60 期支付的年金分成 30 期支付的兩個年金，顯示在時間表上（其他的組合也是有可能的）。

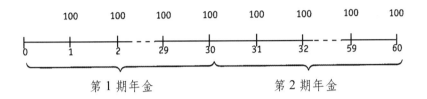

第 1 期年金　　　　　　　第 2 期年金

利用最後一期的支付，如同焦點日，我們得到了第 1 期年金的終值：

$$100s_{\overline{30}|}^{.03}(1.03)^{30}$$

第 2 期年金的終值：

$$100s_{\overline{30}|}^{.03}$$

因此，支付 60 期年金的終值，可使用複利表來計算：

$$= 100s_{\overline{30}|}^{.03}(1.03)^{30} + 100s_{\overline{30}|}^{.03}$$

$$= 100(47.575416)(2.427262) + 100(47.575416)$$

$$= \$16,305.34$$

範例3　某工人每年末儲存$1,000，並且儲存在建築工會裡。如果每年的利率為 9%，儲存 40 年後他可獲得多少的報酬？

解：日期可藉由下列的時間表來解析：

40 年後的終值：

$$= 1,000s_{\overline{40}|}^{.09}$$

$$= 1,000\left[\frac{(1.09)^{40}-1}{0.09}\right]$$

$$= \$337,882.45$$

如果期間夠長，複利的結果是非常清楚明顯的。

範例 4 一對夫婦每 3 個月末儲蓄$500，在每年利息為 6% 的儲蓄帳戶中（或是每 3 個月 1.5%）。假設第一期存款是在 1992 年 1 月 1 日，在他們存款之後，他們的帳戶在 1999 年 10 月 1 日時，累積到多少錢？

解： 接下來，這些資料必須在時間表上排列，以顯示出有關的日期和利率。

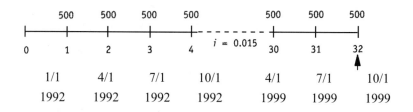

在 1999 年 10 月 1 日的價值 $= 500 s_{\overline{32}|}^{\frac{15}{}}$

$$= 500 \frac{(1.015)^{32} - 1}{0.015}$$

$$= \$20,344.14$$

注意： 在解答的第一行中，焦點日和利率兩者都清楚地顯示出來。這才是正確的應用練習。

範例 5 一名節儉的工人，從 8 月 31 日起每年投資$300。像這樣的投資在 10 年之後，他增加他的儲蓄變成每年$400。假設年利率得 8% 的利息，問在 15 次的投資之後，他將累積

多少利息所得？

解： 這支付的金額，基本上是變動的，必須要使用一個很清楚的時間表來解析：

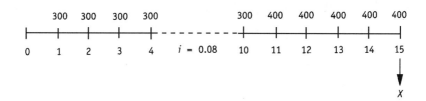

這個問題考慮到了兩個年金的合併：一個是在 1～10 年的時候，每年付$300，另一個是在 11～15 年的時候，每年付$400。

在前 10 期投資年金$300 的價值 $= 300s_{\overline{10}|}^{.08}$

$$= 300\frac{(1.08)^{10} - 1}{0.08}$$

$$= \$4,345.97$$

終值必須再用複利去計算到第 15 期的價值。

因此，$300 年金的價值，經 15 期後 $= 4{,}345.97(1.08)^5$

$$= \$6,385.65$$

而$400 年金的價值，經 5 期後 $= 400s_{\overline{5}|}^{.08}$

$$= 400\frac{(1.08)^5 - 1}{0.08}$$

$$= \$2,346.64$$

因此，全部年金的終值 $= 6{,}385.65 + 2{,}346.64$

$$= \$8,732.29$$

試算表的使用

前述的例子之求解，係使用計算機的技巧，那是在本章之前就習用的。然而，許多問題包括分期的現金流量也能使用試算表來求解，就像在電腦上使用試算表一樣。在實際上，試算表是包括一個大的範圍之數學、統計和圖表的功能於系列的行列與欄位。在試算表的每一個小方格上都有它個別的功能而且能夠藉由它的行與列的位置來定義它的意思。試算表對財務問題分析非常有用，特別是當現金流動不規則或當利率不一致時。

像前述的範例 5，如果讓我們重新以試算表來解答它。表 3.2 顯示出試算表的行，如下例：

A 行　支付的年份。

B 行　顯示在行 A 中每年支付的金額。

C 行　終值的支付因子能夠如 $(1.08)^{15-A}$，A 是代表支付的年度。

D 行　這是每一期支付的終值以及 B 行和 C 行相配合。

試算表的優點之一是它能表示出重複的計算上（例如：倍數使用在 D 行中）結果。例如，$D2 = B2 \times C2$；$D3 = B3 \times C3$，等等。

這名工人的儲蓄之終值是在行 D 的數字之金額，它能夠在試算表中使用加總的功能即可計算出來。

表 3.2　使用試算表來解答範例 5

	A	B	C	D
1	年	支付	複利因子[a]	價值[b]
2	1	300	2.937 19	881.16
3	2	300	2.719 62	815.89
4	3	300	2.518 17	755.45
5	4	300	2.331 64	699.49
6	5	300	2.158 92	647.68
7	6	300	1.999 00	599.70
8	7	300	1.850 93	555.28
9	8	300	1.713 82	514.15
10	9	300	1.586 87	476.06
11	10	300	1.469 33	440.80
12	11	400	1.360 49	544.20
13	12	400	1.259 71	503.88
14	13	400	1.166 40	466.56
15	14	400	1.080 00	432.00
16	15	400	1.000 00	400.00
17			總計[c]	$8,732.30[d]

(a)在 C 行的因子 $= (1.08)^{(15-\text{行 } A \text{ 的數})}$；例如，$C2 = (1.08)\wedge(15-A2)$。

(b)在 D 行的乘積 $=$ B 行$\times$C 行；例如，$D2 = B2 \times C2$。

(c)在表中所顯示的不同於之前的答案是使其更完美。

(d)$D17 = $ 總和 $(D2:D16)$

練習題 3.2

A 部分

1. 計算每年$2,000，支付 5 年的普通年金之終值。利率則用：

   (a)每年 9%；(b)每年 12.5%；(c)每年 18.88%。

2.　計算每年期末支付$500，支付 14 年，每年利率 9%的年金終值？

3.　一位女士每年儲存$100 存款，每年利率 12%。假設她頭一期在 2003 年 7 月 1 日儲存，在她存到 2018 年 7 月 1 日時，她的帳戶有多少錢？

4.　每年期末支付$100，支付 5 年，則在下列利率下可有多少錢？
　　(a)每年 5.25%；(b)每年 11%？

5.　某人一年償付債務$120，假設他的償付持續 4 年，那麼在每年利率為 8%下，在 15 年之後，他需要償付多少才能償還完？

6.　計算出每個月支付$50，支付 25 年之後的年金終值，假設利率是(a)每個月複利，年利率 8%；(b) j_{12}= 16%。

7.　一位女士每年 1 月 1 日儲存$500 在投資基金內，這樣的儲存從 1999 年開始直到 2008 年。假設基金每年支付 10%的利率，她的帳戶在 2013 年 1 月 1 日時會有多少錢？

8.　某人每年年末儲存$100，儲存了 5 年，並且改每年年末儲存$200，儲存了 8 年。假設每年利率為 7%，計算這些儲蓄的終值？

9.　計算下列表中的值 $s_{\overline{n}|}$

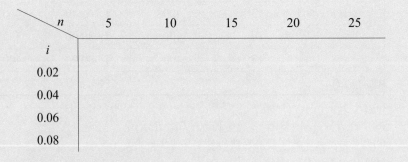

i \ n	5	10	15	20	25
0.02					
0.04					
0.06					
0.08					

並試解釋表中的趨勢之理由。

B 部分

1.　瑪麗在 2002 年 1 月 1 日時開了一個儲蓄帳戶，儲存$1,000。往後她每月儲存$200，持續了 10 年（第一次儲存在 2002 年 2 月 1 日）。她又每月取回$300，持續 5 年（第一次的取回在 2012 年 2 月 1 日）。

在最後一次取回$300 後，計算這個帳戶的盈餘尚有多少（例如，2017 年 1 月 1 日）？假設 $j_{12} = 12\%$。

2.　顯示出 $s_{\overline{n}|}^{i} = n + \dfrac{n(n-1)}{1 \times 2} i + \dfrac{n(n-1)(n-2)}{1 \times 2 \times 3} i^2 + \cdots\cdots$

3.　證明：

(a) $(1+i) s_{\overline{n}|}^{i} = s_{\overline{n+1}|}^{i} - 1$

(b) $s_{\overline{m+n}|}^{i} = s_{\overline{m}|}^{i} + (1+i)^m s_{\overline{n}|}^{i} = (1+i)^n s_{\overline{m}|}^{i} + s_{\overline{n}|}^{i}$

範例(a)和(b)使用時間圖表說明之。

4.　假設 $s_{\overline{n}|}^{i} = 10$ 以及 $i = 0.10$，計算出 $s_{\overline{n+2}|}^{i}$，$s_{\overline{2n}|}^{i}$？

5.　亞伯（Albert）在 1997 年 6 月 30 日開始，每 3 個月儲存$300 到一個新的儲蓄帳戶，直到 2001 年 12 月 31 日為止。在 2002 年 9 月 30 日開始每季提取$500。假設利率是 14%，則在 2004 年 6 月 30 日提取時，亞伯的帳戶餘額還有多少？

6.　假如想要檢查一行 $s_{\overline{n}|}$ 的值，從 $n=20$ 到 $n=40$，請導證出它們加總的公式。

7.　假設每期支付的簡單利率是 i，算出 n 相同的支付之累積價值？

8.　(a)證明出 $(1+i)^n = 1 + i s_{\overline{n}|}^{i}$；

　　(b)試解釋這個公式。

3.3　普通年金的現值

　　普通年金的現值是定義為期初的價值（即頭期付款），它等於全部年金的現值加總。下列的時間表中，所強調的部分是年金現值和到期年金的不同。 R 是每一期的固定支付金額。

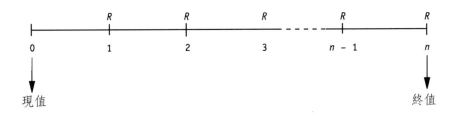

我們注意到了每一期相同支付下的現值和終值兩個數值，但因計算的焦點日不相同，現值和終值亦有不同，兩者之間的關係為：

$$現值 = 終值 \times (1+i)^{-n}$$

由 3.2 節的終值公式，我們得到：

$$現值 = Rs_{\overline{n}|}^{i}\,(1+i)^{-n}$$
$$= R\frac{(1+i)^n - 1}{i}(1+i)^{-n}$$
$$= R\frac{1-(1+i)^{-n}}{i} \quad 或 \quad R\frac{1-V^n}{i}$$

假如我們定義 $a_{\overline{n}|}^{i} = \dfrac{1-(1+i)^{-n}}{i}$

我們得到了年金的現值為：

$$現值 = Ra_{\overline{n}|}^{i} = R\frac{1-(1+i)^{-n}}{i}$$
$$= R\frac{(1-V^n)}{i}$$

有可能知道年金的現值利率因子（PVIFA）並且寫成如下：

$$PVIFA_{i,\,n} = \frac{1-(1+i)^{-n}}{i}$$

如同終值因子一般，利率和期數在顯示 $a_{\overline{n}|}^{i}$ 或 $PVIFA_{i,n}$。

在這本教科書中，我們建議多直接在計算機上算出 $a_{\overline{n}|}^{i} = \dfrac{1-(1+i)^{-n}}{i}$ 並且使用計算機上所顯示的數字來完成最正確的結果。

普通年金的現值之基本公式，能夠被發展在使用類似 3.2 節的幾何級數的方法。例如下列的練習：

範例 1 假設每年有效的利率是 12%，在每年的期末支付$500（第 1 次支付從現在開始），則在 15 年後的錢，現在值多少？

解：我們得知 $R = 500, i = 0.12, n = 15$ 並且使用公式(11)，我們計算出：

$$現值 = 500 a_{\overline{15}|}^{\frac{12}{}}$$

$$= 500 \frac{1 - (1 + 0.12)^{-15}}{0.12}$$

$$= \$3,405.43$$

在每次支付$500，5 期支付的實值是$7,500，相當於現在支付的$3,405.43。這其中的不同是在於計息期間的不同。

範例 2 某學生以每個月償還$150，分 3 年償付的方法貸款，借入一些金錢去購買一輛車。假設利率是(a)9%；(b)12%，試計算在分期付款下之償付現值（即現在的車價）？

解：有 36 個月的償付期間，在每個月的月底。

(a)在利率 9%的償付現值（或每個月 $\frac{3}{4}$ %）

$$= 150 a_{\overline{36}|}^{.0075}$$

$$= 150 \frac{1 - (1.0075)^{-36}}{0.0075}$$

$$= \$4,717.02$$

(b)在利率 12%的償付現值（或每個月 1%）

$$= 150 a_{\overline{36}|}^{.01}$$

$$= 150 \frac{1 - (1.01)^{-36}}{0.01}$$

$$= \$4,516.12$$

範 例 3　瓊斯先生簽下了一個契約，其細節內容是先付頭款$1,500，往後每年支付$2,000，支付 10 年。每年的有效利率是 12%，

(a)這個契約的現值是多少？

(b)假設瓊斯先生漏繳頭 2 期，則他在第 3 期時必須支付多少才能補足自己漏繳的部分？

(c)假設瓊斯先生漏繳頭 2 期，則他在第 3 期之時點必須支付多少才能完整地償還他的全部債款？

解：(a)以 C 來表示契約的現值。然後 C 為$1,500 加上 10 年支付的現值，每一期為$2,000。

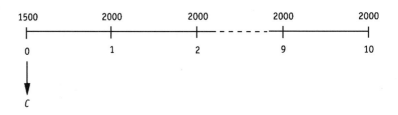

$$C = 1,500 + 2,000 a_{\overline{10}|}^{12}$$
$$= 1,500 + 2,000 \frac{1 - (1.12)^{-10}}{0.12}$$
$$= 1,500 + 11,300.45$$
$$= \$12,800.45$$

(b)以 X 表示需要支付的金額。瓊斯先生必須在第 3 期支付到期時，支付前 3 期的累積金額。

我們計算出：

$$X = 2,000s_{\overline{3}|}^{\frac{12}{}}$$

$$= 2,000\frac{(1.12)^3 - 1}{0.12}$$

$$= \$6,748.80$$

(c)以 Y 表示需要支付的金額。瓊斯先生為了完整地償還他的債款，必須在第 3 次到期支付時，支付前 3 期的累積金額，加上後 7 期的現值。

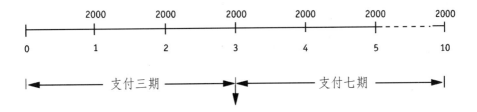

$$Y = 2,000s_{\overline{3}|}^{\frac{12}{}} + 2,000a_{\overline{7}|}^{\frac{12}{}}$$

$$= 2,000\frac{(1.12)^3 - 1}{0.12} + 2,000\frac{1 - (1.12)^{-7}}{0.12}$$

$$= 6,748.80 + 9,127.51$$

$$= \$15,876.31$$

易言之，我們亦可先算出 10 期應付之現值，再推論到第 3 期之時點的價值。即

$$Y = 2,000a_{\overline{10}|}^{\frac{12}{}}(1.12)^3$$

$$= 2,000\frac{1 - (1.12)^{-10}}{0.12}(1.12)^3$$

$$= \$15,876.31$$

範例 4　某年金每年支付$500，支付 5 年後，每年改支付$300，支付 4 年的年金，年利均是 11%，則該年金現值是多少？

解：這種類型的問題由於年金期間是變動的，所以必須藉時間表來幫助解決問題。

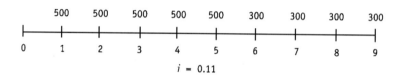

這個問題的解題方式如同二種年金的綜合。第 1 種是每年 $500，共 1～5 年；第 2 種是每年$300，共 6～9 年。首先看第 1 種年金$500 的現值：

在時間表 0 時 $= 500a_{\overline{5}|}^{11}$

$$= 500\frac{1-(1.11)^{-5}}{0.11}$$

$$= \$1,847.95$$

現在換看$300 年金的部分，這 2 種年金是互相影響的。剛開始時我們衡量在第 5 期的價值，並且這個價值將是被貼現回到 0 期使用複利法。

在 5 期的現值 $= 300a_{\overline{4}|}^{11}$

$$= 300\frac{1-(1.11)^{-4}}{0.11}$$

$$= \$930.73$$

在 0 期的價值 $= 930.73(1.11)^{-5}$

$$= \$552.35$$

因此年金的總現值 $= 1,847.95 + 552.35$

$$= \$2,400.30$$

在解決範例 4 的問題之替代方法中，可使用試算表，顯示在表 3.3 中：

表 3.3　使用試算表解決範例 4

	A	B	C	D
1	年	支付	現值因子(a)	價值(b)
2	1	500	0.90090	450.45
3	2	500	0.81162	405.81
4	3	500	0.73119	365.60
5	4	500	0.65873	329.37
6	5	500	0.59345	296.73
7	6	300	0.53464	160.39
8	7	300	0.48166	144.50
9	8	300	0.43393	130.18
10	9	300	0.39092	117.28
11			Total(c)	$2,400.31(d)

(a)在 C 欄的因素 $= (1.11)^{(-\text{column A})}$；例如，$C2 = (1.11)^{\wedge}(-A2)$。

(b)在 D 欄的乘積＝B 欄×C 欄；例如，$D2 = B2 \times C2$。

(c)在表中有一點不同於之前的答案，在於表中顯示的多為整數的數。

(d)$D11 = \text{sum}(D2:D10)$。

在做投資決策時，現值的觀念是非常重要的應用。在做投資的決策：如獲得資產的方式是買斷或承租時，我們應該去比較各方式之現金流量的淨現值之大小。現金流量的淨現值之比較原則，可應用在投資機器設備的資產、商業上的財產，或是債券的投資等等。

範例 5　某公司認為以$600,000 的現金來獲得新的電腦設備,是有可能的。設備耐用期限 6 年,6 年後的殘值估計為 $50,000。公司也能夠以每年$150,000 來租賃設備,在每一年年底分期付款。假設公司每年能賺得 16%的利息,那麼公司應該用買的還是租賃的方式取得該設備呢?

解:我們考慮二種情況:買或是租賃,並且計算兩者的現金流量之淨現值。

淨現值(NPV)=現金流入量的現值－現金流出量的現值

買的淨現值 $= 50,000\,(1.16)^{-6} - 600,000$

$\qquad\qquad\quad = 20,522.11 - 600,000$

$\qquad\qquad\quad = -\$579,477.89$

租的淨現值 $= -150,000\,a\frac{16}{6|}$

$\qquad\qquad\quad = -\$552,710.39$

對公司而言,淨現值代表的成本是負值,因此,租的淨現值少於買的淨現值,公司應選擇採用租的方式獲得設備。

練習題 3.3

A 部分

1. 求下列普通年金的現值?假設每年固定支付$1,000,共 5 年,而年利分別為:(a)8%;(b)16%;(c)12.79%。

2. 求算每個月$380 的年金之現值,共 3 年,依:(a)$j_{12} = 8\%$;(b)$j_{12} = 12\%$;(c)$j_{12} = 10.38\%$。

3. 瓊斯先生想要儲存足夠的錢,能夠寄去給他就讀大學的兩個孩子。但他們只有 3 年時光可以存錢,而瓊斯先生希望這 3 年的儲蓄,足夠每年提供$3,000,連續 6 年給孩子。假設年利為 5%,試計算每年

所需的儲款金額？

4. 一位女士有個人壽保險，在她 65 歲之後，每年可領$1,500，連續領 15 年，第 1 次領取是 66 歲。假設保險公司以年利 9%支付在這個基金上，則在她 65 歲時，該保險現值是多少？

5. 某位男士支付了$500 的儲蓄以及加上每月分期支付$180，共 3 年，去買一輛車。假設貸款的利率是 18%，則這輛車現值多少金額？

6. 假設年利 11%，每年固定支付$1,000 共 10 年，試計算此年金的現值？

7. 有一位繼承人收到一份遺產，每年底$700，共收 15 年，假設年利 10%，這個遺產的現值是多少？

8. 有個月年金始於 1998 年 2 月 1 日開始，迄 2001 年 1 月 1 日結束。假設這個年金的價值在 2001 年 1 月 1 日是$8,000，而且 $j_{12} = 11\%$，則在 1998 年 1 月 1 日時的價值是多少？

9. 某年金在每年底支付$2,000，共支付 5 年，並且在之後的 8 年裡，改每年底支付$1,000。假設年利為 10%，計算這些支付的現值？

10. 某年金每年支付$200，共 10 年，在 1999 年 1 月 1 日時開始。假設每年利率是 11%，計算這些年金在 1996 年 1 月 1 日時的價值？

11. 某契約約定每月支付$250 共 10 年，在第 5 年初（在第 48 次支付完後）契約被賣出給買者，$j_{12} = 14\%$，試問買者支付了多少錢？

12. 完成下表中 $a_{\overline{n}|}$ 的值。

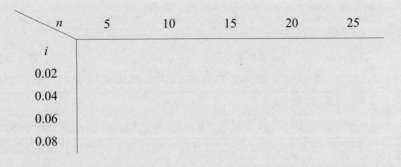

n	5	10	15	20	25
i					
0.02					
0.04					
0.06					
0.08					

解釋表中各行欄代表的值和意義。

B 部分

1. 導出公式

    $$a_{\overline{n}|}^i = \frac{1 - (1+i)^{-n}}{i}$$

    如同幾何級數的總和。

2. 證明：

    (a) $(1+i)\, a_{\overline{n}|}^i = a_{\overline{n-1}|}^i + 1$；

    (b) $\dfrac{1}{s_{\overline{n}|}^i} + i = \dfrac{1}{a_{\overline{n}|}^i}$；

    (c) $a_{\overline{m+n}|}^i = a_{\overline{m}|}^i + (1+i)^{-m} a_{\overline{n}|}^i = (1+i)^{-n} a_{\overline{m}|}^i + a_{\overline{n}|}^i$。

    並將(c)部分用時間表說明。

3. (a)行列 n 中，$a_{\overline{n}|}^i$ 和 $s_{\overline{n}|}^i$ 在量的方面之增加。

    (b)合理地解釋在(a)中你的答案。

    (c)在什麼樣的情況下，全部的 n 值會相等？

4. 假設 $a_{\overline{n}|}^i = 10$ 而且 $i = 0.08$，計算 $s_{\overline{n}|}^i$ 和 $a_{\overline{2n}|}^i$？

5. 合理地解釋為何 $1 = i a_{\overline{n}|}^i + (1+i)^{-n}$，並且圖示在時間表上。

6. 假設 $a_{\overline{2n}|}^i = 1.6 a_{\overline{n}|}^i$ 而且 $i = 0.10$，計算 $s_{\overline{2n}|}^i$。

7. 假設 $a_{\overline{n}|}^i = 6$，當 $i = \dfrac{1}{9}$ 時，計算 $a_{\overline{n-2}|}^i$。

8. 陳太太簽定某一契約，內容為每月支付\$150 共 5 年。年利 $j_{12} = 15\%$：

    (a)契約的現值為多少？

    (b)假設陳太太在前 6 期忘記支付，則她必須在第 7 次支付時支付多少，才能補回來？

    (c)假設陳太太在前 6 期忘記支付，則她必須在第 7 次支付時支付多少，才能完全償還她的債務？（你能從(a)的答案中，直接算出(c)的答案嗎？）

9. 某年金在每月月底支付\$200，共 2 年。從第 3 年起改每月月底支付\$300。在第 4 年時，又改每月月底支付\$400。試計算這些年金的現值，假設 $j_{12} = 10\%$。

10. 假設每支付一期的簡單利率是 i，試計算出每支付相等的\$1 的現值？

11. 如果金錢能在 n 年，利率為 i 時，增加為 2 倍，試用算術級數顯示

出$a_{\overline{n}|}^{\frac{i}{n}}$，$a_{\overline{2n}|}^{\frac{i}{n}}$，$s_{\overline{n}|}^{\frac{i}{n}}$之值？

12. 證明 $(1 - ia_{\overline{n}|}^{\frac{i}{n}})$，1，$(is_{\overline{n}|}^{\frac{i}{n}}+1)$ 成一幾何級數。

13. 假設 $X(s_{\overline{2n}|}^{\frac{i}{n}}+a_{\overline{2n}|}^{\frac{i}{n}})=(s_{\overline{3n}|}^{\frac{i}{n}}+a_{\overline{n}|}^{\frac{i}{n}})$，則 X 的值為多少？

14. 有一家油品公司需要一部鑽鑿的機器，並且決定用$1,000,000 的現金或是每半年支付$240,000 的方式租賃。機器的耐用年限 6 年，殘值$100,000。每 6 個月的維持成本是$10,000。假設公司能夠賺得 16%的利息在它的資本上，每半年複利，則建議公司以買的方式或租賃的方式來獲得這部機器。

15. Ace 製造公司想要購買一部機器。而 A 機器的成本是$200,000，B 機器的成本是$400,000。機器預計可耐用 5 年，給予下列的收入：

年　　底	現金流量	
	機械 A($)	機械 B($)
1	0	90,000
2	100,000	90,000
3	100,000	90,000
4	100,000	90,000
5	100,000	300,000

每年市場有效利率為 14%。則公司會選擇購買哪一部機器？

3.4 屆期年金

屆期年金是每個期初之定期性支付。屆期年金開始於第一次付款，結束在最後一次的付款日期。這下面時間圖表顯示這簡單案例（付款期間和利息期間的一致性）說明 n 次屆期年金。這些年金預先支付就如同保險費，收益和一年的預收款。

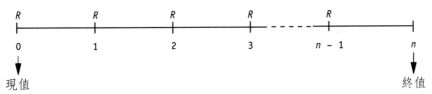

如將屆期年金視同普通年金「滑動」一期，如此就很容易理解了。因此，我們調整一下先前的公式，就能簡單地寫出屆期年金的終值和現值公式了。

因年金的終值被定義為到後期之總償付，而屆期年金的終值亦相等於普通年金到期時再延一期的償付。運用公式⑩，終值為在 $(n-1)$ 的期末償付 $Rs_{\overline{n}|}^{i}$。然後 $Rs_{\overline{n}|}^{i}$ 再加計一期利息，得期末的屆期年金的終值如下：

$$終值 = Rs_{\overline{n}|}^{i}(1+i) \tag{12}$$

反之，擬求現值，讓我們先回想年金現值，它定義為期初償付之總金額。

在第 1 期之前支付 $Ra_{\overline{n}|}^{i}$ 現值。推論出屆期年金的現值（i.e.在第 1 次償付的那天）即將 $a_{\overline{n}|}^{i}$ 再加計一期利息因此：

$$現值 = Ra_{\overline{n}|}^{i}(1+i) \tag{13}$$

---

*某些教科書使用註釋（記號法）$\ddot{s}_{\overline{n}|}^{i}$，當提到屆期年金的終值，如此：

$$S = R\ddot{s}_{\overline{n}|}^{i} = Rs_{\overline{n}|}^{i}(1+i)$$

$$\ddot{s}_{\overline{n}|}^{i} = s_{\overline{n}|}^{i} + (1+i)^n - 1$$
$$= \frac{(1+i)^n - 1}{i} + \frac{i(1+i)^n}{i} - 1$$
$$= \frac{-1 + (1+i)^n - i + i(1+i)^n}{i}$$
$$= \frac{-(1+i) + (1+i)^n(1+i)}{i}$$
$$= \frac{(1+i)[(1+i)^n - 1]}{i} = (1+i) \cdot s_{\overline{n}|}^{i}$$

**某些教科書使用註釋（記號法）$\ddot{a}_{\overline{n}|}^{i}$，當提到屆期年金的現值，如此：

$$A = R\ddot{a}_{\overline{n}|}^{i} = Ra_{\overline{n}|}^{i}(1+i) \qquad \ddot{a}_{\overline{n}|}^{i} = a_{\overline{n}|}^{i} + 1 - (1+i)^{-n}$$
$$= \frac{1 - (1+i)^{-n}}{i} + \frac{i - i(1+i)^{-n}}{i}$$
$$= \frac{1 + i - (1+i)^{-n}(1+i)}{i}$$
$$= \frac{(1+i)[1 - (1+i)^{-n}]}{i}$$
$$= a_{\overline{n}|}^{i}(1+i)$$

　　下面表格顯示現值和終值之間的差別，普通年金和屆期年金在每期固定的支付 R：

	普通年金	屆期年金
現　值	$Ra_{\overline{n}|}^{i}$	$Ra_{\overline{n}|}^{i}(1+i)$
終　值	$Rs_{\overline{n}|}^{i}$	$Rs_{\overline{n}|}^{i}(1+i)$

〔註〕

$$a_{\overline{n}|}^{i}=(1+i)^{-1}+(1+i)^{-2}+\cdots+(1+i)^{-n} \quad \ddot{a}_{\overline{n}|}^{i}=1+(1+i)^{-1}+(1+i)^{-2}+\cdots(1+i)^{-(n-1)}$$
$$s_{\overline{n}|}^{i}=(1+i)^{n-1}+(1+i)^{n-2}+\cdots(1+i)+1 \quad \ddot{s}_{\overline{n}|}^{i}=(1+i)^{n}+(1+i)^{n-1}+\cdots+(1+i)$$

屆期年金的現值也許可以等於：
現在的 R 加上普通年金在 $(n-1)$ 期間的現值。
同樣地，屆期年金的終值也許考慮的是：
普通年金在 $(n+1)$ 期間的終值減去在期末償付 R。

　　因此，用別的方法來表達屆期年金的現值和終值，下列的表格為：

	普通年金	屆期年金
現　值	$Ra_{\overline{n}|}^{i}$	$R+Ra_{\overline{n-1}|}^{i}$
	或 R×PVIFA$_{i,n}$	或 R+R×PVIFA$_{i,n-1}$
終　值	$Ra_{\overline{n}|}^{i}$	$Rs_{\overline{n+1}|}^{i}-R$
	或 R×FVIFA$_{i,n}$	或 R×PVIFA$_{i,n-1}-R$

範例 1　瑪麗瓊斯有一個每年初存$100，為期 10 年的年金帳戶，年利 12%。10 年後這帳戶值多少錢？

　　解：我們把這些資料整理成一個圖表。

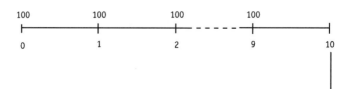

我們現有的資料是 $R = 100$，$i = 0.12$，$n = 10$，計算如下

終值 $= 100s_{\overline{10}|}^{\frac{12}{}} (1.12)$

$= \$1,965.46$

範 例 2　每月租金為\$520，於每個月月初支付，假如利率 $j = 9\%$：

(a)年租賃應預先支付多少？(b)5 年的租金是多少？

解：(a)我們求這現值，這到期年金分 12 次支付每次支付\$520，

用年利率 $= 9\%$：　　　　　　註：月利為 $9\% \div 12 = 0.0075$

現值 $= 520a_{\overline{12}|}^{.0075} (1.0075)$

$= \$5,990.75$

(b)我們求這現值，這到期年金分 60 次支付每次支付\$520，

用年利率 $= 9\%$：

現值 $= 520a_{\overline{60}|}^{.0075} (1.0075)$

$= \$25,238.03$

範 例 3　有一借款\$10,000，利率 $j_4 = 11\%$，分八季支付，今天付頭

期款，求每季應支付多少？

解：我們把這些資料整理成一個圖表。

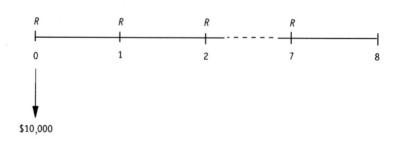

我們現有的資料為 $PV = 10,000$, $i = 0.0275$, $n = 8$，計算如下

$$Ra_{\overline{8}|}^{\frac{.0275}{}}(1.0075) = 10,000$$

$$R = \frac{10.000}{a_{\overline{8}|}^{\frac{.0275}{}}(1.0275)}$$

$$= \$1,371.85$$

練 習題 3.4

A 部分

1. 有一帳戶每半年存$500 為期 5 年，利率 $j_2 = 16\%$。帳戶價值在下列時點多少？

   (a)5 年底？

   (b)第 6 期存款前？

2. 有一借款$1,000，利率 $j_{12} = 18\%$，分 18 個月支付，今天付頭期款，求月付多少？

3. 每半年初支付$500 為期 10 年，年利 8%，求現值與終值？

4. 一對夫婦想要在 2011 年 1 月 1 日存有$10,000。從 2001 年 1 月 1 日開始存 10 年。如果有效利率為年利 12%，那麼每年須存多少錢？

5. 人壽保險的保費可能是預付 1 年或預付 1 個月。假如 1 年保費是$120，年利 $j_{12} = 11\%$，那麼相等於 1 個月的保費為多少？

6. 汽車保險可以是預付 1 年的保險費或預付 1 個月。假如預付 1 個月的話，是月付$15，年利是 $j_{12} = 12\%$，那預付 1 年的保險費是多少？

7. 死亡保險總額為$10,000，每月期初支付，為期 10 年，假設年利 10%，那麼月付多少？

8. 一部二手車值$2,550。貝蒂希望分 18 期付款，在第 1 期這天購買。假設利率為 21%，求每月支付多少？

9. 投資公司的辦公室月租為$5,800，每次預付 3 個月的租金。他們立即投資一個相當的可轉換基金，利率 13%，每季付款一次，5 年後這基金值多少？

10. 一冰箱分期付款，每次支付$60，分 15 期。假設年利 18.5%，那這台冰箱值多少錢？

B 部分

1. 一名 40 歲男子每年存$1,000 於信用合作社，為期 25 年，有效利率 9%。從他 65 歲生日開始，他每年年初從這基金分 15 次提取，這段期間基金的有效利率為 12%，求在 65 歲可提領多少錢？

2. 瓊安娜簽了一個合約，要求每 6 個月支付$500，為期 10 年。假設利率 $j_2 = 13\%$，求剩餘支付額度為多少？(a)在她付了 4 期之後；(b)第 6 期付款前；(c)如果她在付了 3 期之後，下 3 期未付，當她下 1 次支付時，她必須付多少？

3. 使用等比級數，得屆期年金終值的公式：
   終值 $= Rs_{\overline{n}|}(1+i)$ 並證明等於 $R(s_{\overline{n+1}|} - 1)$

4. 使用等比級數，得屆期年金現值的公式：
   現值 $= Ra_{\overline{n}|}(1+i)$，並證明等於 $R(a_{\overline{n-1}|} + 1)$

5. 一基金的成長比例每年為 10%，投資者每年年初存$100 於銀行，當基金在多久時間會有 159%的成長率？且基金屆期共有多少錢？

3.5 終身年金

讓我們思考一個人若只投資$10,000，年利率是 10%，本金保持完整無缺，而每年底均能收$1,000 利息，只要這利率不改變和$10,000 本金保持完整無缺，則每年都可以收$1,000 的利息；直至永遠，那我們就說這利息的支付$1,000 即終身年金。

這現值是$10,000，無限連續支付利息，繪成下面的圖表。

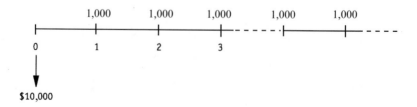

　　　終身年金是一個在固定的日期,支付永遠的年金。終身年金是連續的利息支付,從開始投資,藉固定的利率,例如獎學金支付是建立在終身基金的基礎上;股份紅利的分配亦然。

　　　談到終身年金的終值是無意義的,因它是永不結束的。然而,現值的定義是開始於每年年初且是持續不斷的支付之現在價值。

　　　為這專有名詞「終身年金」下個定義。第一,我們討論普通的終身年金,那是週期性的支付,利息發生在期末,一直持續下去。其他的終身年金,諸如有到期日的終身年金和延遲的終身年金,或許可用價值的方程式去類推即可。

　　　終身年金的現值,設每次支付固定為 R,如下表:

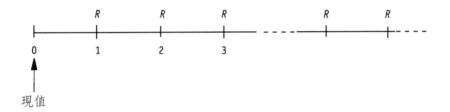

現值

　　　現值也許會由公式(11)而得知,而 n 等於無限大。$(1+i)^{-n}$ 會等於零,故

$$現值 = \frac{R}{i} \qquad\qquad (14)^*$$

---

*有些教科書用 $a_{\overline{\infty}|}^{i}$ 表無限期之終身年金現值,如此 $Ra_{\overline{\infty}|}^{i} = \dfrac{R}{i}$。其他教科書或以 $PVIFA_{i,\infty}$ 表之。

* 現值精算為 $R(1+i)^{-1}+R(1+i)^{-2}+\cdots R(1+i)^{-n} = R\left(\dfrac{1}{1+i}+\dfrac{1}{(1+i)^2}+\cdots\dfrac{1}{(1+i)^n}\right) =$

$R\left(\dfrac{\dfrac{1}{1+i}(1-(\dfrac{1}{1+i})^n)}{1-\dfrac{1}{1+i}}\right) = R\left(\dfrac{1-(1+i)^{-n}}{i}\right)$ 　當 $\lim\limits_{n\to\infty}(1+i)^{-n}=0$ $\therefore$ 現值 $= R\dfrac{1}{i}$

亦可寫成 $R=i \times PV$ 就是利息支付（即 R）資金，將繼續支付，利率為 i。

範例 1 建立一筆獎學金基金需要多少錢，它須提供每半年支付獎學金$1,000，假設捐贈投資的利率是 $j_2 = 10\%$，假如第一期獎學金即刻發放，試問：

(a)從現在開始後半年，須要多少基金？

(b)若立刻發放，須多少基金？

(c)從現在起後 4 年才開始提供，現在須要多少基金？

解： (a)這是普通的終身年金的情況，$R = 1,000$，$i = 0.05$，計算如下：

$$現值 = \frac{1,000}{0.05}$$
$$= \$20,000$$

(b)即刻需要額外的$1,000。如此，基金的總額為終身年金加$1,000 即$21,000。

(c)假設第一期的獎學金從現在到 4 年後方才授與，這基金必須包含那時的$21,000，我們必須求 4 年後$21,000 的現值，利率為 $j_2 = 10\%$，我們得：

$$21,000 (1.05)^{-8} = \$14,213.63$$

範例 2 一公司期望每 3 個月分配紅利$3.50。假設利率 $j_4 = 16\%$，這股票要賣多少錢？

解： $R = 3.50$，$i = 0.04$ 利用公式(14)，計算如下：

$$價格 = \frac{3.50}{0.04} = \$87.50$$

練習題 3.5

A 部分

1. 一普通的終身年金月付$50，求現值，設：

    (a)$j_{12} = 9\%$；

    (b)$j_{12} = 12\%$；

    (c)$j_{12} = 15\%$。

2. 一普通的終身年金年付$400，求現值，設利率：

    (a)有效利率 8%；

    (b)有效利率 12.48%。

3. 建立一個獎學金需要多少錢，年付$1,500，假設利率 14%，第 1 次的發放日期若在：

    (a)第 1 年年底？

    (b)即刻？

    (c)從現在算起 5 年後？即獎學金應籌集多少錢？

4. 每年分配股利$6。假設利率 9%，假設股利每年正常支付，投資者應支付多少來買此股票？

5. 在 1998 年 12 月 1 日，有一慈善家捐給一私立學校$50,000，投資之利率為 $j_2 = 10\%$。假如每半年發獎學金，持續 20 年，問要捐多少獎學金？假設第 1 次發放在：

    (a)1998 年 9 月 1 日？

    (b)2000 年 9 月 1 日？

    假如獎學金發給若是具不確定性，從上面這兩個日期開始，獎學金會發多少？

6. 每個月月底保養鐵路平交道的費用是$100，鐵路費用為清除平交道的地下道，假如利率是 15%，試問應籌多少錢才夠？

7. 每半年付$2,000（第一次付款為 6 個月月底），這研究基金現在值多少，假設利率：

    (a)有效利率 6%？

(b)利率$j_2 = 6\%$？

8. 這終身年金的現值為$20,000，已知這基金的年利率為 18%。這基金要付多少：

(a)每個月月底？

(b)每年年初？

9. 每年年初存款$1,000 為期 20 年。在這 20 年的期限內是不間斷的，假設利率為 12%，求這筆款項值多少？

10. 基於利率i，每年年底支付$330 的終身年金用$3,000 購買。求此i？

B 部分

1. 使用等比級數的定義去求出普通年金的現值。

2. 求出 $a_{\overline{n}|}^i = \dfrac{1-(1+i)^{-n}}{i}$ 在每$1 的普通年金的現值與每$1 的延遲年金現值有何不同？

3. 在 1992 年時，有一研究基金建立時的金額為$20,000 投資於某個利率，每年底提供$3,000。

(a)這基金的利率為多少？

(b)在 1997 年付完後，基金想把利率轉換成 13%。假如基金想持續發放，使用新的利率，應支付多少？

(c)假設基金持續每年發放$3,000，在新的利率下，應支付多少？

4. 一學院估計新校園將需要$3,000 維護，為了保持在下 5 年的每年年底和不確定每年年底$5,000 在那裡。假如有效利率12%，應是多少錢？

5. 一大學收到遺產而利率為 8%，這基金可以在每年年底支付講師$30,000，或在大學內建新設施。這建築物將花費 25 年的支付，第一期是從今天算起，4 年到期。求每個建築物支出的總計？

3.6 遞延年金

遞延年金是一種第 1 次支付時遲至第 K 次計息之後。如此，普通的遞延年金是一種延遲 k 期間的普通年金。下面有一普通遞延年金的時表：

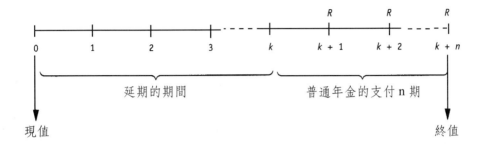

在上面的圖表延期 k 期間，第 1 次支付普通年金是在 $k+1$ 期間。這是因為普通年金在期末支付。如此，當第 1 次給付的日期，往後延期是必要的。

我們要從第 1 次付款後，連續支付 n 期，加上遞延 k 期，求其現值為：

$$現值 = Ra\frac{i}{\overline{n}|}(1+i)^{-k} \qquad (15)*$$

範例 1 一小孩子在出生後，每年須支付\$1,500，為期 4 年以供未來 4 年教育經費，但第 1 次支付須延至 19 歲生日時，求現值？有效利率為 12%。

解： 圖示：

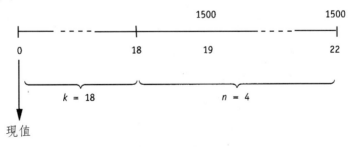

---

*有些教科書會寫成：以 $_k|a\frac{i}{\overline{n}|}$ 表遞延 k 期之遞延年金因子，故

其現值 $= R_k|a\frac{i}{\overline{n}|} = R\,a\frac{i}{\overline{n}|}(1+i)^{-k}$

$$R = 1,500, \ i = 0.12, \ n = 4, \ k = 18 \ \text{使用公式得：}$$

$$現值 = 1,500a_{\overline{4}|}^{12}(1.12)^{-18}$$

$$= \$592.46$$

練習題 3.6

A 部分

1. 假設每年存\$1,000 為期 10 年，利率 8%，延遲 5 年，求普通定存年金的現值？

2. 假設年利為 7%，每半年存\$500 為期 7 年，延遲 3 年 6 個月，求現值？

3. 一小孩子在出生後，每半年支付\$1,500 為期 6 年之教育經費，假設第 1 次支付在 19 歲生日，求現值？有效利率為 $j_2 = 8\%$。

4. 在史密斯太太 55 歲生日時，決定賣掉她的房子搬到公寓去住。她賣了\$80,000，去投資一基金，利率為 9%。在她 65 歲生日時，一次把存了 15 年的錢領出，請問她可領出多少存款？

5. 瓊斯女士在 46 歲時換老闆。她從公司的年老退休計畫中，拿到\$8,500 的遣散費。她把錢投資在利率為 8% 的存款中，然後直到她的退休年齡 60 歲。她計畫分 25 年提領，在她 61 歲生日時提領第 1 次。求她可領多少錢？

6. 從 1999 年 1 月 1 日開始季存\$100 為期 10 年，假設第 1 次提領在 2001 年 1 月 1 日，利息為 13% 季複利，求可提領多少錢？

7. 從 2004 年 7 月 1 日開始每半年存\$500 為期 6 年，假設第 1 次提領在 2008 年 1 月 1 日，利息為每半年 7.25%，求可提領多少錢？

8. XYZ 家具公司賣了一組\$950 的沙發。買方可先繳\$50 現金，然後停付（遞延）3 個月。3 個月後分 18 個月分期繳清，假設年利率為 18%，求每次繳多少金額？

9. 一個 8 歲的小孩子中\$1,000,000 的彩券！法律規定這筆款項必須存放在委託的基金直到小孩子年滿 18 歲。小孩的父母決定這筆錢分

20 次領出，在小孩 18 歲時提領第 1 筆，假設有效利率為 10%，求每次可提領多少錢？

B 部分

1. 試表示公式(15)的遞延年金現值等於 $PV = R(a\frac{i}{n+m} - a\frac{i}{n})$。

2. 有一塊地值\$35,000，有 15,000 的保證金。買主決定月付\$500 利息為年利率 12%，從現在算起 2 年後付第 1 期。

   (a)求要分幾期付款及在付完最後的\$500 之後，尚剩餘最後 1 次的餘額。

   (b)假設第 1 次付款為現在算起 1 年後，利息為年利率 12%。求分 36 期，每期該付多少？

3.7　年金總結

　　求解年金問題最有效的方法是畫時間圖，及決定年金的種類及使用適當的公式。

　　下面的圖表附上簡單年金現值與未來價值的公式。

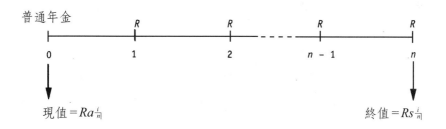

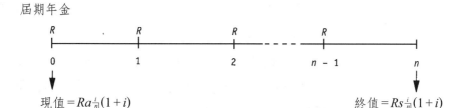

遞延年金

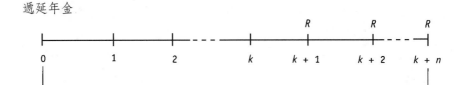

現值 $= Ra\frac{i}{n}(1+i)^{-k}$ 終值 $= Rs\frac{i}{n}$

在最後的支付之後，可能求年金的終值。年金表示在下面時間圖。

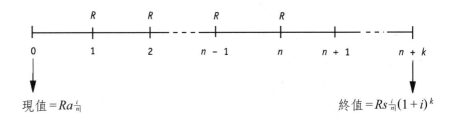

現值 $= Ra\frac{i}{n}$ 終值 $= Rs\frac{i}{n}(1+i)^{k}$

在許多複雜問題中，學生宜慎思熟慮去解開問題。每個問題都能被分解成單一支付或任一時點之年金，並加以複利計算，因此在適當焦點日均能導出一價值方程式，求解之。

範例 1 一對夫婦每半年存\$300 於某一基金，利率 $j_2 = 10\%$。在 1980 年 5 月 1 日存第一筆，在 2000 年 5 月 1 日存入最後一筆。

(a)這基金在下列焦點日時會有多少金額：(i) 在 1990 年 5 月 1 日存入後；(ii) 在 2000 年 11 月 1 日？

(b)他們計畫從 2010 年 11 月 1 日減少他們的帳戶，每半年的提款\$8,000。他們可提領多少錢？最後一期在哪一日月及可提領多少錢？

解：(a)圖示

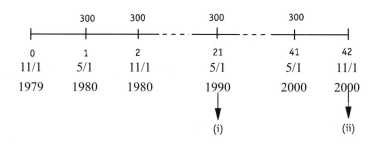

(i)考慮普通年金是從 1979 年 11 月 1 日開始，$R = 300$，
$i = 0.05$, $n = 21$ 計算如下：

1990 年 5 月 1 日的金額 $= 300s_{\overline{21}|}^{.05} = \$10,715.78$

(ii)考慮到期年金的到期日為 2000 年 11 月 1 日，$R = 300$，
$i = 0.05$, $n = 41$ 計算如下：

2000 年 11 月 1 日的金額 $= 300s_{\overline{41}|}^{.05}(1.05) = \$40,269.53$

(b)使用 (ii) 的結果，我們可以做成下列的圖表。

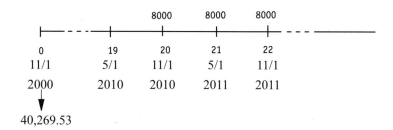

使用 2010 年 5 月 1 日的時點，我們可以寫成下列的等式

$$8,000a_{\overline{n}|}^{.05} = 40,269.53(1.05)^{19}$$

或 $\quad 8,000a_{\overline{n}|}^{.05} = 101,759.10$

在第 4 章，我們將解釋如何從這等式求出 n。然而，目前，

讓我們參考試算表，從 2010 年 5 月 1 日的$101,759.10 開始，每半年的利息為利率 5%和每 6 個月提款$8,000，計算在表 3.4 的試算表中。

這試算表可表示出付 20 期的$8,000（從 2010 年 11 月 1 日到 2020 年 5 月 1）最後一次付款為$5,743.03 在 2020 年 11 月 1 日。

表 3.4

		A	B	C	D
1		日期	基金的價值[a]	提款[b]	利息[c]
2		2010/5/1	101759.10	—	5087.96
3		2010/11/1	106847.06	8000.00	4942.35
4		2011/5/1	103789.41	8000.00	4789.47
5		2011/11/1	100578.88	8000.00	4628.94
6		2012/5/1	97207.82	8000.00	4460.39
7		2012/11/1	93668.21	8000.00	4283.41
8		2013/5/1	89951.62	8000.00	4097.58
9		2013/11/1	86049.20	8000.00	3902.46
10		2014/5/1	81951.66	8000.00	3697.58
11		2014/11/1	77649.24	8000.00	3482.46
12		2015/5/1	73131.71	8000.00	3256.59
13		2015/11/1	68388.30	8000.00	3019.41
14		2016/5/1	63407.71	8000.00	2770.39
15		2016/11/1	58178.10	8000.00	2508.90
16		2017/5/1	52687.00	8000.00	2334.35
17		2017/11/1	46921.35	8000.00	1946.07
18		2018/5/1	40867.42	8000.00	1643.37
19		2018/11/1	34510.79	8000.00	1325.54
20		2019/5/1	27836.33	8000.00	991.82

21	2019/11/1	20828.15	8000.00	641.41
22	2020/5/1	13469.55	8000.00	273.48
23	2020/11/1[(d)]	5743.03	5743.03	—

(a)這基金的價值是先前日減提款加利息。因此，$B3 = B2 - C2 + D2$ 等等。

(b)C 行表示每一日期的存款金額。

(c)在提款之後，這基金的利息為 5%。因此，$D3 = 0.05 \times (B3 - C3)$ 等等。

(d)這張表格一直持續到 2020/11/1，當全額付款\$8,000 不再發生。

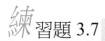 習題 3.7

A 部分

1.　從 1998 年 3 月 1 日到 2003 年 9 月 1 日，季付\$100。假設利息為 $j_4 = 8\%$，求：

(a)在 1996 年 12 月 1 日的價值；

(b)在 2005 年 3 月 1 日的價值。

2.　一對夫婦年存\$500 在一基金，利息為 11%。第一筆存款在 1998 年 1 月 1 日，最後一筆存款在 2007 年 1 月 1 日。這基金在下列焦點日時值多少：

(a)在 2004 年 1 月 1 日時（已存款）；

(b)在 2010 年 1 月 1 日。

3.　有一帳戶每年存入\$500，從 1970 年 12 月 31 日到 1989 年 12 月 31 日，有效利率為 14%，求 1994 年 12 月 31 日的價值？

4.　從 1996 年 7 月 1 日到 2001 年 1 月 1 日，一夫婦每半年存入特別活存\$500，利率為 $j_2 = 11\%$。他們從 2005 年 7 月 1 日起每半年提領\$800。他們可提領多少錢及最後一次提款在何時可提領多少？請使用試算表。

5.　在 1977 年的 10 月，一慷慨金融家捐贈\$30,000，提供一個年獎學金 \$4,000，從 1981 年 1 月開始。假設利息為 8%。使用試算表求出這獎學金可發放多少年？

B.部分

1. 凱西月存$100 於一基金，利息為 $j_{12} = 12\%$。從 1990 年 6 月 1 日到 2000 年 11 月 1 日。

   (a)求基金的價值在：

   　(i)1995 年 9 月 1 日（已存款）；

   　(ii)2002 年 12 月 1 日。

   (b)從 2005 年 5 月 1 日起，她計畫減少基金，於是月領$1,000。求日期和在最後一個月提領$1,000 之後的餘款是多少？

2. 一名男子從他 45 歲生日開始，每年存入$1,000 於活存，利息為 13%。最後一次存款在他 64 歲的生日。在 65 歲生日時，他把所有的儲蓄轉存入特別退休基金，利息為 14.5%。由此可見從現在開始他將從這基金收到等值支付$X，為期 15 年，求$X？

3. 下列圖表

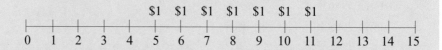

   求簡化表達一單獨總和相當於這 7 次支付，顯示在 1，5，8，12，15 次的時點，假設每期利率為 i。

3.8 總複習

1.　每月月底付\$500 的年金，利率為 $j_{12} = 8\%$，求現值及終值？

  (a)10 年；

  (b)20 年。

2.　一家公司在每年年初，存入\$15,000，累積基金，為了將來的擴張，假設有效利率為 15%，求 5 年後這基金值多少？

3.　一對夫婦貸款\$10,000 去買一條船。一貸方的利息為 $j_{12} = 18\%$，另一貸方的利息為 $j_{12} = 19\%$。假設月付為期 5 年，利息用最低的利率，則每月應付多少？

4.　每半年底支付\$500 為期 10 年，假設前 4 年的利息為 $j_2 = 10\%$，後 6 年的利息為 $j_2 = 12\%$，求現值與終值？

5.　Doreen 在 9 月 1 日買一汽車，先付\$2,000 現金加每月支付\$350 為期 36 月，從 12 月 1 日開始分期支付。假設月利息為 18%，求汽車之現值？

6.　佳雅借了\$10,000 利息為 $j_4 = 18\%$。季付\$800，她須付多少季，最後的一次尚須付多少餘額？請使用試算表。

7.　現在須多少金額方足以提供：每個月收入\$500 為期 3 年，假設利息 $j_{12} = 15\%$ 和第 1 次支付是：

  (a)從現在算起 1 個月；

  (b)立即；

  (c)從現在算起 2 年。

8.　在 1980 年 3 月 1 日用\$1,000 開一帳戶。月存\$300 為期 5 年，從 1980 年 4 月 1 日開始。從 1985 年 4 月 1 日開始第 1 次提款連續 20 個月提款 \$1,000，求帳上在 1987 年 12 月 1 日的結餘是多少？利息 $j_{12} = 12\%$。

9.　一銀行季付利息 8%。利息日是 3 月 31 日，6 月 30 日，9 月 30 日，和 12 月 31 日。在 1997 年 4 月 1 日，理查存入\$200 開一帳戶。他持續每 3 個月存入\$200 直到 1999 年 7 月 1 日，當他存入最後一筆。求他的帳戶值多少？

  (a)在 1998 年 9 月 30 日；

(b)在 2002 年 9 月 30 日。

10. 每季末可分配$4 股利之股票，投資者希望年利率為 12%下，他應該支付多少來買這股票？

11. 設立一個一年發放$1,000 的獎學金需要多少錢，假設：
(a)這基金的利息為 12%和第 1 次的獎學金是在 3 年後發放？
(b)這基金的利息為 $j_{12} = 12\%$ 和第 1 次的獎學金是立即發放？

12. 在假設下，一農場有每年$15,000 之年金，則這家農場值多少錢？假設利率是：
(a)有效利率 8%？
(b)$j_{12} = 15\%$？

4 進階年金問題

4.1 簡 介

在第 3 章已介紹過：假設一筆定期付款為 R，期間為 n，以固定的利率 i 的情況下，如何計算年金的現值與終值。然而，實際上，我們常從已知資料中的現值或終值反推出分期付款 (R)、期間 (n) 或利率 (i) 等數據。這個章節即要展示如何解決此類問題。另外，當利率或是付款金額 (R) 是變動時，我們將會看到其中的變化。如同第 3 章，我們繼續假設計息期間會配合付款次數（如整年、半年等等）複利之，所以我們可以處理一些簡單的年金。在第 5 章，我們會除去這樣的假設進而深入介紹普通年金。

4.2 找出分期付款

在先前的章節中，年金的分期付款 R 金額和利率會同時給予，故能計算出終值與現值。然而，在許多的案例中，當其他的價值是已知時，分期付款的金額通常是未知的，故我們可以得到下列式子：

$$R = \frac{FV}{S\frac{i}{n|}} = \frac{FV}{\frac{(1+i)^n - 1}{i}} \qquad \text{如果終值}(FV)\text{是已知的,}$$

或

$$R = \frac{PV}{a\frac{i}{n|}} = \frac{PV}{\frac{1 - (1+i)^{-n}}{i}} \qquad \text{如果現值}(PV)\text{是已知的。}$$

上述兩者中皆假設其分期付款金額 R,在這期間中是固定不變的。

範 例 1 一位男士想要存一筆$200,000 退休基金。他打算每年分期存入一筆固定的金額,自 1994 年 5 月 1 日到 2015 年 5 月 1 日(含)。試計算出以利率為 12.5%來計算其應分期存款的金額。

解:以圖示繪出固定存款的期間、期數,已知:終值為 200,000,i 為 0.125,n 為 22。

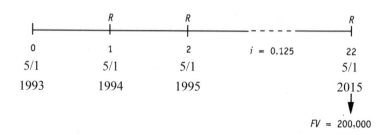

使用上列公式我們可計算出:

$$R = \frac{200,00}{S\frac{.125}{22|}} = \frac{200,000}{\frac{(1.125)^{22} - 1}{0.125}} = \$2,024.93$$

範例2 生命險之保險金額為$80,000，即在投保期間內，被保險人死亡時，保險公司須付款$80,000。受益人以每個月分期收款一定數額，第一筆自 1997 年 10 月 1 日起。試找出月付款及在利率為 11%的最後一筆付款日，即假設此受益人之月付款可收到 120 次。

解： 我們已知現值為$80,000，$i$為$\dfrac{0.11}{12}$，$n$ 為 120 期，計算如下：

$$R = \frac{80{,}000}{a_{\overline{120}|\frac{i}{}}} = \frac{80{,}000}{\dfrac{1-(1+i)^{-120}}{i}} = \$1{,}102.00$$

最後付款日為 2007 年 9 月 1 日。

範例3 一對夫妻打算自第一胎小孩出生時，將分期在每個月終存款 X，以至於當小孩 18 歲生日時可以取得總數為$100,000 的金額。

(a)在月利率為 9%時，計算分期存款X。

(b)若以季利率為 9%時，若改以季末分期存款，試計算分期存款Y。並解釋Y大於 3 倍X的理由？

解： (a)終值為$100,000，利率為$\dfrac{0.09}{12}=0.0075$，且期數為 216 期 (18 年 × 12 月)。

因此，

$$X = \frac{100{,}000}{S_{\overline{216}|.0075}} = \$186.44$$

(b)在此情況下，終值為$100,000，利率為$\dfrac{0.09}{4}=0.0225$，且期數為 72 期 (18 年 × 4 季)。

故，$Y = \dfrac{100,000}{S\frac{0.0225}{72}} = \$567.73$

Y 大於 3 倍 X 的理由為：

(1)相同的利率水準，(b)案例中的每月利率為 0.75%低於(a)案例中的每季利率 2.25%。

(2) Y 的每季分期付款，在每季之中並未賺取利息。相對之下，兩種付款方式的 X 卻會賺取利息。

範例 4　一位婦女買獎券，中獎得到$100,000。她將$20,000 的現金留做他用，餘額以利率 8%投資，且在第 4 年起，每月即會收得一筆金額 R，共計 180 期。試計算出每月定額收得之金額為多少？

解：

已知，現值為 80,000，$i = \dfrac{0.08}{12}$，$n = 180$，$K = 47$ 以遞延年金公式，可計算出 R 為：

$80,000 = R a \frac{i}{180} (1+i)^{-47}$

$R = \dfrac{80,000(1.0066667)^{47}}{a\frac{0.066667}{180}}$

$= \$1,044.76$

練習題 4.2

A 部分

1. 以年利率為 6% 計算 10 年後可取得 $10,000，則每年應分期存款金額為多少？

2. 一輛汽車銷售金額為 $5,800，先付款 $800，餘額以 3 年為限，按月定期支付一定金額，利率為 18%，試計算每月應付款金額為多少？

3. 估計一台機器須自現在起重置 10 年，其成本為 $80,000，在公司存款利息為 8%，公司須每年撥算出多少金額？

4. 現繳保險金 $10,000，則在此後 10 年間，每月定期收取一定金額，利率為 10%，試計算出每月定期收取之金額為何？

5. 一位奶奶打算給其孫女 $10,000 以作為技術學院生活費。假如此孫女要修 2 年 8 個月，在 $j_{12} = 9\%$ 下，試計算每個月自此基金可領得多少固定金額？

6. 一台電視機售價為 $780，先付款 $80，餘額按利率 15% 每月支付一定金額，期間為 2 年，試計算此金額？

7. 一個家庭須借款 $5,000 以便整修房屋。借款以 5 年按每個月定期還款。若向財務公司借款利率為 24%，以信用卡刷卡利率為 21%，如果到銀行借款其利率為 18%，試分別計算出不同利率的分期付款金額？

8. 一位年 65 歲的約翰老先生，以生活儲蓄中的 $120,000 買了 15 年年金，且是每個月分期付款，試以下列條件計算其分期付款金額？
   (a)12% 每月複利；
   (b)9% 每月複利。

9. 有某人買了一艘船，定價 $4,500，其先付押金 $500，餘額按利率 14.79%。假如他平均以 24 期付款，則其每個月須分期付款多少元？

10. 傑奇（Jackie）以每半年分期存款 $500，共 5 年，利息為 13.25%。則後 2 年須存款多少才能達到 $10,000 的金額？

B 部分

1. (a)芭芭拉（Barbara）想在 10 年後累積$10,000。她以每季分期存款，
   利率為 14%。則其每季須存款多少元？

   (b)在 4 年後，銀行利率改為 12%，則其每季須存款多少才能達到累
   積$10,000？

2. 一名女士想要在 10 年之後累積$7,000 的基金。在前 5 年中每年年
   底存款$300，後 5 年改以每年年底存款$\$300+X$，試以利率 $13\frac{1}{4}\%$
   計算 X 之金額？

3. 一名年紀 30 歲的女士，想要累積一筆退休金，自現在起 35 年之內
   每年年底分期存款$1,000。想要在她 66 歲生日時起可每年提領出一
   筆金額。試計算出在利率 10%時，其每年可支領多少金額？

4. 提早準備一筆退休基金，以她 20 年每年存款$5,500，自她 31 歲生
   日開始。當她 51 歲時，希望以後的 30 年每年提出一筆金額。在前
   10 年有效利率為 12%，後 40 年有效利率為 11%時，其每年可提出
   多少金額？

5. 你想在 20 年後累積一筆金額$100,000。在前 10 年每年年底存款
   $1,000，後 10 年以每年年底存款$\$1000+X$，有效利率為 $10\frac{1}{4}\%$。

   (a)求出 X？

   (b)在後 10 年的最後 4 期末存$1,000，則求出此時的 X？

6. 自 2005 年 6 月起至 2010 年 12 月，須每 6 個月定期償還$250,000 貸
   款。假如公司自 2005 年 6 月 1 日起以利率 10%每半年存款至 2010
   年，則每半年須付多少錢才能償還$250,000？

7. 塔尼（Tani）先生已累積一筆退休基金，有效利率為 9%。以便在
   往後 20 年每年可有$12,000 收入。第一筆支付自其 65 歲生日起時
   計算，假如他想減少為 15 年支領，則其每年可有多少收入？

4.3 求出利率

　　一個真正實用的年金應用是想求出在特殊情況下的利率。在許多商業交易下，有效利率通常是複雜而未知的或是隱藏的。為了比較投資和貸款決策優缺，必須決定每一情況下的利率，且以此有效利率為基礎來判斷。

　　當 R、n 及終值或現值為已知時，利率通常是以直線插補法求得。大部分的直線插補法實用性皆相當正確。

範例 1　求出在 10 年中，每年年底存款$250，將累積至$5,000 的利率？

解：已知終值為$5,000，$R$ 為$250，$n$ 為 10；而未知 i，則我們可求得：

$250s_{\overline{10}|}^{i} = 5,000$

$S_{\overline{10}|}^{i} = 20$

利用複利表，我們會發現以 $S_{\overline{10}|}^{i}$ 求出兩個值，一個比 20 多一點，一個比 20 少一點。

在這個範例中 $S_{\overline{10}|}^{.14} = 19.3373$ 和 $S_{\overline{10}|}^{.15} = 20.3037^*$，因此在插補法方程式中適切的值為：

當 14%　　　$s_{\overline{10}|} = 19.3373$

當 i%　　　$s_{\overline{10}|} = 20.0000$

當 15%　　　$s_{\overline{10}|} = 20.3037$

而直線插補法的公式演變為：

---

*在許多利率中，在正負 1%的界限內所求得的差補值，皆十分正確的。倘在正負 0.5%（甚至是 0.25%）之間，則更適當。

$$\frac{i-0.14}{0.15-0.14}=\frac{20.0000-19.3373}{20.3037-19.3373}$$

$$\frac{i-0.14}{0.01}=\frac{0.6627}{0.9664}=0.6857$$

因此求得 $i=0.146857$ 或 14.69%（年利率）

我們將 $R=250$，$n=10$ 及 $i=0.1469$ 置入公式內計算終值。

$$FV=250s_{\overline{10}|}^{.1469}=\$4,999.69$$

範例 2 一部二手汽車現價為\$600，或可先付押金\$100，再以每個月支付\$90 共計 6 個月。求出分期付款之利率為多少？

解： 在分期付款的計畫中，下列方程式必須使現金相當於分期付款總額。

即：

現價 ＝ 押金 ＋ 分期付款的現值

因此，我們可得：

$$600=100+90a_{\overline{6}|}^{i}$$

當 i 是每月的有效利率

$$a_{\overline{6}|}^{i}=\frac{500}{90}=5.5556$$

適當的插補方程式為：

當 2%　　$a_{\overline{6}|}=5.6014$

當 i%　　$a_{\overline{6}|}=5.5556$

當 2.5%　　$a_{\overline{6}|}=5.5081$

而後，直線插補方程式演變為：

$$\frac{i-0.02}{0.025-0.02}=\frac{5.5556-5.6014}{5.5081-5.6014}$$

$$\frac{i-0.02}{0.005}=\frac{-0.0458}{-0.0933}$$

$$i - 0.02 = 0.00245$$

$$i = 0.02245$$

而 $\quad j_{12} = 100 \times 12i = 26.95\%$

學生在計算財務時，也許能夠不使用插補法而直接求得利率。不過，在此範例中，學生了解上述練習仍是必要的。

練習題 4.3

A 部分

1. 試求出在每年分期存款$500，共計 8 年，可累積至$6,000 的年利率為何？

2. 求出在每年年底分期存款$500，在 10 年內累積至$12,000 的年利率為何？

3. 假如一間保險公司需要支付受益人$80,000 或每月支付$1,000，期間為 10 年，求此公司之利率為何？

4. 一部電視機售價為$700，外加 7%的稅。以$100 押金購買且 1 年內每月支付$60。求利率為何?有效年利率為何?

5. 你向貸款銀行借入$1,600 且同意在未來的 12 個月每月支付$160。則此銀行的名目利率為何？

6. 鐘錶公司出售一只錶現金價為$55，或是 12 期分期付款每月$5。則立即付第一筆分期付款的名目利率為何？

B 部分

1. A 公司照下列廣告說明其以 12%的財務計畫以 3 年付款購得一汽車。

成本	4,000.00
12%手續費	1,440.00　（4,000 的 12%×3 年）
總成本	5,440.00

每月付款 $\dfrac{5,440}{36} = \$151.11$

求其在 12%利率下的現值為多少?

2.　一名商人以$600 銷售一件商品,他將同意顧客先以$240 訂金,餘額再以每個月支付$30 共計 1 年時間的方式購買。如果以現金價購買,將會給予 10%的折扣,求出在分期付款下之利率?

3.　商品以下列方式購買,其價格$1,000。訂金$100,餘額按原價格增加 18%以每月付款方式共 12 期,求此利率為何?

4.　一財務公司索價 15%的利息,且同意顧客以 12 個月償還貸款金額。每月付款是以 1/12 總數的計算,求出名目的複利利率及有效的年利率?

5.　以訂金$800 購買一部成本為$6,800 的汽車,餘額按 36 個月每月付款$225。也可選擇向財務借款,再以每季償還$530 共計 5 年時間,第一筆付款在其 3 個月後。分別計算其利率,何者較為有利?

4.4　求出年金期間

在許多的終值和現值問題中,週期性付款 R 及利率是指定的。只有付款期數是擬求解的,我們或許可以使用對數,財務計算或使用試算表來解答。通常我們不易求出年金中的整數 n。換句話說,在 $FV = Rs_{\overline{n}|i}$ 或 $PV = Ra_{\overline{n}|i}$ 中不易有整數 n。這是不同於 R 的計算,為了要計算出等值的價值。通常依循下列程序(除非指定其他方式,否則我們建議使用文中二個程序)

程序 1:增加總額中最後一筆固定付款,以便使付款相當於終值或現值。

程序 2:在整個付款的最後一筆之後再計算一筆小額付款。有些明確的金額已被計算出來,則此小額付款即不需要計算,因為最後一筆付款之利息已使得總額相當於或已超過了其所需之餘額(見範例 1)。

範例 1　一對夫婦每半年付款$800 以達$10,000 金額，利率為 9%。求出共須支付幾筆？（請使用程序 1 及 2）

解：已知終值$10,000，$R = \$800$，$i = 0.045$，則

$$800s_{\overline{n}|}^{.045} = 10,000$$

$$s_{\overline{n}|}^{.045} = 12.5$$

$$\frac{(1.045)^n - 1}{0.045} = 12.5$$

$$(1.045)^n - 1 = (12.5)(0.045)$$

$$(1.045)^n = 1.5625$$

$$n\log 1.045 = \log 1.5625$$

$$n = 10.138998$$

因此，會約有 10 筆存款。

程序 1：

加上一筆金額在最後一筆固定付款中，使其相等於終值 $10,000，我們將日期安排如下圖：

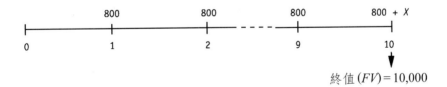

使用 10 期，我們可以下列方程式求得未知的 X。

$$800s_{\overline{10}|}^{.045} + x = 10.000$$

$$x = 10,000 - 800s_{\overline{10}|}^{.045}$$

$$= 10,000 - 9830.57 = \$169.43$$

因此第 10 筆付款應為$969.43。

程序 2：

設 Y 為所有固定付款中的最後一筆，我們可以下列示之：

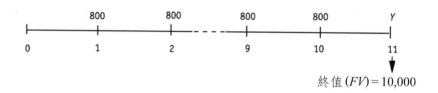

終值 $(FV) = 10,000$

使用 11 期，則可依下列方程式求出未知的 Y：

$$800s_{\overline{10}|}^{0.45}(1.045) + Y = 10,000$$

$$10,272.94 + Y = 10,000 \qquad Y = -\$272.94$$

負數的 Y 指出不要支付之意。意即含利息後計算出將超過 $272.94。核對：10 筆付款的終值將傾向於 $800s_{\overline{10}|}^{.045}(1.045)$ $= \$10,272.94$。此計算結果可以用下列試算表解答：

	A	B	C	D	E
1	期數	開始金額[a]	付款金額[b]	利息[c]	最終金額
2	1	0	800.00	36.00	836.00
3	2	836.00	800.00	73.62	1709.62
4	3	1709.62	800.00	112.93	2622.55
5	4	2622.55	800.00	154.01	3576.57
6	5	3576.57	800.00	196.95	4573.51
7	6	4573.51	800.00	241.81	5615.32
8	7	5615.32	800.00	288.69	6704.01
9	8	6704.01	800.00	337.68	7841.69
10	9	7841.69	800.00	388.88	9030.57
11	10	9030.57	800.00	442.38	10272.94

(a)每筆金額是先前期數金額加上付款金額再加上利息。因 $B3 = B2 + C2 + D2$，以此類推。

(b) C 行是每次付款金額。

(c) 利息所得是以 4.5% 的開始金額加上每次付款金額所計算。因此 $D3 = 0.045 \times (B3 + C3)$，以此類推。

範 例 2　一名男士打算在過世後遺留 $50,000 給其妻。以利率 12% 投資。寡婦可每月得 $750，求其共可領得幾期？

解： 已知現值為 $50,000，定期付款為 $750，利率為 0.01，可得：

$$750a_{\overline{n}|}^{.01} = 50,000$$

$$a_{\overline{n}|}^{.01} = \frac{50,000}{750}$$

$$\frac{1 - (1.01)^{-n}}{0.01} = 66.66\dot{6}$$

$$1 - (1.01)^{-n} = 0.666\dot{6}$$

$$(1.01)^{-n} = 0.333\dot{3}$$

$$-n\log 1.01 = \log 0.333\dot{3}$$

$$n = 110.40963$$

因此寡婦共可收到 110 筆 $750 的錢，而最後一筆小額付款設為 X，安排如下圖：

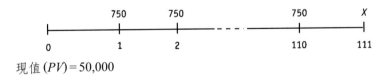

現值 $(PV) = 50,000$

使用 111 期數，可以下列方程式求得未知 X：

$$750s_{\overline{110}|}^{.01}(1.01) + X = 50,000(1.01)^{111}$$

$$150,575.63 = 150,883.76$$

$$X = \$308.13$$

相對的，若使用時間 0 為焦點日，則方程式求得之 X 為：

$$750a_{\overline{110}|}^{01} + x(1.01)^{-111} = 50,000$$

$$49,897.89 + X(1.01)^{-111} = 50,000$$

$$X(1.01)^{-111} = 102.11(1.01)^{111}$$

$$= \$308.13$$

在先前已決定的 i 中，年金期間可透過財務計算功能直接求出。

練習題 4.4

A 部分

1. 6% 年利 \$4,000 的負債利息，將以每年償還 \$400，求出付款期數及最後一筆小額付款為何？

2. 一位女性繼承人將其遺產投資，利率為 9%。在她期望每月可支領 \$250 之下，共可支領幾期？（請使用程序 1 及 2）。

3. 一對夫妻想要累積 \$10,000。假如他們在每季末存入 \$250，利率 6%，則需存幾期？（請使用程序 1 及 2）。

4. 一間工廠買了一部機器價值 \$30,000。先付 \$5,000 訂金，每年年底再支付 \$5,000，利率為 10%。求其總付款額為多少，共支付幾期？

5. 一筆基金以 n 期來累積至 \$20,000。每年付款 \$2,500 到加上固定付款的一年後之最後一筆小額付款。假設有效利率為 18%，求 n 及最後一筆付款額？

6. 一筆貸款 \$8,000 以每半年付 \$2,000 償還。第一筆付款在 1 個月期間內，利率為 12%，求出固定付款之期數，及最後一筆小額付款？

7. 以每半年付款 \$2,000 以累積至 \$8,000，利率為 12%，求出所有付款

期數及最後一筆付款額？

8. 在 2000 年 7 月 1 日時，一位女士有$10,000，以 $j_4 = 12\frac{1}{2}$ %付款。她計畫每 3 個月可支領$500，自 2003 年 10 月 1 日起算。則其共可支領幾筆，以 EXCEL 試算表解答？

B 部分

1. 在理查 25 歲生日時以利率 10%付款$2,000，且持續至他 49 歲生日時。自理查 50 歲時起，可每年支領$20,000。

　(a)共可支領幾筆？

　(b)最後一筆支領金額為何？

　(c)固定支領金額後的最後一筆支領金額為多少？

2. 一對夫妻買了價值$30,000 的土地，其先付$5,000 訂金，且簽訂契約同意餘額按 12%利率償還，以每年支付$5,000 加上 1 年後的小額付款。契約載明超過 40 期，則利率為 13%計算。求其售價？

3. 一筆貸款$2,000 以前 5 年每年支付$400，後 5 年支付$450。求出總付款期數及在固定付款後的一筆小額付款金額為何？假設有效利率是 18%。

4.5　*利率的改變*

在先前的章節（一些幾個 B 部分的特例練習題），我們曾經假設在全部年金期間的利率維持不變，然而，許多金融交易都會受到利率改變的約束，所以我們在年金期間評價利率的變動是必要的。

所使用的方法和先前我們在 2.7 節描述的方法是相似的，就是無論何時利率有一點改變，中間值都要計算，每個連續的中間值都有一個較接近最後焦點日的焦點日，我們的目的就是有規則地移動到最後焦點日，每個步驟都在合適期間裡包含年金

支付款的價值，和先前的新利率中間值。

範例 1 從 1991 年 1 月 1 日到 2000 年 1 月 1 日期間，如果在 1997 年 1 月 1 日的利率為每年 9%，之後利率為 8%，找出 2000 年 1 月 1 日年金價值，且每年年金為$1,000。

解： 首先第一步驟在時間表上劃上金額和年份

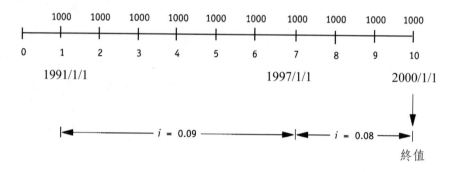

下一步，我們要計算支付額，而且包括 1997 年的支付額，並使用那年當作集中計算年。

1997 年 1 月 1 日的價值 = $1,000s_{\overline{7}|}$，在利率 9% 下，會等於 $9,200.43

這個中間值可以向前移動到 2000 年 1 月 1 日，而且還有 3 年要計算。

2000 年 1 月 1 日的價值 = $9,20.43(1.08)^3 + 1,000s_{\overline{3}|}^{.08}$

$$= 11,589.89 + 3,246.40 = 14,836.29$$

註解： 雖然 1991 年到 1997 年的利率是每年 9%，從 1997 向前的期間卻只有賺 8% 的利息，這是因為利率的下降。

範例2　(a)計算 10 年後的現值，若每半年付一次，每次付$50，假設在第 1、2、3 年的 $j_2 = 8\%$，在第 4、5 年的 $j_2 = 7\%$，第 6、7、8、9、10 年的 $j_2 = 6\%$。

(b)在什麼固定利率下，這 10 年後能提供相同的現值？

解：(a)整理各年我們能獲得的資料在時間表上：

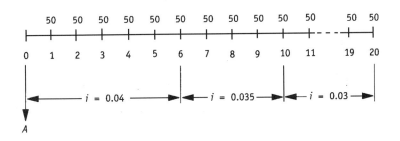

第 5 年後的價值：

$50a_{\overline{10|}}$，利率為 3% = \$426.51

第 3 年後的價值：

$50a_{\overline{4|}} + 426.51(1+i)^{-4}$，利率為 3.5%

$= 183.65 + 371.68 = \$555.33$

現值 $= 50a_{\overline{6|}} + 555.33(1+i)^{-6}$，利率 4%

$= 262.10 + 438.89 = \$700.99$

(b)

$700.99 = 50a_{\overline{20|}}^{\frac{i}{}}$

$a_{\overline{20|}}^{\frac{i}{}} = 14.0198$

加入適當相似的線性：

$a_{\overline{20|}}$ 利率為 3.5% = 14.2124

$a_{\overline{20|}}$ 利率為 $i\%$ = 14.0198

$a_{\overline{20}|}$利率為 $4\% = 13.5903$

因此，加入線性補差公式變成：

$$\frac{i - 0.035}{0.04 - 0.035} = \frac{14.0198 - 14.2124}{13.5903 - 14.2124} = \frac{-0.1926}{-0.6221}$$

$$i - 0.035 = 0.001548$$

$$i = 0.036548$$

即 $j_2 = 0.073096$ 或 7.31%

練習題 4.5

A 部分

1. 每年年金$1,000，如果 15 年前的利率為 7%，之後的利率為 10%。找出 20 年後的普通年金價值？

2. 每個月底存$100 於聯合存款帳戶，存 5 年，若第 1、2 年的利率為 $j_{12} = 12\%$，第 3、4、5 年的利率為 $j_{12} = 9\%$，則在帳戶裡有多少存款？

3. 有一個年金$50 從 2002 年 1 月 1 日到 2009 年 7 月 1 日，每 3 個月付一次，如果在 2005 年 7 月 1 日的利率為 $j_4 = 10\%$，之後利率為 $j_4 = 12\%$，則找出下列各年金值：
   (a)2001 年 10 月 1 日
   (b)2009 年 7 月 1 日
   (c)2005 年 1 月 1 日

4. 有一個工人現在 25 歲，每年投資$150 直到 40 年之後，如果他投資有利得，他退休後會有多少錢：若 1～5 年每年利率 10%，6～15 年每年利率 8%，16～30 年利率每年 9%，31～40 年每年利率 3%？在何種相等的利率下，整個期間會提供相同的退休利益？

5. 某人儲存$50 有一個月，而且在 $j_{12} = 9\%$ 時有獲利，5 年後，利率增加到 $j_{12} = 10\%$，所以，他增加二倍的儲蓄利率，8 年後他的儲蓄額會有多少錢？

6. 每年年金$500 要付 20 年，請找出第 4 年底的價值，第一個 5 年的
   基本利率每年為 6%，下一個 5 年每年利率為 7%，再下一個 5 年，
   每年利率為 8%，最後一個 5 年每年利率 9%。

B 部分

1. $R\{a_{\overline{n}|}^{i} + a_{\overline{m}|}^{i}(1+i)^{-n}\} = R\{s_{\overline{n}|}^{i}(1+i)^{-n} + s_{\overline{m}|}^{i}, (1+j)^{-m}\}$
   試解釋上述所代表的意思？

2. 每年支付$50，要付 5 年，如果 $i(t) = 0.09 + 0.01t$，且 $i(t)$ 是在 t 年時
   的利率函數，試求出現值？

3. 借款$10,000，每半年還款$500，一直到依契約還到剩下最後半年
   $500，且有 4 個月的利率為 $j_2 = 10\%$，此後利率為 $j_2 = 8\%$，計算要
   分期付款$500 多少次？且依約最後分期付款數額為多少？

4. 用存款 20%買進一別墅價值$50,000，而且每個月還款 X 元付 5 個
   月，此後每個月還款 $2X$ 元付 15 年，求出 X 為多少？如果前 10 個
   月 $j_{12} = 12\%$，後 10 個月 $j_{12} = 9\%$。

4.6 支付變動年金

目前，我們大部分考慮的年金都是一種連續且固定的還款
（付款）數額，但是，不幸的是在現實生活中總是不一樣，因
此，我們必須考慮處置還款數額的變化大小的情況。

首先，我們考慮在利率不變下，各期間還款數額的變動，
我們列出二種解題的方法。

範例 1 亞當先生想買一個每年$1,000 的年金持續 10 年，為防止
通貨膨脹，XYZ 公司願賣給他一個每年增加 10%額度之
年金，即，第 1 年末付款$1,100，第 2 年末付款為$1,210，
第 3 年末為$1,331，持續 10 年當利率每年為 13%時，試

求出年金的總現值為多少？

解：我們先把資料畫在時間表上

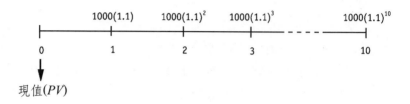

把 0 當作焦點日，我們寫出相同的付款數現值，利率為 13%。

$$PV = 1,000\,(1.1)\,(1.13)^{-1} + 1,000\,(1.1)^2\,(1.13)^{-2} + \cdots\cdots$$
$$+ 1,000\,(1.1)^{10}\,(1.13)^{-10}$$

這個式子的右半部是幾何級數的加總（參見附錄 A），第一期 $a = 1,000\,(1.1)\,(1.13)^{-1}$，且一般利率 $r = (1.1)\,(1.13)^{-1}$，因此，n 期現值總數為幾何級數 $a\dfrac{1-r^n}{1-r}$，所以：

$$現值\ (PV) = 1,000\,(1.1)\,(1.13)^{-1}\Big[\frac{1-(1.1)^{10}(1.13)^{-10}}{1-(1.1)(1.13)^{-1}}\Big]$$
$$= \$8,650.17$$

所以，年金的總現值為$8,650.17。

相對地，現在若買進 10 年固定$1,000 之年金，在利率在 $i = 0.13$，在沒有通貨膨脹的因素下，只花成本或代價

$$1,000a_{\overline{10}|}^{0.13} = \$5,426.24$$

用普通年金分 10 次償還$1,000，在利率為

$i = 0.03$（i.e. 0.13 − 0.10）時，計算答案也是有趣的，此利率在寫入帳戶前有考慮通貨膨脹一些真實（淨）利率的存在，在這個例子裡答案是$8,530.20（如下），雖然這個答

案相同，但須加以註明。

$$1,000a_{\overline{10}|}^{0.03} = \$8,530.20$$

另一種解答方法

我們重寫現值的相等式子：

$$PV = 1000 \left[\frac{1.1}{1.13} + \left(\frac{1.1}{1.13}\right)^2 + \left(\frac{1.1}{1.13}\right)^3 + \cdots\cdots + (10 \text{ 項}) \right]$$

讓 i' 變為新的利率值如下：

$$1+i = \left(\frac{1.1}{1.13}\right)^{-1} = \frac{1.13}{1.1}$$

$$i.e. \quad i' = 0.02727273$$

因此找到一個新利率 i' 是有可能的，並且用普通年金解決

這個題目，如下：

$$PV = 1,000 \left[(1+i')^{-1} + (1+i')^{-2} + (1+i')^{-3} + \cdots\cdots + (10 \text{ 項}) \right]$$

$$= 1,000a_{\overline{10}|}^{i'} = \$8,650.17$$

另一種解決方法的通式在練習題 4.6，B 部分問題 1。

以上那些問題可以簡單的用電子試算表（EXCEL）來計算。

表 4.1 就列出問題 1 的解答程序：

表 4.1　（問題 1 答案）

	A	B	C	D
1	年	付款數(a)	現值因子(b)	現值(c)
2	1	1100.00	0.88496	973.46
3	2	1210.00	0.78315	947.61
4	3	1331.00	0.69305	922.45
5	4	1464.10	0.61332	897.96
6	5	1610.51	0.54276	874.12
7	6	1771.56	0.48032	850.92
8	7	1948.72	0.42506	828.32

9	8	2143.59	0.37616	806.33
10	9	2357.95	0.33288	784.91
11	10	2593.75	0.29459	764.09
12			總額	$8650.17

(a)在第 n 年時每年的付款數為 $\$1,000(1.1)^n$，因此，$B2 = 1,000 \times 1.1\char`^A2$，B 行的各項數目皆為此種計算方程式。

(b)C 行是利率為 13% 的現值因子，因此 $C2 = (1.13)\char`^-A2$，以此類推。

(c)D 行是每個付款數的現值，因此 $D2 = B2 \times C2$，以此類推求下列各數值，C12 是 C2 到 C11 的加總，其值和上面求出的值是相等的。

　　第二，我們要考慮各期間經常還款數的差別狀況，我們用下列二個例子的方法來舉例說明。

範例2 每年年底還款，還 10 年，每年的利率為 12%，如果第 1 年還款數為$100，第 2 年為$200，第 3 年為$300，以此類推，試找出第 1 年底的現值為多少？

解：

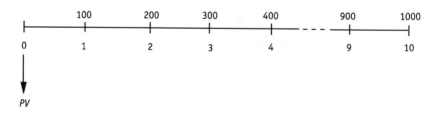

設 0 為開始日，在利率為 12% 時，我們寫出下列的相等現值式子如下：

$$PV = 100(1.12)^{-1} + 200(1.12)^{-2} + 300(1.12)^{-3} + \cdots\cdots + 1,000(1.12)^{-10}$$

如果上述式子，兩邊各除以 $(1+i)$ 或 1.12 則：

$$1.12PV = 100 + 200(1.12)^{-1} + 300(1.12)^{-2} + \cdots\cdots$$
$$+ 1{,}000(1.12)^{-9}$$

如果我們第二式減去第一式得：

$$0.12PV = 100 + 100(1.12)^{-1} + 100(1.12)^{-2} + \cdots\cdots$$
$$+ 100(1.12)^{-9} - 1{,}000(1.12)^{-10}$$

在式子右半部分，我們知道 10 年年金一起到期和最後一期的負項，所以我們寫成這樣：

$$0.12PV = 100a_{\overline{10}|}^{0.12}(1.12) - 1{,}000(1.12)^{-10}$$

或 $\quad PV = \dfrac{100a_{\overline{10}|}^{0.12}(1.12) - 1{,}000(1.12)^{-10}}{0.12} = \$2{,}590.43$

範例 3　每年年底增加付款之 n 期年金，每個期間皆固定利率，第 1 年付款 R，第 2 年付款 $2R$ 以此類推，最後 1 年付款 nR，試求出終值和現值為多少？

解：

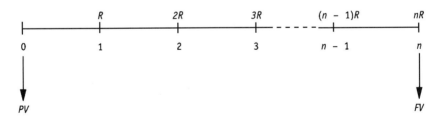

把 n 當作計算日，我們在 i 利率時寫出終值和每年增加年金相等的式子。

$$FV = nR + (n-1)R(1+i) + \cdots\cdots + 3R(1+i)^{n-3} +$$
$$2R(1+i)^{n-2} + R(1+i)^{n-1}$$

如果我們兩邊各除以 $(1+i)$

$$(1+i)FV = nR(1+i) + (n-1)R(1+i)^2 + \cdots\cdots$$
$$+ 3R(1+i)^{n-2} + 2R(1+i)^{n-1} + R(1+i)^n$$

第二式減第一式：

$$iFV = -nR + R(1+i)[1 + (1+i) \cdots\cdots + (1+i)^{n-3}$$
$$+ (1+i)^{n-2} + (1+i)^{n-1}]$$

括弧內的總和為：$s_{\overline{n}|}^{i}$

因此：

$$iFV = -nR + R(1+i)s_{\overline{n}|}^{i}$$
$$iFV = R\left[(1+i)s_{\overline{n}|}^{i} - n\right]$$
$$FV = \frac{R}{i}\left[(1+i)s_{\overline{n}|}^{i} - n\right]$$

若擬找出遞增年金，我們只須在 i 利率和 n 期下，將終值
（FV）給予貼現，即可。

$$PV = \frac{R}{i}\left[(1+i)s_{\overline{n}|}^{i} - n\right](1+i)^{-n}$$
$$= \frac{R}{i}\left[(1+i)a_{\overline{n}|}^{i} - n(1+i)^{-n}\right]$$

範例 2 發展出相同的表達方式，但只限於特殊的情況。以
上的表達是在一般的通式下。

練習題 4.6

A 部分

1.　若有一 20 年還款，每年要還 $500，每年利率 15%，如果我們有考
慮物價膨脹每年 12%，試找出現值和終值？

2.　有一法官決定把因在車禍中癱瘓的男人的未來收入換算成現值，在
車禍之前，這個人每年能賺 $25,000，且預期每年收入會有 8% 的增

加，他 30 年後退休，如果這些錢每年有 10% 的價值，那他的未來
收入的現值是多少？

3. 找出有一 15 年且每年底要支付款項，每年利率 6%，如果第 1 年要
   付 $300，第 2 年要付 $600，第 3 年要付 $900，以此類推之年金總現
   值為何？

4. 有某女士有一工作且每年有 $15,000 的收入，每年她將會收到 $1,000
   的增加數，10 年後她的收入會有多少，請計算現值為多少？若這
   些錢每年利率有 17% 的價值（假設付款額每年年底和第 1 年底一樣
   付 $15,000）。

5. 某人投資 $10,000 在特別股票，每年股息為 12%（等於每年年底
   $1,200），某人把投資的股息放入銀行帳戶裡，且銀行每年付 10%
   的利息，那麼他投資 5 年後（底），他的資產價值為多少？請計算
   出如果有二個利率 12% 和 10%，其答案將是等於 $10,000(1+i)^5 嗎？

6. 有一投資者每年年初在一個特別的基金裡存 $1,000，其利率為每年
   15%，其利息將會存在銀行帳戶裡，銀行每年利率 13%，那此人在
   第 6 年底有多少儲蓄？

7. 某土地須在年初繳年租，每年 $5,000，地主期盼地租以每年 6% 比
   例上升，試在每年有效利率為 15% 下，計算此地的現值？

8. 某人需要立刻粉刷房子，粉刷房子須花成本 $1,200，所以他想他應
   該用磚塊來裝飾，如果他假設這個房子每 5 年就要粉刷一次，而且
   每年其成本將會增加 6%，如果他擁有的錢每年有 14% 的收入？要
   再花多少錢，這個人才會寧願用磚塊來裝飾房子？

9. 在範例 3 裡，我們從簡單的增加年金到期值推論出現值，且有 n 期
   其貼現率 i：

$$PV = \frac{R}{i}[(1+i)s_{\overline{n}|}^{i} - n](1+i)^{-n} = \frac{R}{i}[(1+i)a_{\overline{n}|}^{i} - n(1+i)^{-n}]$$

公式的起源：

$$PV = R(1+i)^{-1} + 2R(1+i)^{-2} + \cdots + (n-1) - R(1+i)^{-(n-1)} + nR(1+i)^{-n}$$

推算出：

$$PV = \frac{R}{i}[(1+i)a_{\overline{n}|}^{i} - n(1+i)^{-n}]$$

直接用在範例 3 說明其方法。

B 部分

1. 考慮到支付年金的變化在下列圖表表示：

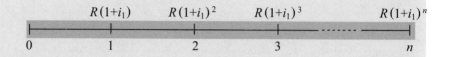

   更進一步的，假設每期利息的利率為 i_2，把 i 當作比率如下：

   $$(1+i) = \frac{1+i_2}{1+i_1}$$

   上面的年金在比率為 i_2 的現值為：

   $$PV = R a_{\overline{n}|}^i$$

2. 證明下列恆等式的代數和用時間圖表解釋其意思的由來。

   (1) $a_{\overline{1}|}^i + a_{\overline{2}|}^i + a_{\overline{3}|}^i + a_{\overline{4}|}^i + \cdots\cdots + a_{\overline{n}|}^i = \dfrac{n - a_{\overline{n}|}^i}{i}$

   (2) $s_{\overline{1}|}^i + s_{\overline{2}|}^i + \cdots\cdots + s_{\overline{n}|}^i = \dfrac{s_{\overline{n}|}^i - n}{i}$

3. 若每年年底要還款 11 次，其利率每年 $i\%$，如果這 11 次的還款數額分別為 $1、$2、$3、$4、$5、$6、$5、$4、$3、$2、$1，試找出其現值為何？

4. 有一年金第 1 年每個月底要支付 $200，第 2 年每個月底要支付 $195，第 3 年每個月底要支付 $190，以此類推（每 1 年的支付款都會比前一年減少 $5），在第 40 年時每個月底將要支付 $5，之後就不必支付，請算出其現值為多少？

5. 某人剛剛退休，而且有二種退休金收入的方案的選擇，想決定應放入哪個基金裡作為儲蓄，A 種基金剛開始每季季底會先付 $3,000，且付 25 年，每季都會因物價膨脹的關係增加相當每年 10% 的收入，B 基金每季季底付 $4,500，也付 25 年，但是沒有物價膨脹的因素，哪一種基金對此人來說和用每年 12% 的收入比較，會較有利益？

6. 有一永久年金，第 2 年底支付 p，第 4 年底要支付 $p+q$，第 6 年底

要支付 $p+2q$，第 8 年底支付 $p+3q$ 等等……，且其利率為每年 $i\%$，求其現值為何？

7. 有一個簡單的年金減少支付款，有 n 期且每年底支付 $PV=\dfrac{R}{i}(n-a\frac{i}{n})$ nR，$(n-1)R$，$(n-2)R$，$(n-3)R$，……$2R$，R，i 為每年利率，試證明？

8. 有一永久年金，每年年底支付 R，$R+p$，$R+2p$，……，$R+(n-1)p$，$R+np$，每期的支付年金會增加一個常數 p 值，一直到達 $R+np$，證明下列永久年金的現值，且其每年利率為 i：

$$PV=\frac{R+pa\frac{i}{n}}{i}$$

9. 已知：

$$FV=\frac{R}{i}[(1+i)s\frac{i}{n}-n]\text{，試證明 } FV=\frac{R}{i}[s\frac{i}{n+1}-(n+1)]$$

4.7 總複習

1. 有一對夫妻因不想每個月初要付$450 共 10 年的房租,而想要買一棟房子,要在多少錢的情況下 $j_{12} = 18\%$ 會等於 10 年的房租價錢?

2. 某人已 65 歲,想把儲蓄$100,000 買一個 20 年的年金,每 4 個月付款一次,請找出下列年金之支付額為多少?

   (1)每 4 個月複利在 10%;

   (2)每 4 個月複利在 12%。

3. 根據史密斯先生的遺囑,他將人壽保險$100,000 的利益投資在每年有效利率 13%下,而且他的另一半每年將會從他的資金中得到$15,000 的收入,從第 1 年就會立刻收到,直到她還活著的時候,當他的妻子死的時候,剩下的資金將會捐贈給當地的慈善團體,如果他的妻子在 4 年 3 個月之後死亡,那此慈善團體會收到多少錢?

4. 從現在到 5 年後,一家公司將需要$150,000 買一台設備,每個月要儲存多少錢在基金,才能加總到這個數目,且基金利率 $j_{12} = 14\%$。

5. 某人想要每個月存$1,000 到基金裡,且累積到$100,000,利率 $j_{12} = 15\%$,試找出準確儲蓄總額和決定使用兩者程序的差異大小?

6. 某公司預先支付一年租金$3,000,如果每個月的複利為 12%,相當每年預付多少月租金?

7. 一名農民借$40,000 買一些設備,他計畫每年用利率 13.75%償還借款,共還 8 次,5 年後要付第 1 次款項,試找出每年年金支付額?

8. 一部二手車可賣$5,000,或先收$1,000 訂金加上每個月收到$800,共收到 6 個月。如果有買者採用後者分期付款的方法買了這一部車子,試找出合理之利率 j_{12}?

9. 有一存款每個月底存$200,在 3 年內將累積到$10,000,試求出利率 j_{12}?

10. 某公司向客戶索取 10%利息,而且允許一年 12 個月每個月都還款相同金額,因此,借款$600,要加上利息費用$60,分 12 次還款,每個月要還$55,請問每個月利率是多少?

11. 有一台在報價單上的冰箱價值$650,如果有一個顧客付訂金$200,剩

下的餘額要加$50的費用且分12個月平均還清款額，如果這位顧客付現金，他可以在報價單上能得15%的折扣，如果這台冰箱是用貸款的方式買，那其每個月的名義利率是多少？

12. 某人想每3個月存$300，直到儲蓄累積到$5,000，每季利率為15.5%，他在1997年7月1日第1次存款，請問他應全部存多少存款，且他在什麼時候可結束繼續存款？

13. 某人投資10年基金，每年投資$1,000，每年利率13%，基金每年底會付給投資人利息支票，某人把利息收入存在銀行帳戶，銀行每年的利率10%，請問10年後他將擁有多少錢？

14. 證明上題，若其二個利率都相等為 $i\%$，那答案將變為：
$1000s_{\overline{10}|}^i$

15. 有一到期值以簡單級數減少的年金，每年年底利率12%，共要支付20次，如果第1次要支付$2,000，第2年支付$1,900，以此類推，最後一年支付$100，試找出現值為何？

16. 有一組年金，剛始第1年底要支付$18,000，然後每1年增加$2,000，以後一直增加下去（由$20,000到$22,000），如果每年有效利率為10%，試求出現值為何？

普通年金

5.1 簡 介

在第 3 章以及第 4 章中，我們假定每年的支付期間正好與利息同步。亦即每年的支付剛好是在支付利息期間的年底（或是年初）。然而，實務上也並非一定如此。在許多的案例中，單利支付款項經常多於或少於複利，如果計息與支付期間是不同的時候。這樣的連續支付方式稱作普通年金。

解決普通年金問題最好的方式是改變利率，藉著相同的利率水準使得計息期間等同於支付期間（可參考 2.2 的章節）。實際上，普通年金的問題可被轉換成較簡單的年金問題，而且方式如同第 3 章及第 4 章一樣，可以直接套用，因此並無新的理論在此被應用。第 5.2 及 5.3 章節將會對這個著眼點加以討論。

5.4 章節將提出二個多元的方式。第一個是使用試算表來詮釋，較傾向於發展一個格式化去表達支付的情況，使得普通年金變為支付期間與利息期間相同的年金。

第二個改變支付方式的方法是較複雜的，因此下面的章節將會考慮利率的改變，在 5.2 節會更詳細說明。

5.2 改變利率計算普通年金

為了藉著改變利率找出屆期年金的現值或終值,可以採用以下的步驟:

步驟一:改變對於固定支付期間來說是等值的利率水準(參考2.2)。
步驟二:計算以新利率水準衡量的年金價值,方法概述於第 3 章及第 4 章。

在此方法中,是將利率改為實際利率,支付金額是固定的,而利率及利息期間調整為與支付期間一致。

範例 1 有一個人在每年的年底存款\$1,000 作為儲蓄基金,如此會有 $j_4 = 12\%$ 的利率,試求在 10 年之後將可累積到多少基金?

解: 在此例子中,每年均須存固定款項,而其利率是四季均相等的。因此第一步驟是找出每一季利率是相當於 3%。

$1 + i = (1.03)^4$ 此時 j 相當於年利率

$i = (1.03)^4 - 1$

$\quad = 0.12550881$　　　　　註:實質利率來係以季來複利得出

第二步驟是計算年金在固定利率 $(R = 1,000)$ 之下的終值,期間 $n = 10$,實際利率 $i = 0.12550881$

終值 $= 1,000S_{\overline{10}|}^{i}$

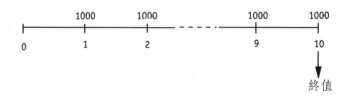

$=\$18,022.94$　在第 10 年的年底時，將可累積的基金

範例 2　一個合約中要求在每個月底固定支付\$100，持續 5 年之後再於第 5 年末增加\$2,000 之給付，則若以年 5%利率每半年一算，合約的折算現值是多少?

解：首先，找出每半年的利率相當於 2.5%，如下：

$(1+i)^{12}=(1.025)^2$　此處 i 相當於月利率

$1+i=(1.025)^{1/6}$

$i=(1.025)^{\frac{1}{6}}$

$i=0.004124$

之後，再分別算出普通年金及附加\$2,000 款項的現值。

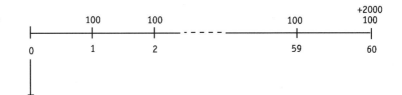

現值 $=100a_{\overline{60}|}^{i}+2,000(1+i)^{-60}$　$i=0.004124$

$=5,305.66+1,562.39$

$=\$6,868.05$　此為合約的現值

範例 3　算出以每兩個月月底支付\$500，為期 5 年的投資，在利率為 $j_4=8\%$ 時：

(a)到最後一次的支付日期的終值；以及

(b)$3\frac{1}{2}$ 年後的終值。

解：第一步驟，先將季息 2% 轉換成兩個月一期之利率。

即 $(1+i)^6 = (1.02)^4$　i 是兩個月的利率

$$1+i = (1.02)^{\frac{2}{3}}$$

$$i = (1.02)^{\frac{2}{3}} - 1$$

$$= 0.01328928$$

(a)在支付 30 次，利率 1.3289% 之後的終值是

$$= 500 s_{\overline{30}|}^{\frac{i}{}}$$

$$= \$18,283.44$$

(b)3.5 年後的終值是

$$= 18,283.44(1+0.01328928)^{21}$$

在 3.5 年中每兩個月支付一次，共 21 次

$$= \$24,124.61$$

或另一算法是用 3.5 年後的價值折現回來

$$= 18,283.44(1+0.02)^{14}$$

$$= \$24,124.61$$

因為利率是相同的，所以求出的答案會一樣。

練習題 5.2

A 部分

1. 一個人在銀行帳戶中每年年底存入 \$200，會賺得利息 $j_4 = 16\%$，試問在 5 年後他帳戶中的存款有多少？

2. 購買一輛車的代價是 \$2,000，加上分期付款每 4 個月付 \$300 分 3 年。假使貸款利率是 $j_2 = 14\%$，試問車子的現值是多少？

3. 某人要存多少錢，才能在 10 年後，每個月可提領 \$100（第 1 次提領一個月），假設銀行利率是 $j_2 = 5\%$？

4. 每半年年底支付$1,000，假設利率是 12%，付 10 年，每次的利率相當於：

   (a)半年率；

   (b)季利率；

   (c)年利率。

5. 算出每年支付$200，支付 20 次，利率是 $j_2 = 10\%$，5 年後的終值？

6. 在每年的同一天同時種植 1,000 棵樹可以造就一座森林。在種植時這些樹木在包含 0.03 立方公尺的木頭，並以每一季 5% 的速度成長，試問在 10 年之後將有多少數量的樹？（假定沒有樹木死亡）

7. 如果利率是 $j_{12} = 18\%$，每半年支付$1,000，持續 5 年之後，試問約等於若干單一支付金額？（第 1 次付款是在第 1 個半年底）

8. 找出在四年中每 1 季付$50 的年金現值，假設利率是 $j_{12} = 11\%$。

9. 5 年中每個月月底存$200 在銀行帳戶，利率是 $j_4 = 15\%$，算出 5 年後的帳戶價值？

10. 持續 10 年，每半年存入$500，年利率是 11%，算出其現值？

11. 哪一個比較便宜？

    (a)花$7,000 買一部車，在 3 年後以$2,000 賣出。

    (b)一個月花$250 租車，在每個月月底支付，持續 3 年。

    假定登記及維修成本是相同的，有效利率是 16%。

12. 一保險公司支付 9% 的存款利息，試問一筆每月月底付出$250，持續 10 年的款項，每月複利一次，值多少成本？

13. 5 年中每一季終存入$100，找出這筆支付款的終值，假定：

    (a) $j_{12} = 15\%$；　(b) $j_4 = 15\%$；　(c) $j = 0.15$。

14. 找出在 3 年中每月月初支付$200 的終值，假定利率是 $j_2 = 13\%$。

15. 一保險政策需要 20 年每年初付$15 的保險費，找出其在利率 $j_4 = 11\%$ 的現值？

B 部分

1. 計算下列表格中的年金終值，在每年 p 次的支付下（i.e.每一支付金額是 $1/p$），持續 10 年，利率是 $j_m = 12\%$。

	$m=2$	$m=4$	$m=12$
$p=2$			
$p=4$			
$p=12$			

提示：$1/12s_{\overline{120}|}^{i}$ 此處 $i=(1.06)^{1/6}-1$

2. 計算下列表格，每年支付\$100，付 p 次的年金現值，（i.e.每一支付金額是100/p）持續 10 年，利率 12%，一年支付 m 次。

	$m=1$	$m=3$	$m=52$
$p=1$			
$p=3$			
$p=52$			

提示：$100/52a_{\overline{520}|}^{i}$ 此處 $i=(1.04)^{3/52}-1$

說明在你的答案中對兩個問題呈現某種趨勢的原因。

3. 每隔 3 個月支付\$300，共支付 40 次的普通年金，有效利率 12%，在以下各不同的支付次時間，算出年金的價值。

(a)在第一次支付的 3 個月前；

(b)在最後一次支付時；

(c)在第一次支付時；

(d)在最後一次支付的 3 個月後；

(e)在第一次支付的 4 年又 3 個月前。

4. 一位父親已存了一基金提供兒子大學 4 年的花費，基金在月初可提\$300，連續 8 個月（3月至 11 月）每 3 月 1 日另加\$2,000，供兒子繳其他費用及書錢。如果利率 $j_4=6\%$，試問其基金在大學第一天的現值（亦即第一年的 3 月 1 日價值）？

5.3 找出分期付款

針對某些問題，是需要計算其支付期間才能得知普通年金的價值。這些問題，可以用二個步驟獲得解決：

步驟 1：以等值的利率代替已給的利率，如此可使新利率與設定的支付期間相配合。

步驟 2：使用計算年金的標準公式算出分期付款額度。

範例 1 一資產價值$50,000，以$10,000 存款付現，其餘自下個月起每月付現，持續 20 年支付。找出若有效利率是 14%，其分期付款額度為多久？

解：使用近似利率，先找出每月相當於每年的利率水準如下：

$$(1 + i)^{12} = 1.14$$
$$1 + i = (1.14)^{1/12}$$
$$i = (1.14)^{1/10} - 1$$
$$i = 0.010\,978\,85$$

再設定每月支付 R 元，算出普通年金現值 $= 40,000$，$n = 240$，和 $i = 0.010\,978\,85$

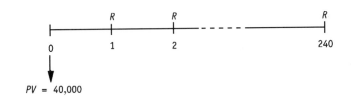

$$R = \frac{40,000}{a_{\overline{240}|}^{\,i}} = \$473.62 \quad \text{每月支付金額}$$

範例 2 一房屋買主想要在 3 年中累積$20,000 的存款買房子，藉著每星期終存錢的方式完成，利率是 12%，假定以複利計息，算出其每星期應存入多少？

解：首先找出每星期利率 (i) 相當於每月 1%，如下：

$$(1+i)^{52}=(1.01)^{12}$$

$$1+i=(1.01)^{12/52}$$

$$i=(1.01)^{12/52}-1$$

$$i=0.002\,298\,87$$

再設定每週存 R 元，算出年金終值 $20,000$，$n=3\times52=156$，和 $i=0.002\,298\,87$

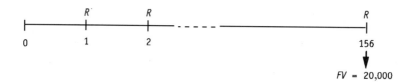

$$R=\frac{20,000}{s_{\overline{156}|}^{i}}=\$106.73\qquad 每週存款金額$$

練習題 5.3

A 部分

1. 江先生借款 $10,000，這筆款項以每月月底的支付方式，分 5 年付清，試問每次支付的金額為多少？
   (a)以季利率 8%的複利來算；
   (b)用年利率 8%來算。

2. 一個學生在求學期間每月借款 $3,000。並決定以每月還款的方式付清（第 1 次支付是在第 1 個月底），5 年付清。如果利率是 11%，算出每月還款多少？

3. 想要累積 $4,000 的存款，必須在 4 年內每一季存入多少才可做到，如果利率是
   (a)月利率 16%；
   (b)半年利率 16%；

(c)日利率 16%。

4. 在她先生逝世後，她可以領其已保$30,000 的保險金額，如果年利率是 10%，每月領可分 10 年領完，試問每月可領多少？

5. 阿國想累積$500,000 的貸款基金，擬分 20 年償還在年利 13%之下，每半年底須存入多少？

B 部分

1. 有一個有錢的企業家在 2003 年 9 月 1 日投資一美術館$100,000，14%複利日息，每 6 個月會頒發藝術獎，可持續 20 年，試問第一個得獎的人是在下列時間領獎，其獎金額度是多少？
   (a)2003 年 9 月 1 日；
   (b)2005 年 9 月 1 日。

2. 假如在上述的獎金給付不是確定的，那麼(a)、(b)二個日期，各可領多少錢？

3. 某個組織需要$100,000，從現在到 3 年後用來作為重建用，在最後 2 年時，每一季已存基金$4,000，利率 12%，試問要達 3 年後存到$100,000 的目標，之後每季須存多少？

4. 在最近的法院判決個案中，ABC 公司控告 XYZ 信託公司，在每月支付 3 年還清，向信託公司借 8.2 億，利率 13%，ABC 公司以為是以有效利率來算，但 XYZ 公司卻以日利率算，最後法官判定 ABC 公司可獲差額補償，試問此差額金額是多少？

5. 在亞當 36 歲生日時，他開始每年存$2,000 當作基金，直到 65 歲，之後每個月提一筆金額，可提 15 年，若利率 12%，算出每次提款金額？

6. 一永久年金在每年年底支付$1,000，與年金在每月月底支付 X 元，持續 10 年的方式，若利率 15%，兩方式金額是相同的，算出 X 為多少？

7. 在第 6 題中，若年金每月月底支付$250，可持續多久，最後一筆最少金額的支出是多少（利率 15%）？

5.4 *兩種選擇方法*

這節將描述二選一方法來評價普通年金。第一步將隨著使

用試算表和更複雜的第二步方法：將改變付款額度以適合所給予的利息期間。

試算表法

當描述第 3 章時，試算表是容許我們實現一精確計算的一連串專欄。在之前的例子中，試算表的每一小格都被使用。然而，縱然存在某些空白小格。使用試算表仍是考慮一個普通年金價值的最好方式。

範例 1 某人收到來自一年期限的信託基金，每季底須給付 $2,000，計算 $j_{12} = 9\%$ 的價值？

解： 每月利率是 0.75%，因此寧願以月份來考慮此問題。然而，第 1 次付款$2,000 發生在第 3 個月月底，這是指試算表將隨著在第 3 個月第 1 次付款時顯示出第 1 個月及第 2 個月的付款為 0。完整的試算表列於下：

	A	B	C	D
1	月	支付	現值因子[a]	現值[b]
2	1	0	0.992 56	0
3	2	0	0.985 17	0
4	3	2000	0.977 83	1955.66
5	4	0	0.970 55	0
6	5	0	0.963 33	0
7	6	2000	0.956 16	1912.32
8	7	0	0.949 04	0
9	8	0	0.941 98	0
10	9	2000	0.934 96	1869.92
11	10	0	0.928 00	0
12	11	0	0.921 09	0
13	12	2000	0.914 24	1828.48
14			總計	$7566.38[c]

(a)C 列因子 $= (1.0075)^{(-\text{來自 }A\text{ 列的數子})}$

　　例：$C2 = (1.0075)^\wedge(-A2)$

(b)在 D 列的結果＝B 列×C 列；例：$D2 = B2 \times C2$

(c)$D14 = 總合(D2:D13)$

範例 1 中假定付款期間是用複利。在這例子中，每 3 個月月底有一付款。然而，在一些情況中，付款期間和利率期間沒有這一關係。在這些問題中，寧願以試算表為根據計算付款。

在之前的試算表中，欄內表示付款時間、付款數量、適當的複利因子和付款價格。當每次付款為不同數量時，這試算表法將可以被採用。

範例 2　珍妮計畫 2 年中，每 4 個月月底投資 $ 1,000，如果投資收入以 $j_2 = 6\%$ 計，請計算在第 2 年年底時的基金價格？

解：有效利率為每半年 3%。因此適當的建立以半年期間為觀點的試算表。這是指第 1 次付款在 2/3 利率期間下發生。同樣地，第 2 次付款將發生在 $t = 1.33333$。諸如此類，而在最後一次付款發生在 4 個半年（或 2 年）後。

在 D 列的因子是付款日到結束付款日期間的複利因子。在這例子中結束付款日為 2 年底。以時間圖示來強調付款日。

	A	B	C	D	E
1	月	每半年計一次	支付	因子[a]	價值[b]
2	4	0.666 66	1000	1.103 55	1103.55
3	8	1.333 33	1000	1.082 01	1082.01
4	12	2.000 00	1000	1.060 90	1060.90
5	16	2.666 66	1000	1.040 20	1040.20
6	20	3.333 33	1000	1.019 90	1019.90
7	24	4.000 00	1000	1.000 00	1000.00
8				總計	\$6306.56[c]

(a) D 列因子 $= (1.03)^{(4-來自 B 列的數值)}$

　　例：$D2 = (1.03)^{\wedge}(4-B2) = (1.03)^{3.3333}$

(b) E 列的結果 = C 列 × D 列；

(c) $E8 = 總合(E2:E7)$。

改變付款方法

　　在這節中，改變付款方式以適合既定的利息期間。即如果我們在一年 P 次付款 P，但利率以每年 m 次複利計算，我們改以一年付款 R 且分 m 次支付取代之。這以一年付款 R 分 m 次支付的新年金，可以在一年相同支付次數的利率下同理評估之。下列圖表解釋需要改變的地方。

如果我們考慮到在年底付相同金額的兩組，應建立下列等式：

$$Rs\frac{i}{\overline{m}} = Ps\frac{i'}{\overline{p}} \qquad (16)$$

此處 i 為每年中第 $\frac{1}{m}$ 次的有效利率，i' 則為每年中第 $\frac{1}{p}$ 次的有效利率：

$$(1+i)^m = (1+i')^p$$

方程式(16)中連同 i' 符號 i 的方式來代替方程式中的 $S\frac{i}{\overline{m}}$ 和 $S\frac{i'}{\overline{p}}$，以至於須付款 R 可以被表示為：

$$R = \frac{P}{s\frac{i}{\overline{m/p}}} \qquad (17)$$

所以方程式(17)習慣從一年付款 P 且分 P 次付款轉變為一年付款等價年金的 R 且分 m 次付款。

範例 3 一年收到每季季付 \$2,000 的信用基金，若款項價值 $j_{12} = 9\%$，那改用月付多少年金，總額才會相同？

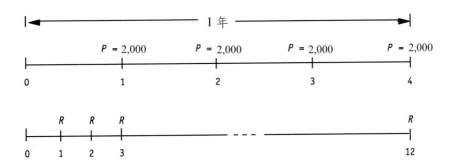

解：我們想以月付 R 代替季付 $P = 2,000$ 因此款項和利息期間相同。

我們有 $P = 2,000$，$p = 4$，$m = 12$ 和 $i = 0.0075$。公式⒄是：

$$R = \frac{2000}{s_{\overline{3}|}^{.0075}} = \$661.69$$

相同月付款項是\$661.69。每月付款\$661.69，3 個月的總數是比季付款\$2,000 還小，因為在季付款中尚包含二個月付款。

範例 4　某人以一年二次的複利 10%，月付\$300 的方式抵押付款一房子，請算出相同款項的半年付款金額？

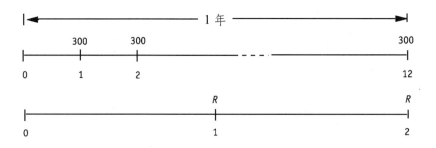

解：我們想以半年應付 R 替代月付 P=300。

我們有 $P = 300$，$p = 12$，$m = 2$ 和 $i = 0.05$。公式⒄是：

$$R = \frac{300}{S_{\overline{1/6}|}^{.05}} = \$1,837.14$$

相同半年付款\$1,837.14 比月付六次款項的總數大了點（即\$1,800），因為，新的款項沒有比之前月付款項獲得較多的利息。

練習題 5.4

A 部分：

1. 要將季付$1,000 且 $j_{12}=15\%$ 付款改月付，則月付多少？

2. 半年付款多少才會和月付$500 且 $j_{12}=12\%$ 相同？

3. 每半年付款多少才會和每 3 年付款$1,000 且 $j_2=4\%$ 相同？

4. 若 $j_2=10\%$ 每月初付款共 27 個月，請用試算表找到年金現值？

5. 若你因要繳房屋保險，所以須年付$150，如果你的銀行戶頭付予的利息為 $j_{12}=11\%$ ？你應該在每月底撥出多少？

6. 下列使用試算表來找尋半年付款$500 共付 6 年的年金終值？
   (a)若款項價值有效利率為 18%；
   (b)若款項價值為 10%可轉換 5 次的年利率。

7. 將季付$1,000 的年金改為等量年金且：
   (a)月付且 $j_{12}=6\%$ ；
   (b)年付且 13%的季複利率。

8. 每 2 年付款$1000 共付 10 年的年金。請使用試算表找 $j_2=14\%$ 的現值？

9. 將年付$500 轉換為等量年金的季付，若有效利率為 7%。

B 部分：

1. 以幾何級數導出公式(17)。

2. 試導證下列公式的現值及終值，其為每年分 p 次付款，款項為 P 的普通年金，每 k 年利率 j_m。

$$FV=P\frac{[(1+i)^{km}-1]}{(1+i)^{m/p}-1}和$$

$$PV=P\frac{1-(1+i)^{-km}}{(1+i)^{m/p}-1}$$

此處的 $i=\dfrac{j_m}{m}$

3. 試導證下列公式的現值及終值，且其為每年分 p 次付款，款項為 P 的普通到期年金，每 k 年利率 j_m。

$$FV = P \frac{S_{\overline{k/m}}^{\frac{i}{}}}{S_{\overline{m/p}}^{\frac{i}{}}}(1+i)^{\frac{m}{p}}$$

$$PV = P \frac{a_{\overline{k/m}}^{\frac{i}{}}}{S_{\overline{m/p}}^{\frac{i}{}}}(1+i)^{\frac{m}{p}}$$

此處的 $i = \dfrac{j_m}{m}$

4. 使用無窮大的幾何級數來導出下列公式的普通每年分 p 次付款款項為 P 利率 j_m 的年金之現值。

$$PV = \frac{P}{i} \frac{1}{S_{\overline{m/p}}^{\frac{i}{}}}$$

此處的 $i = \dfrac{j_m}{m}$

5.5 總複習

1. 將季付\$300 的年轉換為與下列等值的年金為多少：

   (a)年息 15%，半年付，每半年複利一次；

   (b)年息 14%，月付，每季複利一次。

2. 試計算 10 年期，年息 8%，季付\$100 的年金終值與現值（期末付款）？

3. 如果在每月底存入\$100 且年複利 5%，在 3 年後會累積到多少錢呢？

4. 以下利率，每月存款\$100 須存幾個月？哪一存款一個月後會累積成 \$3,000？

   (a)6.5%半年複利；

   (b)5%每季複利。

5. 一公司想在 8 年後擁有價值\$150,000 的基金。那麼在每日複利 15%的 利率下，須每月底存款多少？

6. 史帝夫（Steve）買一新車，價值\$7,500，他付\$1,500 的存款，且答應 依需要月付\$250。若利率為 14.2%，請問總款項及最後付款的金額？ 請用試算表來確認你的答案。

7. 若每月付\$50 共 18 個月來償還一貸款\$800，那麼轉換成半年利率是多 少？有效年利率多少？

8. 押金\$8,000 和半年付款共付 6 次，款項為\$3,000 第 1 次到期為第 2 年 年底。若款項價值為每日複利 16%，請問其現值？

9. 每月初付款\$100 共付 5 年且 $j_4 = 14\%$，請問其終值和現值？

10. 每月底付款\$200 共付 60 次的年金。其有效利率為 11.05%。請問下列 時間下的年金價值？

    (a)第一次付款；

    (b)2 年前的第一次付款；

    (c)最後一次付款。

    請使用試算表確認你的答案。

6 房貸與個人借貸

6.1 簡 介

在人的一生中，個人及家庭可能的金錢貸款用途，包括有汽車、教育費用、假日休閒和個人投資。然而，在這些貸款中，所占個人貸款最多的是購買房屋所支付的房貸。這些房屋貸款過程被稱之為抵押，即是借出金錢（以銀行立場）下，銀行可在安全考量下要求貸款者移交其財產的權狀來獲得貸款。亦即，當個人無法支付貸款時，銀行有權去拍賣其所抵押的財產用於償還貸款。由於大部分的房屋貸款大約是 20 至 25 年，通常一個人會花上其一生工作的時間來支付這項貸款。

近年來，在澳洲房屋貸款的市場是相當的競爭。當銀行維持主要的財務提供給房屋貸款市場時，出現了專門提供給家庭貸款的貸款服務中心，銀行並且整合這些貸款後，再安全的進入次級市場，再衍生為證券化的機制。

澳洲市場競爭的提高，使得房屋貸款的內容更為廣泛，包括了：

- **變動利率的貸款**：是指其利率隨著經濟中的利率不同而變化。而這些貸款通常會持續維持的。
- **固定利率的貸款**：是指期間 3～5 年內有一固定利率之貸款。在這期間之末期時，此貸款有其選擇轉變為另一個固定利率貸款或轉變為變動利率貸款之可能性。
- **低利率貸款**：銀行一開始提供借款者較低的利率貸款。以後，貸款通常會回復到一個可變的價格債款。
- **純付利貸款**：僅在貸款期間支付貸款利息即可，而在貸款屆期之時，才須支付所有貸款金額之貸款。這種貸款通常是提供給投資者及非房屋所有權者。

在 1998 年 1 月某個銀行曾提供以下幾種不同利率的貸款為房屋所有者選擇：

變動利率的貸款：6.70%／年

低利率貸款：第 1 年利率為 5.49%，之後每年以變動利率計。
　　　　　　　或者前 2 年利率為 6.25%，之後每年以變動利率計。

固定利率的貸款：第 1 年利率為 6.50%或者前 3 年利率為 6.95%
　　　　　　　　　或者前 5 年利率為 7.25%
　　　　　　　　　並在在貸款到期日選擇另一固定利率。

從這例子可看出，房屋貸款的利息支付在貸款期間是非常不容易維持在固定金額。不過這些可能的變化從房屋貸款開始計算的每月固定支付來看，這是正常的。隨著利率改變，這時

對於每月償還之利息也會有所調整。

　　這章節將會專論於抵押和其他債券的償還，用可簡化價格方法來計算未付貸款；6.2 節將會介紹這個觀念，並且顯示出貸款償還計畫是如何被設計建構出來的；6.3 節將會介紹如何以固定利率來計算未付貸款；6.4 節將會研究不同利率的改變下之貸款的計算方法；6.5 節將會比較純利率貸款之成本；6.6 節將複習固定利率貸款。

6.2　*抵押和其他可降低利率之貸款*

　　一個抵押貸款在抵押期間若屬正常支付，其應包括：

・支付未償還貸款之利息；且

・並支付未償還貸款之部分本金金額（或全部）

　　由於隨著時間持續，貸款額度將會逐漸減少，因此利息的支付也會減少。這提供了一個信息，即實際利率在債款的期間可能增或減。

　　假定一個貸款用本金之分期款項來付款，以一個固定的基礎付款（如月付制），然後其貸款的初始金額等於將來償還的年金現值。因此，正常水準支付的方法已在第 3 章介紹。

範例 1　**一筆實際年利率為 10%的\$10,000 貸款將每年分期償還，償還期間為 5 年，請問：**

(a)每年應償還多少分期款？

(b)前 2 年所付之利息及本金共為多少？

　解：(a)我們可以計算每年應償還：從 $PV = 10{,}000$，$i = 0.10$ 且

　　　　$n = 5$，

$$每年應償還 = R = \frac{1000}{a_{\overline{5|}}^{\frac{10}{}}}$$

$$= \$2637.98 \text{（四捨五入至分位）}$$

(b)利息的計算自第 1 年到到期日是$10,000 的 10%即$1,000。在第 1 次支付後，第 1 年應償還額剩下$1,637.98。所以，

貸款金額則剩下：$10,000 - $1,637.98 = $8,362.02

在第 2 年末，應支付的利息為 $8,362.02 × 0.10 = $836.20

所以，應償還之貸款額為 $2,637.98 - 836.20 = $1,801.78

注意：這題範例中的分期款是四捨五入計算到小數點以下二位，而不是最近分位。此種貸款全部付清是最普通的商業計算方式。這種題型在之後將會陸續出現。

當貸款是由分期付款來支付時，其分期款是包含了利息的支付和本金的扣繳；所以，如何計算每期應支付的償還額是非常重要的！在上面的例題中，我們便可架構出一個貸款償還表，此表表示出了：每期的期初和期末的未清償貸款金額，及每年應支付的利息及本金金額。用此試算表是計算貸款金額最典型的表示方法。以下是範例一的貸款試算表（表6.1）：

1	A	B	C	D	E
2	年度	期初應付貸款額	利息 （年利率10%）[a]	每年償還之本金[b]	期末應付貸款額[c]
3	1	10000.00	1000.00	1637.98	8362.02
4	2	8362.02[d]	836.20	1801.78	6560.24
5	3	6560.24	656.02	1981.96	4578.28
6	4	4578.28	457.83	2180.17	2398.13
7	5	2398.13	239.81	2398.17	-0.04[e]
	6			10000.04[f]	10000.04[f]

(a)這裡的利息是由期初應付的貸款額的 10%計算而來的。因此：

$C2 = 0.1 \times B2$ 並且以此類推 C 欄。

(b)此每年償還之本金是由每年繳付之總額扣減掉 C2 （利息）。因此：

$D2 = 2,637.98 - C2$，並且以此類推 D 欄。

(c)此期末應付貸款額是由期初應付貸款額減掉每年已償還之本金。即 $E2 = B2 - D2$，以此類推 E 欄。

(d)此期初應付貸額餘額是由上期之期末應付貸款額轉下年度而來。所以，$B3 = E2$，以此類推。

(e)這額外支付的 4 分錢是分期付款小數之差額。

(f)$D7$ 為全部的貸繳納款，是由 D 欄每年支付的本金加總而來。因此，提供了計算上的方便核對。

另外一個重點是，本金支付的計算（D 欄），其實就是由 $1+i$（即範例 1 中的 1.10），如下：

$$\frac{1801.78}{1637.98} \doteqdot \frac{1981.96}{1801.78} \doteqdot \frac{2180.12}{1981.96} \doteqdot \frac{2398.17}{2180.15} \doteqdot 1.10$$

在 6.1 表中可發現，在每年貸款條件固定不變之下，每年分期繳交貸款之金額並不能被表示出來。假設若分期款是不固定的（如例三），則再多出一欄位來表示每期應繳之分期款，是不錯的表示方法。

範例 2 一個家庭某日以貸款方式購買了一棟度假別墅，其貸款金額為$40,000，年利率為 12%，並以月付方式償還貸款，其貸款期間為 25 年。試求：

(a)每月應償付多少貸款？

(b)並請做出前 6 個月的貸款支付試算表。

解：(a)$pv = 40,000$　$i = 0.01$，$n = 300$

則每月應付之貸款 $= \dfrac{40,000}{a_{\overline{300}|}^{.01}}$

$= \$421.29$

(b)以此方法繼續計算，則貸款試算表則為：

月份	期初 應付貸款	利息 （月息 1%）	每月償 還之本金	期末 應付貸款
1	40000.00	400.00	21.29	39978.71
2	39978.71	399.79	21.50	39957.21
3	39957.21	399.57	21.72	39935.49
4	39935.55	399.35	21.94	39913.55
5	39913.55	399.14	21.15	39891.40
6	39891.40	398.91	22.38	39869.02
			130.98	

在前 6 個月中，只有 $130.98 的貸款要支付，而前 6 個月要付給銀行的金額是 $2,527.74$(6 \times 421.29)$。所以，餘額 $(2,527.74 - 130.98)$ 即是利息。

在範例 2 中，週期性的分期貸款已經平均地分布在貸款期間，但是，其金額通常不是為整數。在某些貸款中，這樣以分期式算出的金額是被認為有利的，且被稱為佳數" *Nice Number* "來減少最後一期分期貸款金額。這與 4.4 節的問題討論很相似。

範例 3 一筆 $2,200 的貸款，年利率 $j_4 = 10\%$（即季利率 $= 2.5\%$），以一季為分期付款，且每期付 $500 的貸款金額直到最後一期才付餘額。做一個試算表表示每期應付的貸

款額、利息和最後一期的支付款。

解： 做出試算表是解決此類問題的最佳方式了！現在我們做一個類似範例 1 的試算表，並多出一欄 F 欄，便能計算並明確表示出整個貸款情形，試算表如下：

	A	B	C	D	E	F
1	季	季初應付貸款額	利息（季利率2.5%）[a]	每季償還之本金[b]	季末應付貸款額	每季應付款
2	1	2200.00	55.00	445.00	1755.00	500.00
3	2	1755.00	43.88	456.12	1298.88	500.00
4	3	1298.88	32.47	467.53	831.35	500.00
5	4	831.35	20.78	479.22	352.13	500.00
6	5	352.13	8.80	352.13	0.00	360.93[c]
7				2200.00[d]		

(a)每期（季）期初未付貸款的利率是 2.5%。因此，$C2 = 0.025 \times B2$，以此類推 C 欄。

(b)為每季應付款減去利息的部分。因此，$D2 = F2 - C2$，同法類推 $D3 \sim D5$。

(c)最後一期之應付款是第 5 期的期初應付款加上利息。亦即 $F6 = B6 + C6$。

(d)總償還之金額為 D7，$2,200 等於其貸款金額，以此核對可知此試算表是否正確。因此，最後一次的分期付款為 $360.93。

這樣的作答方式，在貸款利率以季來表示而貸款額度相同時，可以表現出分期付款的現值為何：

貸款之現值 $= 500\, a_{\overline{4}|}^{.025}$

$$= 1,880.99 + 319.01$$

$$= \$2,200.00 \quad （即此題之貸款額度）$$

練習題 6.2

A 部分：

1. 金額$5,000 之貸款，以季為分期方式，每期須支付本金及利息，期間為 5 年，利率為 j_4（季利率）=12%。試求：第一期應支付之利息及償付金額？

2. 金額$2,000 之貸款，以月為分期方式，，月利率為 $1\frac{1}{8}$%，期間為 5 年。試求：每期應償付多少？及第 2 期應償還之本金為多少？

3. 金額$5,000 之貸款，每半年償付一次，共 8 次。若利率為 j_2（半年利率）=14%，則試求：每期應付款及其貸款試算表？

4. 金額$900 之貸款，分 6 個月償付，其月利率=12%，試求：每月應付款及貸款試算表？

5. 金額$35,000 之房屋貸款，以月為計算方式，期間為 25 年，其月利率=12%，請求出：前 6 個月期末應付款為多少？

6. 瓊先生（*Mr. Jones*）向銀行借款一筆金額$40,000 之房屋貸款。貸款期間共為 30 年，月利率為 1%，每月償付一次。試求：前 3 期之償還本金為多少？試以試算表求之。

7. 一筆金額$2,000 之貸款，半年之利率=12%，每半年要償付$500，直至最後一期償付餘額。試求出整個貸款期間之試算表？

8. 一筆貸款金額$5,000，季利率 j_4=20%，以一季為一期，每期分期償還$1,000，直到最後一期償還餘額。試畫出此分期貸款之試算表？

9. 一筆$1,000 元貸款，每半年償還$250，至最後一期償還餘額。請問在利率為 j_2（半年利率）=10%之下，最後一期應償還多少？

10. 一筆$2000 之貸款，以一月為一期，分期償還$500，至最後一期償還餘額，且從第 6 個月開始償還。若月利率=19%，請求出前 5 個

月後之未付貸款金額及整個貸款試算表？

11.　吉姆（*Jim*）向銀行借了一筆$1,500 之貸款，月利率為 1.5%。假設第
1 次償還在第 3 個月時，之後每月償還$200（最後一期除外），試
畫出整期之貸款試算表？

12.　一部$6,000 之汽車，以$1,000 元之貸款購得，每個月償還一次，利
率為 15%，償還 3 年。試求出每月應償還金額，並畫出貸款試算表？

13.　一棟價值$12,600 之度假別墅以$16,000 之貸款購得，貸款條件為每
月償還，期間 15 年。假設半年之利率為 10%，請問每月應償還多少？

14.　呂家以$50,000 之貸款購得他們的房屋。假設月利率為 14%，每月
償還一次，期間為 25 年，請求出每月償還之金額及最後 6 個月之
未償還貸款金額為多少？

15.　問題承 14 題，假設：
(a)每月支付，月利率為 10%
(b)每月支付，月利率為 18%
則結果為何？

B 部分：

1.　假設有一個貸款 *R* 以年為分期，期間為 5 年，利率為 *i*。假設，貸
款最初的價值（貸款金額）為 $Ra_{\overline{5}|}$ 。請畫出此貸款之試算表。證
明每年償還之本金欄總合等於貸款額，且利息欄之總合等於總償還
金額減掉貸款金額。最後，請證明每年本金之償還，是以 $1+i$ 之比
例？

2.　一筆貸款期間為 10 年，以年為一期，每年償還一次。年利率為
10%。假設第 3 年之償還本金金額是$100，請求出第 7 期之償還金
額為多少？

3.　*ABC* 銀行為協助顧客能更快償還貸款，提出了一項專案：
取代每月以 $*X* 償還，抵押借款者將被要求每個月支付$ $\frac{x}{4}$（每年
支付 52 次）。
史密斯先生便抵押貸款借得$45,000。假設月利率為 12%，且：

(a)貸款期間為 25 年，每月支付 1 次；

(b)在此專案中每星期須支付$$\frac{x}{4}$$；

(c)每月之支付金額須遵守此專案規定。

請試比較專案與原案之不同？

4. 一筆貸款以月為分期，每期繳還$100，月利率為 18%。假設在第 4 個月後之未償還貸款尚有$1,200，請求出貸款金額為多少？

5. 有一筆貸款，期間為 20 年，其利率為 15%，請問每期應償還多少，其總償還金額能平均分攤於每年？

6. 一筆貸款其期間為 10 年，第 7 期償還之本金為$110.25、利息為$39.75。請求出利率為多少？

7. 一筆年利率為 9% 之貸款，每月償還$750。第 8 年之第 12 個月之償還本金為$400。請問第 10 年之 12 個月之利息為多少？

8. 以下是一筆抵押貸款之貸款試算表，每月分期償還。

償還明細情形	
利息	本金
$243.07	$31.68
$242.81	$31.94

求出：

(a)每月應償還多少？

(b)月利率為多少？

(c)年利率為多少？

(d)第 5 期後之未償還貸款餘額

(e)假設抵押貸款期間之利率不變

9. 一筆抵押貸款，每年償還本金及利息一次。抵押公司給予行員 10% 的每期利息為佣金。每年償還$1,000，假設必須支付 n 年，請問在每期償還$1,000 之貸款下，假設必須支付 n 年，利率為 i，必須支付多少佣金給行員？

6.3　應付貸款

在貸款期間隨時求算出未來必須支付之本金餘額是非常重要的。例如，貸款者可能希望以一次付清方式償還全部或剩餘貸款，或者貸款可能因利率之改變而必須改變。

我們可以求算出應付貸款，即利用試算表之方法，但是此法若數字非常大，可能計算上會變得非常冗長。在這種情形下，我們擬以一個特定的價值方程式直接計算應付本金。

設 P 為第 K 期後之應付本金，則可以表示為：

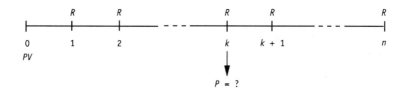

有二種方法可以求出 P：歷史法與預期法

歷史法

此方法是著眼過去歷史的貸款——償還金已準備好。第 K 次的應付貸款 P，是以貸款之累積值與已償還貸款之累積值之差計算而來。因此，

$$P = PV(1+i)^k - RS_{\overline{k}|}^{\,i} \qquad\qquad (18)$$

(18)式將可以求算出正確的應付本金金額 P，也可在求出任何期間之 P，甚至是在未來償還金額不知之下或是最後一次償還不是規則的情形，亦可以求出。然而，假若歷史貸款之利率改變，則期中之價值將改變。

以範例 1 為例，依然可以使用試算表。

預期法

此方法是著眼於未來——即是分期償還款在未來將會準備好。第 K 次之應付本金 P，是以 $(n-k)$ 次之未付本金換算成現值求算而來。

如果每次償還是同金額，且假設一固定利率下，則：

$$P = Ra_{\overline{n-k}|}^{i} \tag{19}$$

或者，如果要計算最後一期償還金額，則：

$$P = Ra_{\overline{n-k}|}^{i} + X(1+i)^{-(n-k+1)} \tag{20}$$

X 即為最後一期償還款。

此方法在我們不知道貸款額時是非常好用的，或者在過去有利率改變之下。應付貸款之繳款還是以未來償還款的現值計算而來的。

範例 1　一筆 \$2,000 之貸款，其月利率為 $j_{12} = 12\%$，每月底償還一次，期間為 18 個月。試求：二種方法在第 8 月底之應付貸款為多少？

解：首先，我們先來求算每月應付款 R，已知 $PV = 2,000$，$n = 18$，$I = 0.01$

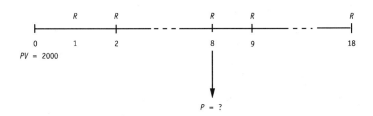

$$R = \frac{2,000}{a_{\overline{18}|}^{0.1}} = \$121.97$$

歷史法

$PV = 2,000$，$R = 121.97$，$K = 8$，$i = 0.01$，以(18)式來計算 P：

$$P = 2,000(1.01)^8 - 121.97s_{\overline{8}|}^{.01}$$

$$= 2,165.71 - 1,010.60$$

$$= \$1,155.11$$

預期法

$R = 121.97$，$n - k = 10$，$i = 0.01$，以(19)式來計算 P：

$$P = 121.97a_{\overline{10}|}^{.01}$$

$$= \$1,155.21$$

兩種方法間相差之 $0.1 是由於小數進位所造成的差異。

試算表

應付貸款之計算亦可以試算表（表 6.2）求出。

事實上，這種方法是相同於歷史法，試算表是以過去歷史貸款為考慮，以一月接著一月為基礎。

表 6.2

	A	B	C	D	E
1	月	月初應付貸款額	利息 （月利率 1%）	每月償還 之本金	月末應付 貸款額
2	1	2000.00	20.00	101.97	1898.03
3	2	1898.03	18.98	102.99	1795.04
4	3	1795.04	17.95	104.02	1691.02
5	4	1691.02	16.91	105.06	1585.96
6	5	1585.96	15.86	106.11	1479.85
7	6	1479.85	14.80	107.17	1372.68
8	7	1372.68	13.73	108.24	1264.44
9	8	1264.44	12.64	109.33	1155.11

範例 2 在 2000 年 7 月 15 日，一對姊妹向銀行貸款一筆$100,000 之貸款創業之用，月利率為 12%。她們計畫以每月償付一次的方式償還 8 年，第 1 次付款是 2000 年 8 月。請問在第 5 期後之應付貸款為多少？2000 年之利率為多少？

解：我們可以畫出一條時間數線：

| R | R | R | R | R | | R |

| 0 | 1 | 2 | 3 | 4 | 5 | 96 |

2000/7/15　2000/8/15　2000/9/15　2000/10/15　2000/11/15　2000/12/15　2008/7/15

$PV = 100,0$

$P = ?$

首先，我們先計算每月償還款 R，因為 $PV = 100,000$，$n = 96$，$i = 0.01$：

$$R = \frac{100,000}{a_{\overline{96}|}^{.01}} = \$1,625.28$$

然後，我們計算 2000/12/15 之後第 5 次之應付本金 P

已知：$PV = 100,000$，$R = 1,625.28$，$k = 5$，$i = 0.01$：

$$P = 100,000(1.01)^5 - 1,625.28 s_{\overline{5}|}^{.01}$$

$$= 105,101.00 - 8290.56$$

$$= 96,810.44 \text{（第 5 期後之應付貸款）}$$

以上算出的金額，可以以預期法和(19)式來驗算：

$R = 1,625.28$，$n - k = 91$，$i = 0.01$，所以：

$$P = 1,625.28 a_{\overline{91}|}^{.01}$$

$$= \$96,810.18$$

計算 2000 年之總利息支付是以當年償還之總貸款減去當年償還之本金。2000 年終之應付貸款是 \$96,810.44（歷史法），而償還之本金是 \$3,189.56（即 \$100,000 - \$96,810.44）。因 2000 年之總償付是 \$8,126.40（即 5 × \$1,625.28），所以利息支付是 \$8,126.40 減去 \$3,189.56 或等於 \$4,936.84。以上的結果可以由以下之試算表是驗證：

	A	B	C	D	E
1	月	月初應付貸款額	利息（月利率 1%）	每月償還之本金	月底應付貸款額
2	1	100000.00	1000.00	625.28	99374.72
3	2	99374.72	993.75	631.53	98743.19
4	3	98743.19	987.43	637.85	98105.34
5	4	98105.34	981.05	644.23	97461.11
6	5	97461.11	974.61	650.67	96810.44
7		總額	4936.84	3189.56	

當我們可以在任何期間求出應付貸款時，我們亦可以畫出試算表之一部分，不用畫出貸款一開始時之試算表。在貸款試算表中任何一欄的數格皆可在習題 6.3 的 B 部分第 6 題做驗證。但是，在範例 3 中，這些格數將不能解決大部分之問題。

範例 3　金（Kim）和班（Ben）在 5 年前以他們的房屋抵押借款，貸款金額為\$40,000，期間為 25 年，每月分期償還一次，月利率為 9%。請繪出：4 個月後之貸款試算表。

解：$PV = 40,000$，$n = 300$ 且 $i = 0.0075$

所以，

$$每月償還款 = \frac{10,000}{a_{\overline{300}|}^{.0075}}$$

$$= \$335.68$$

因為貸款已過了 5 年，所以我們可以知道已支付過 60 個月的分期款，剩餘 240 個月的分期款必須支付。因此，由⑲或可求得：

$R = 335.68$，$n - k = 240$ 且 $i = 0.0075$：

所以，正確的應付貸款 $= 335.68 a_{\overline{240}|}^{.0075}$

$$= \$37,309.14$$

這個數字現在可以開始被使用於貸款試算表。在過去，我們可以發現到班（Ben）和金（Kim）只須支付\$2,690.86 之貸款，然而他們已經支付了\$20,140.80 的分期款。超出的分期償還貸款額已經轉變成利息了！

月份	月初應付貸款	利息 （利率 0.75%）	每月償還 之本金	月末應付款
61	37309.14	279.82	55.86	37253.28
62	37253.28	279.40	56.28	37197.00
63	37197.00	278.98	56.70	37140.30
64	37140.30	278.55	57.13	37083.17

在貸款的第 64 個月末，即上表之第 4 個月分，此表顯示出此應付貸款還有\$37,083.17。這個數字可以用來驗證（18）或（19）式。若使用預期法，當在做表的一開始，我們就

可以得知 $R = 335.68$，$n = 236$，$i = 0.0075$：

所以，在 64 月後之應付貸款 $= 335.68a\frac{.0075}{236|}$

$= \$37,083.17$

（驗證之前的運算）

練習題 6.3

A 部分

1. 某人為購買一部新車，向銀行貸款了\$5,000，償還期間為 3 年，月利率為 12%，按月償還。請問：在 2 年後（24 期），他還有多少應付貸款？請使用歷史法及預期法。

2. 一筆\$10,000 之貸款，按季償付，期間為 10 年，季利率為 20%。請問：在第 6 年末之應付貸款還有多少？

3. 某人於 2003 年 7 月 1 日向銀行貸款\$3,000，之後按月償付貸款，第一次的償付在 2003 年 8 月 1 日，其月息為 15%。請問：在 2003 年他必須支付多少的貸款本金？多少的利息？

4. 有一對夫妻為購得一棟價值\$56,000 之房屋，支付了\$6,000 餘以房屋抵押貸款\$50,000。貸款利率為月息 12%，期間 25 年，按月償還，請問：這對夫妻在第 1 年須償還多少貸款？

5. 史密斯先生在 2001 年 5 月 1 日向銀行借款\$4,000，其後必須按月償還，期間為 3 年，月息為 22%。請問：2002 年之 12 次的分期償還可以減少多少的貸款本金？2002 年的利息為多少？請以試算表做答。

6. 某一位學生為了購買房屋之家具，以信用貸款方式向銀行貸款\$2,000，之後按月償還，期間為 2 年，月息為 15%。請問：在第 10 次償還後，還有多少應付貸款？請試繪出第 11 及第 12 月之貸款試算表。

7. 某兩兄弟買了一塊價值\$70,000 的地皮，並只支付\$5,000，餘款向銀行貸款\$65,000。之後，貸款將按季償還，期間為 15 年，季息為

12%。試做出第 8 年之貸款試算表。

8. 某一家人購買了一棟房屋。由於他們是由一間破舊的房子搬出，所以他們僅先能支付$73,000，餘額便以貸款方式，貸款期間 20 年，月息為 9%，按月償還。試求：每 5 年末之應付貸款餘額？

9. 有一筆價值$20,000 之土地，某人僅先支付$3,000，餘款已貸款方式支付，其後每個月要償還貸款一次，期間為 15 年。設月息若為 9%，試請繪出前 5 年之貸款試算表，並驗證您的結果。

B 部分

1. 當市場抵押貸款利率為月息 15%時，XYZ 公司提出一特別之抵押貸款專案給顧客，其內容為：月利率為 12%。這樣的新專案取代了舊利率 15%，且造成應付款餘額之增加。如果布朗先生向銀行借了一筆$50,000 的抵押貸款，期間為 25 年，請問最後 5 年之應付款為多少？

2. 克許先生為了購買一棟$90,000 的房屋，他向銀行貸款，貸款金額為$600,000，月息為 13%，期間為 25 年。但是，此房屋之賣方願意以月息 9%讓克許先生貸款。這 25 年之每月分期款，皆可以由貸款試算表算出。

3. 史密斯先生以貸款$40,000 購得一棟房屋，其貸款利率為變動利率。當貸款簽約時之利率為月息 9%，期間為 25 年。6 個月後利率變為 12%，3 年後（貸款償還 36 次）利率變為 9%，4 年後利率降至 8%。試求出之後 5 年之應付貸款為多少（此應付貸款之償還假設是不能改變的）？提示：以歷史法求之。

4. 一對年輕的夫妻向銀行貸款$45,000 購置房屋，之後每月償還貸款，期間為 25 年。月利率為 8%。此貸款並允許此夫妻可以在每月額外償還本金。此夫妻在省吃儉用之下，每月額外償還$100。因為這額外償還，此貸款將於何時到期？且最後一期之應付貸款金額為多少？

5. 一筆$10,000 之貸款以每月償還$200 直至最後一期償還餘額下借出。假設此季利率為 16%，請求出最後一年之應付貸款？

6. 假設有一筆 $A 之貸款，每季償還 $R，則在貸款期間 K 下，其貸款

試算表之所有項目皆可以下表示之：

第 K 期之期初應付貸款 $= Ra_{\overline{n-k+1}|}$

第 K 期之利息 $= R(1 - (1+i))^{-(n-k+1)}$

第 K 期償還之本金 $= R(1+i)^{-(n-k+1)}$

第 K 期之期末應付貸款 $= Ra_{\overline{n-k}|}$

7. 承上題，在每月償還$10,000 貸款，期間 5 年，月利率為 14%下，試繪第 1 期、第 17 期和最後一期之貸款試算表。

6.4　貸款利率之改變

在前面二節，我們介紹整個貸款期間，利率不變之下的情況。然而，在 6.1 節時我們曾稍微提到，這樣的固定利率在實務上是並不太可能。事實上，是有很多不同的變化，包括：

1. 一個變動利率的貸款，其利率的變動是隨著市場利率的變動而變動的，它視市場利率為標竿。

2. 長期之下，固定利率的貸款亦會變成變動利率貸款。

3. 固定利率貸款在長期後亦可能轉變成另一固定利率之貸款。舉例來說，若起初 5 年之利率為 7%，在下個 5 年它可能轉變成 8% 之貸款，依此類推。貸款者想要變動的利率與貸款期間之選擇是決定在貸款機構是否願意提供。

然而，貸款條件的選擇，計算分期償還款及應付貸款之方法類似之前 6.2 節及 6.3 節之方法。一般而言，通常是遵守以下的步驟：

步驟 1：初期之分期款計算是以一個長期貸款年限為基礎，但也應用至固定利率且期間較短之分期付款。亦即最初期分期款之計算也許是建立在其為 20 到 25 年之長期貸款，也就可以準用貸款為 2 到 5 年之短期貸款額度。

步驟 2：應付貸款必須在利率改變時重新計算。計算時是以原利率為計算基準。

步驟 3：將應付貸款視為另一筆新貸款，且新的分期款將以新的利率及貸款條件重新計算之。

範例 1 瑪莉有一筆$100,000 之房屋貸款，其貸款條件為每月償還，且前 5 年之利率為固定 7.2%。5 年後，此貸款轉變成變動利率貸款，其目前市場利率為 9%。

設此貸款期間為 25 年，請求：

(a)前 5 年之分期償還款金額？

(b)5 年後之應付貸款？

(c)5 年後分期款增加多少？

解： 雖然固定利率只有 5 年，但分期款之計算仍以此利率計算整個 25 年期間。

(a)因 $PV = 100,000$，$n = 300$ 且 $i = 0.006$ （即 $^{0.072}/_{12}$）

$$每年分期償還款 = \frac{100,000}{a_{\overline{300}|}^{.006}} = \$719.59$$

(b)5 年後之應付貸款 $= 719.59 a_{\overline{240}|}^{.006} = \$91,394.00$ （尚有 240 天）

(c)新的分期款 $= \frac{91,394}{a_{\overline{240}|}^{.0075}} = \$822.30$ （月利率變成 0.09/12 = 0.0075）

所以，5 年後之分期款每月增加了$102.71。（=$822.30 − $719.59）

　　上述之範例在計算原先之分期款是以 25 年之固定利率為條件。在實務中，許多的計算是以更高之利率來計算初期之分期款，就算利率是被要求固定的。而這項方法便可減少了分期款在頭期款之後增加之幅度。

範例 2　重複範例 1 之計算，但是假設頭期款之利率是 7.8%，期間 25 年。儘管利率在前 5 年是固定 7.2%。

解：現在計算頭期款之利率是以月利率 0.65%，期間 25 年。

(a)知 $PV = 100,000$，$n = 300$，$i = 0.0065$（即 0.078/12）

則每年分期款 $= \dfrac{100,000}{a\,\frac{.0065}{300\rceil}}$

$\qquad\qquad\qquad = \$758.62$

(b)應付貸款之計算則是使用歷史法，所以其利率應為每月 0.6%，分期款為\$758.62，此利率不同於之前被用於計算分期款之利率。

5 年後之應付貸款 $= 100,000(1.006)^{60} - 758.62 s\,\frac{.006}{60\rceil}$

$\qquad\qquad\qquad\qquad = \$88,584.95$

結果就如預期的，當分期款較高但利率在前 5 年間是相等的情形之下，此應付貸款低於範例 1。

(c)則新的分期款 $= \dfrac{88,584.95}{a\,\frac{.0075}{240\rceil}} = \$797.03$

所以，分期款每月僅增加\$38.41。

　　銀行或其他機構通常使用這個方法來減少在貸款初期利率提高時之影響。

範例 3　一筆\$10,000 之貸款，其貸款條件為分 8 年償還，年利率為 10%。但 5 年後，此貸款利率降為 7%。試求：(a)與舊利率之分期款比較其減少多少？(b)假設分期付款金額不變下，求新的貸款條件及最後一期分期款額度為多少？

解： 將 $PV = 10{,}000$，$n = 8$ 和 $i = 0.01$ 代入

則：每年分期償還款 $= \dfrac{10{,}000}{a_{\overline{8}|}^{.10}}$

$\qquad\qquad\qquad\qquad = \$1{,}874.44$

步驟一是求出原利率下，5 年後之應付貸款金額。利用公式 (19)，

$R = 1{,}874.44$，$n - k = 3$，$i = 0.10$，則：

5 年後之應付貸款 $= 1{,}874.44\, a_{\overline{3}|}^{.10}$

$\qquad\qquad\qquad\qquad = \$4{,}661.45$

這個金額便是現在新的貸款條件之下的應償還之本金。

(a) 第一個問題是分期款之減少額度，則先求出：

新分期款 $= \dfrac{4{,}661.45}{a_{\overline{3}|}^{.07}}$

$\qquad\qquad = \$1{,}776.26$（尚須償還 3 年）

所以，利率降低後，每期之分期款亦減少 \$98.18（$= \$1{,}874.44 - \$1{,}776.26$）變為\$1{,}776.26。

(b) 第二個問題是分期款維持不變之下，但其貸款利率變低且最後一期之應付貸款將少於原先條件下之金額。在此情形下，則：

$$4{,}661.45 = 1{,}887.44\, a_{\overline{n}|}^{.07}$$

即 $a_{\overline{n}|}^{.07} = 2.4868$

上式中之 $a_{\overline{n}|}$ 的 n 是介於 2～3 年間。因此，事實上是二期完整之分期款及一期較少之分期款。所以，此式變為：

$$4{,}661.45 = 1{,}874.44\, a_{\overline{2}|}^{.07} + X(1.07)^{-3}$$

$$X(1.07)^{-3} = 1{,}272.43$$

$$X = \$1{,}558.78（即為最後一期所付分期款之金額）$$

在此範例中，在五年後利率由 10% 降低至 7%，使得每期之分期款減少了 $98.18，最後一期之分期款亦減少了 $315.66（原 $1874.44，今 $1558.78）。注意在此範例中之第二個問題中分期款不變之下的情形。

範例 4　一對年輕的夫妻向銀行申請了一筆 $45,000 之貸款，償還條件為每月分期償還，期間 25 年，年利為 12%。在 2 年後，利率升高至 13%。由於這對夫妻無法負擔所增加的分期償還款，所以請求銀行調降其貸款條件。但銀行拒絕了他們的請求，請問銀行為何拒絕？

解： 因 $PV = 45,000$，$n = 300$，$i = 0.01$

則每月分期償還款 $= \dfrac{45,000}{a_{\overline{300}|}^{.01}}$

$\qquad\qquad\qquad\qquad = \$473.95$

步驟一是求出 2 年後之應付貸款額。利用公式(19)，則 $R = 473.95$，$n = 276$，$i = 0.01$，則：

2 年後之應付貸額 $= \$473.95 a_{\overline{276}|}^{.01}$

$\qquad\qquad\qquad\quad = \$44,353.88$

當此對夫妻無能力償還此分期款總額時，遂請求延長貸款期限，基於以新的貸款條件，列出下列關係式：

$$44,353.88 = 473.95 a_{\overline{n}|}^{.010833}$$

即 $a_{\overline{n}|}^{.010833} = 93.583$

然而，年金表下：

$\qquad a_{\overline{n}|}^{.010833} = 92.308$（註：如此便可求出 n 個月之貸款期數）

這表示此對夫妻若能將貸款期間延長，且每月償還 $473.95 便可清償此大金額之貸款。但銀行不會答應此對夫妻之請

求！

此乃由於利率提高至 13%，即其下個月之利息（新利率下）增為\$485.50(44,353.88×0.010883)，高於原本之利息。原本之分期款不包含此增加的利息。所以，在約定償還期限內，分期款之增加是無可避免的！

　　從以上之討論中，當貸款利率改變之下，如果我們求應付貸款時將新的利率視為新一筆的貸款，是最簡單的方法。這亦可以以同樣的原則繪出貸款試算，6.2 節亦有介紹之。

範例 5　一筆\$2,000 之房屋貸款，期間為 20 年，每月償還一次，年利率為 9%。5 年後，此貸款利率提高至 12%。在分期款則維持不變下，貸款期間延長且最後一期分期款金額減少。求：(a)請求出利率變動前及變動後之貸款試算表？(b)計算新的貸款期間？

解：(a)在第 60 個月底時，貸款利率改變，我們必須求出第 60 期（當月利率為 0.75%時）及第 61 期（當月利率為 1%時）之貸款試算表。但是，第一步我們必須先求出原本之分期款：

因 $PV=20,000$，$n=240$，$i=0.0075$

則：每月分期款 $=\dfrac{20,000}{a_{\overline{240}|}^{.0075}}$

$\qquad\qquad\qquad = \$179.95$

為了畫出第 60 期之貸款試算表，我們必須知道 59 期後之應付貸款額。利用⑲之公式，$R=179.95$，$n-k=181$ 且 $i=0.0075$：第 59 期後之應付貸款 $=179.95a_{\overline{181}|}^{.0075}$

$$= \$17,788.42$$

由以上之數據及資料我們可以求出此貸款試算表：

月份	月初應付貸款	利息	每月償還之本金	月末應付款
60	17,788.42	133.41	46.54	17,741.88
61	17,741.88			
	但是現在月利率升高至 1%，所以接下來為：			
61	17,741.88	177.42	2.53	17,739.35

(b)根據此貸款試算表，從第 61 期後新利率之利息小於每月分期款，所以，新的貸款期間將有所限制，因此我們沒有範例 4 之問題。為了求出新的貸款期間，我們必須在新的利率下，以將來分期款之現值求出每期之應付貸款，則：

$$17,741.88 = 179.95 a_{\overline{n}|}^{.01}$$

$$a_{\overline{n}|}^{.01} = 98.5934$$

$$\frac{1-(1.01)^{-n}}{0.01} = 98.5934$$

$$(1.01)^{-n} = 0.014066$$

$$-n \, log \,(1.01) = log \,(0.014066)$$

$$-n = -\frac{log(0.014066)}{log(1.01)}$$

$$n = 428.53$$

此 n 之值表示，將必須在未來有 428 期完整的分期款須償付，最後一期之較少之償付是在第 429 期。這個結果代表著接下來剩餘之貸款期間為 249 個月（429 − 180），即是20.75 年。而整個新貸款期間則是 40.75 年。

練習題 6.4

A 部分

1. 馬斯和比爾二人向銀行申請了$200,000 之房屋貸款,期間為 20 年,每月償還。銀行給予二人於貸款頭 3 年為固定利率年利率 7.2%。3 年後此利率將提高為 9%。

   (a)求出貸款期間 20 年及固定 7.2%利率下之分期款?

   (b)求出 3 年後之應付貸款及所增加之每月分期款金額?

2. 陳先生向銀行借入$150,000 之貸款,期間為 15 年,按月分期付款,前 5 年固定利率為 j_{12}(月利率)=9%,之後 5 年,利率調為 j_{12}(月利率)=8.4%。假定每月分期付款的標準是$1,600,試計算 8 年後的未償還貸款?(可用試算表)

3. 金額$10,000,按年分期付款,期間為 15 年,年利率為 7%,每年計息一次,試求:

   (a)找出每年的分期付款額。

   (b)10 年後,實際利率為 6%,假定貸款的期限不變,未來的每期分期付款會減少多少?

4. 金額$7,000 之貸款,按每半年分期付款,每期須支付本金和利息,期間為 10 年,利率為 j_2(半年利率)=8%,3 年後貸款開始,利率上升至 j_2(半年利率)=12%,則在原來條件下,每半年須償還多少?

5. 布朗先生向銀行取出房屋貸款$30,000,按每月分期付款來償還,期間為 20 年,年利率為 12%,5 年後利率下降至 j_{12}(月利率)=9%。試問

   (a)假設在原來的期限內,每月分期付款須償還多少貸款?

   (b)假設布朗先生沒有減少每月的分期付款,那麼貸款的期限會減少多少?

6. 瑪莉向建築公司借了一筆$35,000 之貸款來購買房子。期間為 25 年,按月分期付款,來償還貸款,利率 j_{12}(月利率)=12%。20 年

後的貸款，利率上升至 $j_{12} = 15\%$，假如她未增加她的分期付款，那麼新的貸款期限為多少？

7. 一筆$15,000 之貸款是已扣除 7 年前的金額，且按每年分期付款來償還，期間為 20 年，實際利率為 8%，每年計息一次。之後 7 年的償還貸款報表中顯示出利率恰好升至 10%就停住且假定後 3 年分期付款的大小沒有改變。此種情況下，貸款期限是多少？（可使用試算表）

8. 根據第 7 題，假設當利率上升，每年的分期付款會增加，則在原期間內須償還多少？

9. 某經理向銀行辦理房屋貸款$40,000，利率為 j_{12}（月利率）$= 12\%$，相當於按月分期付款來償還，期間為 30 年，1 年後貸款的利率上升至 $j_{12} = 13\%$，因此該經理勉強的增加他們的分期付款而沒有改變貸款的期限。1 年後，由於貸款的期限不變，利率再次的上升1%，且每月的分期付款也增加，那麼在 2 年內每月的分期付款會增加多少？

10. 10 年前，吉米哈和鮑伯向銀行借入一筆$20,000 之貸款，期間為 25 年，按月分期付來償還，利率為 $j_{12} = 9\%$。目前利率已下降至 $j_{12} = 6\%$，假如他們不減少每月的分期付款金額，則貸款何時才能完全償還？最後一期的分期付款會減少多少？

11. 利用第 10 題的資料，敘述償還貸款試算表 2 個月前和利率變動後的最後 3 個月的貸款。

B 部分

1. 一筆$40,000 之房屋貸款，期間為 25 年，即每月分期付款來償還，可變動利率為 12%。當利率上升到 $j_{12} = 14\%$。試使用練習題 6.3 的 B 部分第 6 題的公式來計算在新利率中利息到期值的最低期限。

2. 銀行提供一房屋貸款，固定每月分期付款，期間 3 年。這分期付款是依照期初借款和利率來計算。當房屋貸款為$40,000，期間為 25 年，若利率依下列方法變動：第 1 年：$j_{12} = 10\%$；第 2 年：$j_{12} = 12\%$；第 3 年：$j_{12} = 10\%$，則 3 年後未償還的貸款為多少？

3. 一筆$30,000 之貸款，按季分期付款來償還，每期須支付本金和利息，期間 10 年。期初貸款的利率是 8%，每季付息一次。然而，6個月後，利率上升到 j_4（季利率）＝10%且另外 6 個月也增加到 j_4（季利率）＝12%。在下面的情況中，試使用試算表來解釋最初 5年的償還貸款：(a)利率變動，分期付款不變；(b)第 1 天不變但在 1年後增加分期付款金額，因此期限減少到原來的期限；(c)每天增加分期付款金額，因此貸款的期限不變。

6.5 *比較單一貸款的利息成本*

如同 6.1 所敘述，各種可用的貸款都是從貸方角度來分析。然而，從借方的觀點來看，作為適當的對照是滿重要的，這節將比較下面二種類型的貸款：

1. 複利（或可減少比例）方法下，貸款的本金和利息是在整個借款的期限期間可用分期付款來償還，即定期定額償還。

2. 另一種方式是可只在借款的期限中分期支付利息，其餘尾款（即本金）在期末一次償還。這些扣除利息之餘額逐期累積準備期末一次償還的資金一般都稱為償債基金。

一般來說，借方會選擇每期最低成本的借款，來當作分期付款的償還標準，這週期性的成本就是定期分期付款的金額（即定額定期基金）。此定額即指支付定期的利息加上償債基金之分期存款。

於茲，我們考慮這案例的利息在複利計算下，是否跟貸款的應付利息一樣。

假設 i 為兩者貸款每期的利率，為償債基金應得的利率，n為貸款償還期間的期數及 L 為原來的借款。

則複利借款的每期成本 C_1 為：

$$C_1 = \frac{L}{a_{\overline{n}|}^i}$$

於是，使用這起因於練習題 3.3，B 部分的例 2(b)，可寫成：

$$C_1 = Li + \frac{L}{S_{\overline{n}|}^i}$$

僅有貸款的利息每期成本 C_2 為：

$$C_2 = Li + \frac{L}{S_{\overline{n}|}^r}$$

這裡的第 2 期表示存款包含在償債基金之中，以定期的年金支付當作一已知的終值，其計算方法是相同的。

比較 C_1 和 C_2 的式子，我們可推斷假如 $i>r$，（如使複利終值增加和利率上升）則 $s_{\overline{n}|}^i > s_{\overline{n}|}^r$，所以

$$\frac{1}{S_{\overline{n}|}^i} < \frac{1}{S_{\overline{n}|}^r}$$

因此，當 $i>r$，$C_1<C_2$ （一般來說，這個案例如同償債基金，通常所賺的比例都比一般貸款的比例來得低）我們亦可導出：

假如 $i=r$ 則 $C_1=C_2$ 或 $i<r$ 則 $C_1>C_2$

當這二種類型的貸款利率不同時，我們不能使用上面的結論，必須計算並且比較每個貸款的定期成本。

範例 1　某公司想要向銀行借入 $100,000 之貸款，期間為 5 年，則第一種借款方式利率為 $j_2=20\%$，每半年分期付款。而第二種借款方式利率為 $j_2=19\%$，若每半年只支付利息，本金於 5 年後一次償還。假如採用第二種借款方式，公司擬

另設立一償債基金，以半年存放式，利率為 $j_2 = 14\%$ 來累積應償還之貸款餘額。試問該使用何種方式較便宜？若公司依照此方法，則每半年可省下多少？

解： 當使用第一種方式時，每半年的償付額度為：

$$C_1 = \frac{100,000}{a_{\overline{10}|\frac{10}{10}}}$$

$$= \$16,274.54$$

當使用第二種方式時，每半年所支付的利息為 $9.5\% \times 100,000 = \$9500.00$

試計算這每半年存放的償債基金。首先，計算每半年的利率 i 相當於 $j_2 = 14\%$ 之複利結果。

$$(1+i)^2 = \left(1+\frac{0.14}{12}\right)^{12}$$

$$1+i = \left(1+\frac{0.14}{12}\right)^{6}$$

$$i = \left(1+\frac{0.14}{12}\right)^{6} - 1$$

$$= 0.072\ 073\ 7$$

現在我們計算每半年存放在償債基金的存款 R 如下：

$$R = \frac{100,000}{S_{\overline{10}|\frac{i}{}}} \qquad (i = 0.14/12)$$

$$= \$7167.16$$

第二種方式每半年的借款成本為：

$$C_2 = 9,500 + 7,167.16$$

$$= \$16,667.16$$

由以上可知，第一種借款成本較低（$\$16,274.54$），公司可省下：

$$\$16,667.16 - \$16,274.54 = \$392.62 / 每半年$$

範例 2　某公司想要向銀行借 \$500,000 之貸款。銀行提出之借款利率為 j_4（按季計息）＝18%，按季支付利息，本金於 10 年後一次償還。因此公司擬設立一償債基金，目前利率為 j_4 ＝16%，採複利計算，期間為 10 年，如此作法是否可以較低的成本來償還借款？

解： 我們計算負債的每季費用

已付利息 $= 500,000 \times 0.045 = \$22,500.00$

償債基金存款 $= \dfrac{500,000}{S_{\overline{40}|}^{.04}} = \$5,261.74$

　　　　總計 $: = \$27,761.74$

假如每季固定支付 \$27,761.74 則跟複利借款一樣昂貴，已知 $PV = 500,000$，$R = 27,761.74$，$n = 40$，求出每季的利率 i 為：

$500,000 = 27,761.74 a_{\overline{40}|}^{i}$

　　$a_{\overline{40}|}^{i} = 18.010\ 398$

如同這每季的借款利率為 4.5%，我們將可預期這相等的複利借款的比率會高於 4.5%，這是由於較低的償債基金比率的影響。因此，須求出 i，我們可使用線性差補代入下列數值：

　　$a_{\overline{40}|}^{.045} = 18.401584$

　　$a_{\overline{40}|}^{i} = 18.010398$

　　$a_{\overline{40}|}^{.05} = 17.159086$

則方程式為：

$$\frac{i - 0.045}{0.05 - 0.045} = \frac{18.010398 - 18.401584}{17.159086 - 18.401584}$$

$$i - 0.045 = 0.005 \times 0.314838$$

$$i = 0.04657 \text{ 或 } 4.657\% / 每季$$

或 $j_4 = 18.63\%$

因此，如果公司能夠借入的利率少於 $j_4 = 18.63\%$ 時，他們會選擇此種方式。而個案中，銀行只要求 $j_4 = 18\%$, 所以，可以如此作業啦！

練習題 6.5

A 部分

1. 某一公司向銀行借入 $50,000 之貸款，於每年期末償還，按年分期付款，期間為 10 年，試在以下的情況中求出每年的成本總額？
   (a)複利貸款，年利率 19%，每年計息一次；
   (b)貸款利息已付，年利率 19%，每年計息一次且成立償債基金，年利率 19%，每年計息一次；
   (c)貸款利息已付，年利率 19%，每年計息一次且成立償債基金，年利率 16%，每年計息一次。

2. 某一公司向銀行借入 $180,000 之貸款，期間為 15 年，他們可按每年分期付款，年利率為 10%，每年計息一次來償還貸款或支付貸款利息，年利率為 9%，每年計息一次且設立償債基金，年利率 7%，每年計息一次來償還貸款。則應該使用哪種方式較便宜？每年可省下多少？

3. 某公司想要向銀行借入 $60,000 之貸款，期間為 5 年。第一種借款方式利率為 $j_2 = 10\%$，按每半年支付的標準來償還；第二種借款方式利率為 $j_2 = 9.5\%$，每半年只有支付利息和本金於 5 年後一次償還。則公司在存款上能獲得利率 $j_2 = 8\%$。試問應該使用何種貸款方式？每半年可省下多少？

4. 某公司向銀行借入 $10,000 之貸款，期間為 10 年，經由支付利息（利率最低為 $j_2 = 19\%$）和設立償債基金（$j_2 = 17\%$）來償還負債。試問利率 j_2 為多少時，複利貸款每半年的成本是相同的？

5. 某城市借入 $500,000 之貸款，期間為 20 年，經由發行票據來償還

貸款，每半年支付利息，利率 $j_2 = 9.125\%$。本金是由每半年儲蓄存款，利率為 $j_2 = 8\%$ 的償債基金所構成來清償。試求出名目利率 j_2 為多少時，在複利貸款的整個期間成本是相同的？

6. 某公司向銀行借入 $200,000 之貸款，期間為 10 年，按年分期付款，年利率 19%，每年計息一次。根據第一種借款方式，借款的年利率為 18.5%，每年計息一次，假設每年只支付利息，本金於 10 年後一次償還，則在兩種選擇方法下，為了使償債基金每年的成本相同，年利率必須為多少？

7. 某公司想要向銀行借入 $500,000 之貸款。第一種借款方式利率為 $j_4 = 18\%$，假如每季只支付利息，本金於 15 年後一次償還。此公司設立償債基金，季利率 $j_4 = 16\%$，來作為每季的存款。試問假設負債在整個複利貸款期間是按每季分期付款來償還本利和，則利率為多少時，每季的成本才是相同的？

B 部分

1. 某公司需要向銀行借入 $200,000 之貸款，期間為 6 年。第一種借款方式是按每月分期付款來償還，利率 $j_2 = 18\%$。第二種借款方式是只有支付每月的利息，本金於 6 年後一次償還，利率 $j_4 = 17\%$，則此公司在償債基金利率為 $j_{365} = 13\%$ 下可獲得利息。試問應該使用哪種借款方式？每月可省下多少？

2. X 先生借款 $10,000 來支付利息，利率最低為 $j_2 = 12\%$，且設立償債基金來償還負債，期間為 10 年，按每半年存款其累積利率為 $j_{12} = 9\%$。試問利率 j_4 為多少時，複利貸款每年的成本是相同的？

3. 有一貸款 $10,000，期間為 10 年，年利率 16%，按年計息一次。其中 $2,000 為複利貸款，$8,000 為償債基金的方法中，償債基金每年的存款是可累積的，利率 $j_4 = 10\%$。試比較在整個複利貸款期間每年須額外支付多少來償還？

4. 某公司想要借一大筆錢，期間為 15 年。倘若以第一種借款方式利率為 $j_2 = 19\%$ 為條件，按每月分期付款來償還。此公司也可經由發行債券來提高金額，每年支付利息，利率 $j_2 = 18.5\%$，於 15 年內償

還。在此例中的公司將設立償債基金。試問在這兩種選擇方法下，償債基金的利率 j_{12} 為多少時，每月的支付金額是相同的？

6.6 *固定利率貸款和第 78 條法則*

前面已經談論過貸款之清償乃是基於某一特定期間複利的應用。若選擇固定利率貸款方式，係指在整個貸款期間的利息是使用固定不變的。事實上，此種貸款方式在澳大利亞是較罕見的，因為很容易使消費者產生不少誤解。因此，這節將說明其理由。

在固定利率貸款下，計算應支付利息總額如下：

$$\textbf{貸款利息}=\textbf{貸款}\times\textbf{每年計息一次的固定利率}$$
$$\times\textbf{貸款期間（年）} \qquad (21)$$

我們可看見在複利貸款期間，未償還貸款的利息支付是不同的，它會隨著貸款而逐漸減少而減少，雖然在原始貸款期間的支付利息是採固定利率。

之後的利息總額在固定利率貸款下，能計算每期分期付款所必須的支付是由原始貸款加上利息除以分期付款的期數，因此可寫成：

$$\textbf{每期的分期付款}=\frac{\textbf{原始貸款+貸款利息}}{\textbf{分期付款期數}} \qquad (22)$$

範例 1 貸款\$400，期間 2 年，年利率 10%，每年計息一次，採固定利率，則每月的分期付款為多少？

解： 利用公式⑵，我們可求出可支付的貸款利息總額如下：

$$利息 = 400 \times 0.10 \times 2$$

$$= \$80$$

將 24 期的分期付款期數代入公式⑵

$$分期付款 = \frac{400 + 80}{24} = \$20 / 每月$$

　　固定利率之計息方法可適用於整個固定利率貸款條件下的各式貸款。於茲，仍先須計算出一個複利的有效利率，然後再應用於在固定利率貸款上。因此我們擬建立一個合適的數值方程式，求出每期支付款項之有效利率。

範例2　**在範例 1 中關於貸款的複利，試求出有效利率為多少？**

解： 此貸款的數值方程式為：

$$20a_{\overline{24}|,} = 400 \quad （i \text{ 是指每月複利的有效利率}）$$

或　　$a_{\overline{24}|}^{i} = 20$

為了求出 i，我們利用線性差補代入下列的數值：

$$a_{\overline{24}|}^{.015} = 20.0304$$

$$a_{\overline{24}|}^{i} = 20.0000$$

$$a_{\overline{24}|}^{.02} = 18.9139$$

則此線性差補方程式就變成：

$$\frac{i - 0.015}{0.02 - 0.015} = \frac{20.0000 - 20.0304}{18.9139 - 20.0304}$$

$$i - 0.015 = 0.0058 \times 0.02723$$

$$i = 0.01514$$

意指每月複利貸款的有效利率為 1.514% 或者表示跟每年計息一次，有效利率為 19.76% 是一樣的。

附註：在範例 2 中每年的有效利率大約是固定利率的二倍。上述的關係可應用於所有的固定利率貸款中。如同確認我們的反應且選擇差補利率時是很有用的。因在利息的固定利率和複利的有效利率之間的關係中，固定利率貸款會顯現出比可降低利率貸款便宜。不過，直接的比較容易使人誤解。基於這個理由，許多國家都不採用固定利率或是主張貸款的利息採固定利率，也說明了他們的複利多是採有效利率。

範例 3　亞力需要$5,000 來購買汽車。他已經向業者提出 3 年期的貸款，年利率為 12%，固定每月分期付款償還。

(a)每月必須分期付款多少？

(b)亞力支付貸款利息，每年計息一次的有效利率為多少？

(c)請說明：他如果以聯邦信用卡來償還 3 年期的貸款，年利率為 18%，是否比較好？

解：(a)利用公式(21)

$$貸款利息=5,000 \times 0.12 \times 3$$

$$=\$1,800$$

接著將 36 期分期付款期數代入公式(22)，

$$分期付款=\frac{5,000+1,800}{36}$$

$$=\$188.89 / 每月$$

(b)貸款的數值方程式為：

$$188.89a_{\overline{36}|}^{i}=5,000$$

$$或 a_{\overline{36}|}^{i}=26.4704$$

當利息的固定利率為 12%時，我們能夠預期有效利率大

約為 24%，每年計息一次。由於採複利，因此每月利息的有效利率有小於 2%的可能。使用 1.5～2%的範圍來代入，我們可得：

$$a_{\overline{36}|}^{015} = 27.6607$$

$$a_{\overline{36}|}^{i} = 26.4704$$

$$a_{\overline{36}|}^{02} = 25.4888$$

代入線性差補方程式為：

$$\frac{i - 0.015}{0.02 - 0.015} = \frac{26.4704 - 27.6607}{25.4888 - 27.6607}$$

$$i - 0.015 = 0.005 \times 0.5479$$

$$i = 0.017\,74 \text{ 或 } 1.774\%/\text{每月}$$

則有效利率等於 23.49%，每年計息一次

(c) 可選擇貸款每月年利率為 1.5%，小於 1.774%，因此較便宜。在此例中分期付款經由計算可得：

$$分期付款 = \frac{5000}{a_{\overline{36}|}^{015}}$$

$$= \$180.76 / \text{每月}$$

或每月比固定利率貸款便宜$8.13。雖然固定利率貸款聽起來較便宜，但是實際上是較貴的！

附註：因為利息的固定利率幾乎是指每年的年利率，所以他們會明確地表示而沒有提及利息的期間，如同此例。

第 78 條法則

在 6.3 節中，未償還的貸款是利用預期或追溯的方法來逐期計算的。在每一個例子中，皆借用複利的有效利率。不過，各期固定利率貸款額度，習慣於在整個貸款期間以遞減金額列出，

此種方式一般稱為第 78 條法則或數值總和的方法。如同下面所顯示的,明確的指出複利式子中的近似值。第 78 條法則即指:

在償還貸款報表中的利息償付,在整個貸款期間內是呈等差級數地遞減。

舉例來說,假如在 4 期分期付款中的整個期間共須償還貸款利息為$10,根據第 78 條法則中假定在頭期款的利息為$4 是已知的,則第 1 期利息為$3,第 3 期利息為$2,最後一期的利息為$1。加總起來共$10。依照第 78 條法則來決定償還貸款報表的利息行列,此行列是為了固定利率貸款而發展出來的償還貸款報表。由以上所述,學生可在附錄 B 中找出令人滿意的等差級數的總和。

範例 4 **試建構償還貸款報表,可償還貸款$600,固定利率為 13%,期間為 1 年,按月分期付款。**

解: 利用公式(21):

$$貸款利息 = 600 \times 0.13 \times 1$$
$$= \$78.00$$

利用公式(21):

$$每月分期款 = \frac{600 + 78}{12}$$
$$= \$56.50$$

第 78 條法則是在說明利息的行列是一種等差級數。那是因為利息每月會以相同的數值減少。在這方面我們可能要考慮第 1 個月必須有 12 單位的利息,第 2 個月要 11 單位,第 3 個月要 10 單位等等。假如,我們計算在貸款期間內利息的所有單位,則我們可以發現在這個貸款有 78 個單位的

利息。當貸款的利息總數為$78.00 時，則每一單位的利息等差約$1.00。這表示我們可以計算報表的利息行列，在第 1 個月的利息為$12.00，第 2 個月的利息為$11.00 等等。當我們開始編製報表時，我們也能夠完全將每月的分期款$56.50 使用在這方法中。

月份	期初 應付貸款	應付利息	每月償還之本金	期末 應付貸款
1	600.00	12.00	44.50	555.50
2	555.50	11.00	45.50	510.00
3	510.00	10.00	46.50	463.50
4	463.50	9.00	47.50	416.00
5	416.00	8.00	48.50	367.50
6	367.50	7.00	49.50	318.00
7	318.00	6.00	50.50	267.50
8	267.50	5.00	51.50	216.00
9	216.00	4.00	52.50	163.50
10	163.50	3.00	53.50	110.00
11	110.00	2.00	54.50	55.50
12	55.50	1.00	55.50	―――
		78.00	600.00	

在這報表中，是利用第 78 條法則所畫出，強調出其重要特徵有兩點。第一、當這利息的數列以固定的常數值而減少時，則本金會隨著相同的總額增加。第二、和複利貸款報表不同的是，利息行列和未償還貸款行列之間並沒有關係。

此種方法的名稱是來自於數值 1 到 12 的總和，即為了償還一年期借款，每月分期付款的利息有 78 個單位。然而，由於借款並不一定分 12 期分期付款來償還，所以這數字 78 是不適合的。但名稱通常被保留下來。

使用第 78 條法則可概括以下步驟：

步驟 1：利用公式（21）和（22）來測定貸款的利息和所必須的分期付款。

步驟 2：找出利息由數字 1，2，3，……n 的和有多少單位，n 為分期付款的期數。

步驟 3：計算利息每一單位的價值，以借款利息的總額除以單位的總數。這價值也是以每個期間利息行列的減少來計算。

步驟 4：不管是整個貸款報表（如例 4）或是部分報表（如例 5），都能完成這個問題。

範例 5　一筆金額$2,000 之貸款，期間為 2 年，固定利率為 12%，按月分期付款來償還。

(a)使用第 78 條法則找出最初 3 個月的可償還貸款報表。

(b)基於第 78 條法則求出在第 10 個月和第 17 個月應償還本金多少？

解：(a)步驟 1：　　貸款利息 $= 2,000 \times 0.12 \times 2$

$$= \$480.00$$

$$\text{所需的分期款} = \frac{2,000 + 480}{24}$$

$$= \$103.34 \,/\, \text{每月}$$

步驟 2：　利息的期數單位 $= 1 + 2 + 3 + \ldots + 23 + 24$

$$= \frac{24}{2}(1 + 24)$$

（利用附錄 B 的公式）

$$= 300$$

步驟 3：　每單位的利息價值 $= \frac{480}{300}$

$$= \$1.60$$

（當學生已熟悉第 78 條法則時，步驟 3 可省略）

步驟 4：

月份	期初 應付貸款	應付利息	每月 償還之本金	期末 應付貸款
1	2000.00	$24 \times 1.60 = 38.40$	64.94	1935.06
2	1935.06	$23 \times 1.60 = 36.80$	66.54	1868.52
3	1868.52	$22 \times 1.60 = 35.20$	68.14	1800.38

(b)第 10 期已付利息 $= 15 \times 1.60$（或 $\dfrac{15}{300} \times 480$）

$$= \$24.00$$

因此，第 10 期的償還本金 $= 103.34 - 24.00$

$$= \$79.34$$

第 17 期已付利息 $= 8 \times 1.60$（或 $\dfrac{8}{300} \times 480$）

$$= \$12.80$$

因此，第 17 期的償還本金 $= 103.34 - 12.80$

$$= \$90.54$$

　　如同其他的貸款，假如我們只需要未償還貸款一兩個指定的日期，就可完成整個償還貸款報表，因固定利率貸款方式是基於第 78 條法則的步驟。這極易的方法可克服這困難並且計算這未償還貸款是由分期付款的總和減去利息所剩下的，如同第 78 條法則所計算。此方法可由下列方程式來表示：

$$\text{未償還貸款} = t \times R - \left(\frac{1+2+3+\cdots+t}{1+2+3+\cdots+n}\right) \times I \qquad (23)$$

t 為償還期間剩餘的期數

R為每期償還之金額

I為貸款利息的總數

　　雖然這個方程式可能看起來好像很艱難，如同步驟3所計算的 $\dfrac{I}{1+2+3+\cdots+n}$ 是每單位利息的數值。當然，一旦要在任何一天找出應付貸款，我們能利用第78條法則來設立償還貸款報表。

範例6 貸款\$900，期間為 1.5 年，按月分期付款來償還，固定利率為 10%。

(a)根據第 78 條法則，1 年後的應付貸款為多少？

(b)製作償還貸款報表至第 13 個月。

解：利用公式(21)：

$$貸款利息 = 900 \times 0.10 \times 1.5$$

$$= \$135.00$$

利用公式(22)：

$$所需的分期款 = \frac{900+135}{18}$$

$$= \$57.50 / 每月$$

$$利息單位的總數 = 1+2+3+\ldots+18$$

$$= \frac{18}{2}(1+18)$$

$$= 171$$

(a)利用公式(23)，代入 $t=6$，$R=57.50$，$i=135.00$：

$$1 年後的應付貸款 = 6 \times 57.50 - \left(\frac{1+2+3+4+5+6}{171}\right) \times 135.000$$

$$= 345.00 - 16.58$$

$$= \$328.42$$

(b)

月份	期初 應付貸款	應付利息	每月 償還之本金	期末 應付貸款
13	328.42	$6/171 \times 135 = 4.74$	52.76	275.66

應付貸款有一特點就是經由第 78 條法則計算的結果，總是大於使用複利方法而得到的貸款。例如，從範例 6 的資料中我們可以說明此貸款每月複利的有效利率為 1.515%。因此，12 個月後的應付貸款〔利用公式（19）〕為 $57.50a_{\overline{12}|}^{.01515}$ 或$327.42，比第 78 條法則小 1 元。此指無論在什麼時候貸方均可使用第 78 條法則來計算應付貸款初期的償還貸款，貸款利息的有效利率總是遞增的。

範例 7 貸款公司提供 4 年期的貸款$600，固定利率為 11.5%，按月分期付款來償還，試求：

(a)每月分期付款的標準；

(b)每月利息的有效利率；

(c)根據複利的方法求出 1 年後的應付貸款；

(d)基於第 78 條法則，求出 1 年後的應付貸款；

(e)假如此貸款基於第 78 條法則於 1 年後一次償還本金，則借用人每月複利的有效利率為多少？

解：(a)貸款利息 $= 600 \times 0.115 \times 4$

$$= \$276.00$$

每月分期償還款 $= \dfrac{600 + 276}{48}$

$$= \$18.25 / 每月$$

(b)決定利息的有效利率的數值方程式為：

$$18.25a_{\overline{48}|}^{i} = 600.00$$

$$a_{\overline{48}|}^{i} = 32.8767$$

可使用下列的數值，代入線性差補方程式：

$$a_{\overline{48}|}^{.015} = 34.0426$$

$$a_{\overline{48}|}^{i} = 32.8767$$

$$a_{\overline{48}|}^{.0175} = 32.2938$$

則此線性差補方程式變成：

$$\frac{i - 0.015}{0.0175 - 0.015} = \frac{32.8767 - 34.0426}{32.2938 - 34.0426}$$

$$i - 0.015 = 0.0025 \times 0.6666$$

$$i = 0.0167 \text{ 或 } 1.667\%/\text{每月}$$

(c)利用複利的方法代入公式(19)：

$$1 \text{ 年後應付貸款} = 18.25a_{\overline{36}|}^{.01667}$$

$$= \$491.05$$

當然，如果這個數值於 1 年後償還，則此實際貸款的有效利率並不會改變。

(d)利用第 78 條法則代入公式(23)，已知 $t = 36$，$n = 48$，$R = 18.25$，$i = 276.00$：

$$1 \text{ 年後應付貸款} = 36 \times 18.25 - \left(\frac{1+2+3+\cdots+36}{1+2+3+\cdots+48}\right) \times 276.00$$

$$= 657.00 - 156.31$$

$$= \$500.69 \text{ （比正確的金額大\$9.64）}$$

這個結果並不表示此貸款不必償還。而是要依個別的情況而定。

(e)假如此貸款於 1 年後以最終償還金額\$500.69 來償還，則（基於第 78 條法則），此貸款數值的方程式為：

$$600 = 18.25a_{\overline{12}|}^{i} + 500.69(1+i)^{-12}$$

式中 i 為每月的實際利率

1.75%右邊的值＝602.59

　i%右邊的值　＝600.00

　2%右邊的值＝587.79

則線性差補方程式為：

$$\frac{i - 0.0175}{0.02 - 0.0175} = \frac{600.00 - 602.59}{587.79 - 602.59}$$

$$i - 0.0175 = 0.0025 \times 0.175$$

$$i = 0.017\,94 \text{ 或 } 1.794\% \text{／每月}$$

使用法則中的 78 這數字來計算 1 年後償還貸款金額，對於整個貸款的有效利率從每月 1.667%到 1.794%或是 21.9%到 23.8%都有明顯的提高。

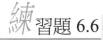習題 6.6

A 部分

試從下列的貸款中求出各貸款的利息總額、每月的分期款和複利的每月及每年的實際利率？

編號	貸款	固定利率（按年計息一次）	年限
1.	$1000	10%	2
2.	$500	12%	4
3.	$5000	8%	4
4.	$3500	14%	3.5
5.	$2000	9%	2.5
6.	$8000	11%	3

7. 尹瑪購買一立體音響設備值$1,000，從她社區雜貨店的要求來看：須有 20%的存款保證金，固定利率為 12%，按季分期付款來償還、期間 5 年。試求她每年支付利息的實際利率？

8. 某貸款公司提供下列可選擇的償還貸款$10,000，期間 5 年。請問哪一種貸款利息的實際利率較低？

   貸款 *A*：按季分期付款，固定利率為 10%

   貸款 *B*：按每半年分期付款，利率為 $j_2 = 18\%$

9. 從折扣商店在下列的條件下購買一洗衣機值$699；定金：$99；償還金額：每月$32.50，期間 2 年。

   (a)此貸款利息的固定利率是多少？

   (b)按年計息一次的實際利率為多少？

10. 某百貨公司為普通西裝，價值$1,250，提供以下行銷條件：20%的定金，期間為 2.5 年，每月償還$40。試計算此借款的固定利率和按年計息一次的實際利率？

11. 貸款$900，分 6 次按月分期付款來償還，固定利率為 12%。試計算每月償還的金額，並且依據第 78 條法則繪出償還貸款報表？

12. 貸款$1,000，分 12 次按月分期付款來償還，固定利率為 10.4%。試求每月的分期付款和依據第 78 條法則繪出償還貸款報表？

13. 試繪出償還貸款報表在最初 6 個月的可償還貸款$5,000，期間 4 年，固定利率為 11%，按月分期付款。

14. 貸款$1,000，按月分期付款來償還，期間為 2.5 年，固定利率為 8%。依據第 78 條法則設立償還貸款報表在最初 6 個月期間的貸款。

15. 瑪莉從銀行的個人貸款中來購買一汽車椅套值$5,000，固定利率為 8%，按月分期付款來償還，期間 3 年。利用第 78 條法則來計算 1 年後和 2 年後的應付貸款。

16. *XYZ* 貸款公司提供一筆貸款$6,000，固定利率為 10%，按季分期付款來償還，期間為 4 年。試問基於第 78 條法則 2.5 年後的應付貸款金額是多少？

17. 貸款$6,000，固定利率為 11%，按月分期付款來償還，2 年期。在

決定每月償還和貸款利息的實際利率之後，試計算 1 年後的應付貸款，可依據：

(a)複利方法；和(b)第 78 條法則來計算。

18. 貸款$950，分 48 次按月分期付款來償還，固定利率為 11.5%。試求應付貸款在貸款整個期間的中間部分，利用：

(a)複利方法；

(b)第 78 條法則。

19. 瑪莉和吉安向銀行借入$4,000 之貸款，固定利率為 11.5%，按月分期付款來償還，期間為 5 年。

(a)試求出每月的分期款？

(b)貸款利息每月及每年的實際利率為多少？

(c)使用複利方法，求出 2 年後的未償還貸款是多少？

(d)從第 78 條法則來求出 2 年後的未償還貸款是多少？

(e)*Mary* 和 *Juan* 基於第 78 條法則於 2 年後一次償還貸款。則他們償還此貸款每月及每年的實際利率為多少？

B 部分

1. 貸款$L，按年分期付款來償還，期間為 n 年，固定利率為 i%或是每年計息一次的實際利率為 i%。

(a)說明在兩種貸款分別為 Lin 和 $\dfrac{Ln}{a_{\overline{n}|}^{i}} - L$ 之下其貸款應付利息的總數。

(b)說明第 2 期大約是第 1 期的一半。（提示：展開 $a_{\overline{n}|}^{i}$。）

2. 某銀行為個人貸款提供下列一般的情況：在 1、2、3 或 4 年期間，按月分期付款，固定利率為 9%。試計算在每一情況中每年利息的實際利率並說明其會因借款的期限的不同而改變？

3. 某零售商提出下列建議，慫惠顧客來購買電動割草機，價值$300：10%的定金；每星期只須付$4.19。假如此貸款的期限是 78 個星期（1.5 年），則利息的固定利率和複利每年的實際利率各為多少？

4. 假定貸款$L，年利率為 i%，每期支付$X，分 n 期分期付款來償還。

(a)證明在剩餘 t 期期間的未償還貸款可表示如下：

$$Xt - \left(\frac{t - a\frac{i}{n}}{n - a\frac{i}{n}}\right) \times I$$

I 是指貸款中支付總利息的總數

(b)證明如何以第 78 條法則來簡化說明任何你所設想的情形。

5. 有一主流的貸款公司提供個人貸款，根據第 78 條法則一次償還且加上下 3 個月的利息。貸款$3,000，固定利率為 11%，期間為 2 年，按月分期付款來償還，試計算：

(a)若貸款未提早償還，則改變每年利息的實際利率。

(b)若貸款於 1 年後償還且未支付利息下，則變動後的每年實際利率為多少？

(c)若貸款於 1 年後償還，且已支付利息，則變動後的每年實際利率為多少？

6. 依下列假設下，選擇其中一種貸款金額為$10,000，期間為 2 年。假定

(a)2 年期貸款，固定利率為 10%，按月分期付款來償還。

(b)4 年期貸款，固定利率為 9%，按月分期付款來償還，根據第 78 條法則於 2 年後期初償還。

(c)5 年期貸款，固定利率為 9.5%，按月分期付款來償還，根據複利的方法於期初償還。

(d)2 年期貸款，月利率為 1.5%，按月分期付款來償還。

6.7 總複習

1. 史密斯先生向銀行借入$15,000，利率為 $j_{12} = 15\%$，期間為 10 年，按月分期付款來償還。

   (a)試求每月須償還多少？

   (b)計算 3 年（36 個月）後的未償還貸款和到達之後 4 個月的未償還貸款報表。

2. 貸款$20,000，利率為 $j_{12} = 18\%$，本金和利息按季分期付款來償還，期間為 20 年，試計算每月須償還多少並繪出第 9 次和第 10 次支付的償還貸款報表？

3. 貸款$10,000，利率為 $j_2 = 14\%$，分 5 次按每年來償還。則支付利息的總數為多少？

4. 某公司想要向銀行借一大筆金額之貸款，期間 10 年。若發行債券來支付利息則利率為 $j_2 = 17\%$，則將每半年存款放到償債基金中獲得利息 $j_{12} = 15\%$，以至於貸款在 10 年後就可完全清償。試問若此負債的本金和利息按每半年分期付款來償還，則 j_2 為多少時，貸款的成本會是相同的？

5. 貸款$3,000，本金和利息以每 4 個月分期付款分 4 年來償還。如果實際利率為 9%，每年計息一次的話，試繪出到第 1 年的償還貸款報表。

6. 關於房屋貸款$60,000，利率為 $j_{12} = 9\%$，按月分期付款來償還，期間為 25 年，試求：

   (a)每月的分期款。

   (b)8 年後的未償還貸款。

   (c)最初 8 年所支付的利息。

   (d)最後 17 年所支付的利息。

7. 菲力和美格從他們的建屋互助會中取出 25 年的房屋貸款$45,000，利率為 $j_{12} = 12\%$。

   (a)計算每月所須的分期款。

   (b)2 年後，利率上升且建屋互助會的利率增加至 $j_{12} = 13.5\%$，他們堅持

增加他們每月的分期付款額而不改變期間。則新的分期款為多少？

(c)再過 2 年，建屋互助會的利率下降至 $j_{12} = 10\%$，若他們不改變他們的分期付款額，則新的貸款期限為多少？最終的分期款會減少多少？

8. 12 個月前，鮑伯從銀行領出 3 年期的個人貸款\$3,000，固定利率為 8%，按月分期付款來償還。目前他贏了樂透彩券並且希望拿來償還貸款。若貸方是使用第 78 條法則來計算未償還貸款，則鮑伯須償還多少貸款？每年複利的利率為多少？

9. 某金融機構提供下列個人貸款條件：

貸款期間：4 年

償還條件：固定利率為 10%，按月分期付款

提前償還：基於第 78 條法隨著固定償還\$100，每年會不斷改變。

貸款\$5,000，試計算在下列每一情況中每年複利的實際利率

(a)無提前償還？

(b)分別於第 1 年、第 2 年或第 3 年期末償還？

10. 下列哪一種方式對於 3 年期的貸款金額\$4,000 最便宜？

(a)個人貸款按月分期付款來償還，固定利率為 9%

(b)複利貸款按季分期付款來償還，每季可變動利率為 16%

(c)只先償還利息之貸款按每半年來支付利息，利率為 $j_2 = 14\%$，且償債基金的獲利率為 $j_2 = 12\%$，收到半年的存款。

7 債　券

7.1 *簡介及專有名詞*

當一個公司或政府需要大量的資金，它可能會從銀行、基金、財務機構貸款或發行公司債來籌資。這些貸款大部分都是在貸款期間以支付固定的利率方式來償還。

發行人與投資人在契約上有詳細說明：

1. 債券面值的部分在屆期時要償還。它的數目很大可能是$100、$100,000 或$1,000,000。在本章後面會再介紹，唯債券的面值並不能表示市價。

2. 債券到期日（或稱屆期日），必須付款給債券持有人。

3. 債息，可能是債券面值的利率百分之多少，大部分債息是固定的比例。

投資者想每年有利息收入。而債券每年可能都會受景氣影響，而影響其市價。因此，債券價格可能高、等於或低於面值，同樣地，利潤也可能不同於利率，然而，債券的面值及利率一般是固定的。也就是說，為什麼這些債券通常被認定是固定收息證券的理由了。

例如：一債券面值$100，為期 5 年，$j_2 = 8\%$，半年一付息，也就是說投資者每半年將收到$4 利息，5 年後再一次償還本金$100，投資者利潤是每半年 4%，或 $j_2 = 8\%$。

然而，投資者若少於$100 折價購入，而應收利息仍然不改變（每半年仍然是$4），而屆期值仍然回收$100。這意思是說，投資者的利潤事實上比 $j_2 = 8\%$ 多。同樣地，假如投資者溢價支付，即超過$100，則利息當然會少於 $j_2 = 8\%$。

在這個章節，我們有可能會用下列記號：

$F =$ **債券面值**

$C =$ **到期值**

$r =$ **債券記載之票面利率**

$i =$ **每期的投資收益**

$n =$ **期數**

$p =$ **公司債交易價格**

$I = F \cdot r$ **表每一付息期間的應付利息**

假如票面利率等於市場利率，則票面價值＝贖回價值。

此章節討論的兩個相關問題：

1. 計算應付利息。

2. 計算公司債交易價格。

此章節後，會再加入課稅問題之精算。

7.2 計算發行價格

剛開始讓我們先計算債券的價格，n 表計息期間，投資者得 I 報酬。此時，我們先假設每期利息相同。

投資者（或債券購買者）會收到二種類型付利息方式：

1. 每期末利息 I。

2. n 期計息終了之屆期值 C。

以圖解來說明付款方式：

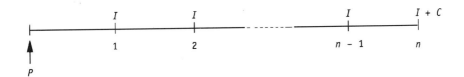

買者希望每年能收到利息（現金），而投資者會付現值去投資的價格為：

$$p = Ia_{\overline{a}|}^{\,i} + C(1+i)^{-n} \qquad\qquad (24)$$

大部分（正常下）的債券面值每張是 \$100。當然它也有面值不是 \$100 的。

範例 1 \$100 債券 5 年後到期，年利率 8%，請反推算出投資者購買價格：

(a)半年複利一次，年利為 6%。

(b)半年複利一次，年利為 12%。

解：半年利率 4%，$I = 100 * 0.04 = \$4$，5 年後付$100

(a)p 為購買價格，$j_2 = 6\%$，即在 3%下，求購買價格：

$P = 4a_{\overline{10}|}^{.03} + 100\,(1.03)^{-10}$

$\quad = 34.12 + 74.41$

$\quad = \$108.53$

如此的買價$108.53，將有 6%的投資回收率，買方買的債券大於到期值，他正買一個溢價的債券，因為，市場利率（6%）低於面額利率（8%）。

(b)p 為購買價格 $j_2 = 12\%$。

$P = 4a_{\overline{10}|}^{.06} + 100\,(1.06)^{-10}$

$\quad = 29.44 + 55.84$

$\quad = \$85.28$

買價$85.28 將有 12%的投資回收率，買方買的債券少於到期值，他正買一個折價的債券，因為，市場利率高於面額利率。

　　如本例所示，債券價格是年金現值與未來債券面額償還之現值的和。雖然，這可直接利用公式來計價，但也可用試算表。來表達更多不同之計價結果。

　　利用試算表計價的第一步，便是先設定利率下每期利息支付。如 A 到 C 欄。表 7.1 範例 1 之求解：

	A	B	C	D	E
1	半年	利息支付	資本重置	現值因子	支付現值
2	1	4.0	－	0.9709	3.883
3	2	4.0	－	0.9426	3.770
4	3	4.0	－	0.9151	3.661
5	4	4.0	－	0.8885	3.554
6	5	4.0	－	0.8626	3.450
7	6	4.0	－	0.8375	3.350
8	7	4.0	－	0.8131	3.252
9	8	4.0	－	0.7894	3.158
10	9	4.0	－	0.7664	3.066
11	10	4.0	100.0	0.7441	77.386
12				總計	108.530
13	殖利	0.03			

D 欄位之現值因子是在 3% 利率下，每半年計息一次之近似值。即 $D2 = (1.03)^\wedge(-A2)$，餘此類推，B13 表殖利。此方格亦如 $D2 = (1+\$B\$13)^\wedge(-A2)$，如此，如需要不一樣的殖利。如範例 1 之(b)部分，B13 亦可改變之。其餘各值亦會因而改之。最後，E12 是定義成（$D2：D11$）之和，此與原範例之答案一樣。試算表提供一個價格評估之多元化結果，且可理解債券之累積出的某些特性值。但學生在使用試算表前，還是得先懂得債券估價原理。

範例2 有一 $5,000 債券，年債息 13%，半年一付，2020 年 9 月 1 日屆期，試求在 $j_2 = 12\frac{1}{2}\%$ 殖利要求下，1999 年 3 月 1 日之購買價格為多少？

解： $5,000 之半年債息 $6\frac{1}{2}\%$，或稱半年 $32,500 之債息一付。至 2020 年屆期另還本 $5,000。

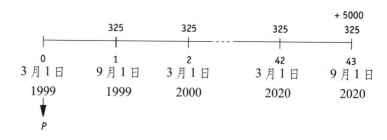

屆期有四十三期債息加屆期值總收入。因此在 $j_2 = 12\frac{1}{2}\%$ 殖利要求下，1999 年 3 月 1 日之購買價格為

$p = 325.00a_{\overline{43}|}^{0.0625} + 5{,}000(1.0625)^{-43}$

$\quad = 4{,}816.43 + 368.43$

$\quad = \$5{,}185.25$

或每百元價為 \$103.70（註：商場報價習慣，故 5,185.25/5,000 = 103.7%）

　　以上兩個例子說明了市場的債券價格決定於投資者擬獲得之利率、屆期時點及屆期價格三者。反過來說，我們也要注意殖利率上升，債券價格跌落和各種相反情況。

範例 3　某公司發行 15 年公司債券\$10,000,000；利率 $j_2 = 10\%$，此融資在屆期時可有 $j_2 = 8\%$ 之殖利。

　　(a)試問發行價格為何？能產生 $j_2 = 8\%$ 之每百元債券價格為多少？

　　(b)如果屆期值\$105，則請重算發行價格為何？

解：(a)半年一付之\$10,000,000，融資有 $I = \$500,000$ 之利息須支付，15 年末後屆期償還\$10,000,000

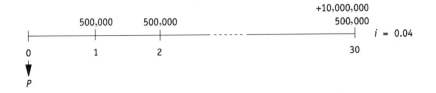

利用㉔式

$$P = 500,000a_{\overline{30}|}^{0.04} + 10,000,000(1.04)^{-30}$$

$$= 8,64,016.65 + 3,083,186.68$$

$$= \$11,729,203.33$$

即此融資之發行價格為$11,729,203.33，此債券能讓投資者有 $j_2 = 8\%$ 之殖利至屆期。所以，每百元之債券價格為

$$\frac{11,729,203.33}{100,000} = \$117.29$$

(b)如果償還價高於面額（即債券面額），在此例是比面額大 5%，則屆期值會更高些。

$$P = 500,000a_{\overline{30}|}^{\frac{04}{}} + 10,500,000(1.04)^{-30}$$

$$= 8,646,016.65 + 3,237,346.01$$

$$= \$11,883,362.66$$

貸款價格現在是$11,883,362.66 每百元以$118.83 成交比(a)部分答案高$1.54，其原因在屆期價值較高之故。然而，增加比例並沒有高過一般利息支付水準的 5%。

　　迄今，我們思考所有範例，在一定計息期間，殖利範圍之利息支付型態。如果期限不一，普通年金之利息支付型態和第 5 章計算技巧都可應用上。於茲，我們也介紹其流程。

範例 4 試計算在範例 3，能產生(a)8%，每月複利；(b)實質有效率

8%之再購回之融資發行價格。

解：(a)先找出半年一計息之利率 i

$$(1+i)^2 = (1+\frac{0.08}{12})^{12}$$

$$1+i = (1+\frac{0.08}{12})^6$$

$$i = (1+\frac{0.08}{12})^6 - 1$$

$$= 0.04067262$$

現在 $P = 500,000\, a_{\overline{30}|} + 10,000,000\,(1+i)^{-30}$，利率用 4.067%

$$= 8,575,844 + 3,023,963$$

$$= \$11,599,807$$

融資之發行價格為 \$11,599,807，每百元之債券購價為 \$116.00

(b)找出每半年利率 i

$$(1+i)^2 = 1.08$$

$$1+i = (1.08)^{\frac{1}{2}}$$

$$i = (1.08)^{\frac{1}{2}} - 1$$

$$i = 0.03923048$$

現在 $P = 500,000 a_{\overline{30}|} + 10,000,000\,(1+i)^{-30}$，利率用 3.923%

$$= 8,727,373 + 3,152,415$$

$$= \$11,879,788$$

融資發行價格為 \$11,879,788，每百元債券購買價格為 \$118.80

如果紅利是預期的收益率，可考慮一種有用的債券價格估算之。即假設以面額購回，則債券價格在支付利息後通常會等

於債券面額。暫不論屆期條件，此結果擬在 7.4 節，在已知價格下找殖利時，再深思之。

範例 5　如果投資者需要年殖利 12%，也轉換季利且屆期條件確定為：(a)2 年；(b)5 年；和(c)20 年，試算出每百元債券在利率 $j_4 = 12\%$ 之價格？

解：此問題之時間單位不同，故分別計算之

(a)

$$P = 3.00 a_{\overline{8}|}^{.03} + 100 \,(1.03)^{-8}$$

$$= 21.06 + 78.94$$

$$= \$100.00$$

(b)

$$P = 3.00 a_{\overline{20}|}^{.03} + 100 \,(1.03)^{-20}$$

$$= 44.63 + 55.37$$

$$= \$100.00$$

(c)

$$P = 3.00 a_{\overline{80}|}^{.03} + 100 \,(1.03)^{-80}$$

$$= 90.60 + 9.40$$

$$= \$100.00$$

在此案例中，價格相等於債券面值\$100。且利息支付亦與所寫之殖利率相同。最後，導出債券付息日價格公式。回顧第 3 章如下：

$$a_{\overline{n}|}^{i} = \frac{1 - (1+i)^{-n}}{i}$$

或修訂解釋如下：

$$(1+i)^{-n} = 1 - ia_{\overline{n}|}^{\;i}$$

一般公式如下：

$$P = Ia_{\overline{n}|}^{\;i} + C(1+i)^{-n}$$
$$= Ia_{\overline{n}|}^{\;i} + C(1 - ia_{\overline{n}|}^{\;i})$$

或

$$p = C + (I - Ci)a_{\overline{n}|}^{\;i} \tag{25}$$

　　用複利公式 $a_{\overline{n}|}^{\;i}$ 來計算的效率大過於先前(24)的 $a_{\overline{n}|}^{\;i}$ 和 $(1+i)^{-n}$ 兩種公式。

練習題 7.2

A 部分

問題 1 至 8 使用下列資料。找出每一個債券的購買價，根據下表來解答。

項目	面值	贖價	票面利率	到期年限	市場利率
1	500	100	$j_2 = 9\%$	20	$j_2 = 8\%$
2	1,000	100	$j_2 = 9\%$	15	$j_2 = 10\%$
3	2,000	100	$j_2 = 13\%$	15	$j_4 = 14\%$
4	5,000	100	$j_2 = 12\%$	20	$j_2 = 10\%$
5	1,000	100	$j_2 = 9\%$	18	$j_2 = 12\%$
6	2,000	100	$j_2 = 13\%$	20	$j_2 = 14\%$
7	10,000	100	$j_2 = 10.5\%$	15	$j_{12} = 15\%$
8	5,000	100	$j_2 = 11\%$	17	$j_4 = 10\%$

9. XYZ公司需要一些資金購買新設備，他們準備發行20年$1,000,000，利率 12%，半年付息一次，購買價格是$1,050,000，此時市場利率15%，他們是需要多少資金？

10. 楊先生買 20 年後到期，利率 13%，楊先生想要每年利率14%，他應該用多少錢買債券？5 年後他想賣掉債券，利率下降，而此債券賣給此買者，利率是 10%，請算出售價？

B 部分

1. 使用債券公式，算出 $P = C$，假如 $I = Ci$。

2. XYZ公司發行20年永久債券（沒有利息支付），市場利率$j_2 = 11\%$，試計算面額$1,000，$j_2 = 15\%$之售價。

3. $100 債券利息 13%，到期時償還面值，而市場利率12%，贖回價格是$14，請問購買價是多少？

4. 兩張$1,000 可贖回債券，票面利率 10%，有一張賣$1,153.72 利率12%，半年付一次利息，另一債券是利率 8%，請分別算出這兩張債券的價格？

5. $1,000 債券 n 年到期，利率12%，半年付息一次，請問每期利息是多少？

6. 證明下列公式，以票面從值贖回：
$$P = F(1+i)^{-n} + (r/i)\left[F - F(1+)^{-n}\right]$$

7.3　計算與購買價格

　　依上述所言，根據應付利息日導出購買價格之公式即馬克哈姆（Makeham's）公式。如 $(1+i)^{-n}$ 之現值因子即可算出，亦即涵蓋整個會計年度期間。個案中，假設投資者可以在屆期時收到所有的利息。某些問題上，在利息到期後，價格會立即被呈現。而實務上，公司債可能在任何期間達成買賣交易，所以需要在公式上做些調整且入帳。

這是一個簡易的必要調整，仿如先前利用試算表所複利計算一樣。我們回憶一下：終值是隨 t 時間單位移動且在 $(1+i)^t$ 因素下的複利而得之。相對地債券的價格將隨 K 期複利計算，如乘上 $(1+i)^k$ 而得之。但 K 表利息期間上的某一比例，因此在支付利息日之間的評價公債方法為：

步驟 1：最後計息日之債券價值，可用 7.2 部分的(24)的公式。

步驟 2：再乘 $(1+i)^k$，k 為利息期間的小部分比例，係從最後付息日往前算。若用公式，可用下列表達：

$$P = [Ia_{\overline{n}|}^{\,i} + C(1+i)^{-n}] \times (1+i)^k \qquad (26)$$

若用圖表表達如下：

範例 1　一張$100，利率 8%半年付息一次，2005 年 12 月底以 $1,000 贖回，試計算在 1997 年 5 月 15 日殖利 10%之半年可轉換公司債之價格為何？

解：第一步先計算最近的應付利息（近似於 1996 年 12 月 31 日），每半年付息 5%。每半年應付利息是$4，而且 9 年到期，所以：

在 1996 年 12 月底的 $P = 4a_{\overline{18}|}^{.05} + 100(1.05)^{-18}$

$\qquad = 46.76 + 41.55$

$$= \$88.31$$

第二步驟允許 1997 年 5 月 15 日增加利息下，價格增為：

在 1997 年 5 月 15 日的價格 $= 88.31 (1.05)^{135/181} = \$91.58$

◎ *備註*：實務上，單利及非複利計算通常使用第二個步驟，但在某些情況下會產生相同的答案，雖然也有很多情形答案值或會比較大。例如，範例 1 單息來算債券價格是 $91.60。

債券價格的形式通常會隨時間及愈接近到期日而定型成長。有如「鋸齒」狀型態。在每期利息支付前，債券價格便漸增，直到下一個計息日。而利息支付日後，又降下。付息前後之債券價格差異，剛好等於利息支付之大小。對於固定收益之價格類型的特徵之一便是有固定連續支付利息的債券價格，會逐漸移向債券可贖回的價格。下面有三個範例加以說明之：

範例 2 年利率 6%，每張$100 的公司債於 2005 年 12 月 31 日到期。試計算其每年能產生 8%殖利率的公司債價格，以下的有效殖利產生之日期為：

(a) 2002 年 12 月 31 日

(b) 2003 年 3 月 15 日

(c) 2003 年 6 月 26 日

(d) 2003 年 12 月 17 日

(e) 2003 年 12 月 31 日

(f) 2004 年 12 月 13 日

解：(a) 在 2002 年 12 月 31 日的

$$p = 6a_{\overline{3}|}^{0.08} + 100 (1.08)^{-3}$$

$$= 15.46 + 79.38$$

$= \$94.84$

(b)2003 年 3 月 15 日的

$p = 94.84 (1.08)^{74/365}$

$= \$96.33$（或以單利算，$p = \$96.38$）

(c)在 2003 年 6 月 26 日的

$p = 94.84(1.08)^{177/365}$

$= \$98.45$（或以單利算，$p = \$98.52$）

(d)在 2003 年 12 月 17 日的

$p = 94.84(1.08)^{351/365}$

$= \$102.13$（或以單利算，$p = \$102.14$）

(e)在 2003 年 12 月 31 日的

$p = 6a_{\overline{2}|}^{0.08} + 100(1.08)^{-2}$

$= 10.70 + 85.73$

$= \$96.43$

(f)在 2004 年 12 月 31 日的

$p = 6a_{\overline{1}|}^{0.08} + 100(1.08)^{-1}$

$= 5.56 + 92.59$

$= \$98.15$

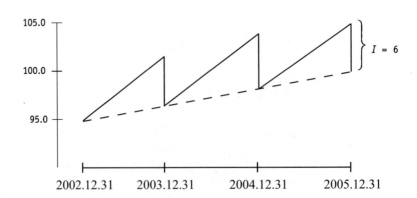

下面的顯示齒狀模型的價格，對於這張超過 3 年的債券在它到期日前為一固定的收益 8%。

備註： 1.這張債券價格和虛線部分之差額（連接每一計息日的價格）就是價格中累積利息的部分。

2.遞增債券價格在每一次支付利息之間為一個直線，而這是一個使用單利的用法。如果使用複利，那直線將會被直線之下的曲線所取代，但仍然和每一期利息相連接。

準備銀行的公式

澳洲的準備銀行有一套公式去計算發行債券的價格，由澳洲政府來實行，這些公債為我們熟知的公債，價格公式如下：

$$P = V^{f/d}[(C + Ia_{\overline{n}}) + 100v^n]$$

此外，C 是表下期利息支付

I 是半年普通利息支付

f 是直到下期支付利息的天數

d 是現在半年的天數

100 是屆期時之贖回價格

$$v^n = (1+i)^{-n}$$

雖然它與早期發展的公式不大一樣，但它是使用不一樣的方法仍得相同的答案。

以下面的圖示出：

在先前的章節，曾展出公式時，此公式允許公債在任何時間上來做評價。在下一個定期利息為 C（而不是 I）可能與一般利息不同，如果 $C=0$，表示無息債券，例如，在 7 天內得付下一次利息的債券，買方尚收不到下一期的利息，取而代之的，當賣出時，才付給買者 7 天的利息，在這 7 天的期間，此債券是無息的，我們是根據這種原理來訂價的。

範例 3　請使用準備銀行公式算出 1997 年 5 月 15 日 $j_2=10\%$ 之 2005 年 12 月 31 日，能產生殖利 8% 之公債；半年付息一次之價格？和範例 1 相同，雖然公式不同，但答案一樣。

解： 1997 年 5 月 15 日，債券沒有利息，所以 $C=I=4$。在下一期付息時，有 17 期應付利息，所以 $n=17$，從 5 月 15 日到 6 月 30 日有 46 天。$f/d=46/181$，所以 1997 年 5 月 15 日的 $P=v^{46/181}[(4+4a_{\overline{17}|})+100v^{17}]$ 利率用 5%

$$=0.987667[\,(4+45.096)+43.630\,]$$

$$=\$91.58，與範例 1 的答案相同$$

練習題 7.3

算出下列債券的購買價格，先算複利再算單利。

項目	面值	贖價	票面利率	市場利率	贖回日	贖買日
1.	1,000	票面	$j_2=8\%$	$j_2=10\%$	2018.1.1	1998.5.8
2.	500	票面	$j_2=12\%$	$j_2=11\%$	2015.1.1	2000.10.3
3.	2,000	票面	$j_2=4\%$	$j_2=5\%$	2014.11.1	2000.10.3
4.	10,000	票面	$j_2=13\%$	$j_2=14\%$	2017.2.1	1999.10.27
5.	1,000	105	$j_2=6\%$	$j_2=4\%$	2012.7.1	2001.7.30
6.	2,000	110	$j_2=11\%$	$j_2=13\%$	2019.10.1	2004.4.17

7. $100 債券在 2005 年 10 月 1 日付利息，$j_2=9\%$，算出購買價格，市

場利率$j_2 = 10\%$。

(a)2003 年 4 月 1 日；

(b)2003 年 8 月 7 日；

(c)2003 年 10 月 1 日；

(d)從 2003 年 4 月 1 日開始，完成與 7.3 章節相似的圖。

以上可用單利計算不滿一計息期間之部分利息。

B 部分

1. 令：P_t 是付息日那天的價值。

   P_{t+1} 是下一個付息日的價值。

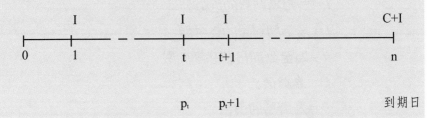

   證明 $P_{t+1} = P_t(1+i) - I$

2. $1,000 債券，在 2010 年 11 月 7 日以$1,100 贖回，$j_2 = 11\%$。算出在 2003 年 4 月 18 日的購買價格？

   (a)$j_2 = 15\%$

   (b)10%

3. 接第 7 題，A 部分用複利計算不滿計息期間之部分利息，使用兩個公式⑳及準備銀行公式。

7.4 計算利率

在前兩個章節我們學會如何算出債券價值。然而，事實上，較一般性的問題是市場價格的決定。換言之，投資者對投資債券的報酬率相當在意，以決定是否要購買此債券。自然地，利

潤的計算供投資者較容易做成投資決策。

利潤的計算不能全盤直接地從前述的公式中計算出,因此我們必須再介紹一些新的技術來解決這些問題。

第一步是使用下列公式來計算每利息期間的收入:

$$i \doteqdot \frac{I + \dfrac{1}{n}(C-P)}{\dfrac{1}{2}(C+P)} \tag{27}$$

i = 為每期利息的近似利率

I = 為每期利息的支付額

n = 為至到期日利息期間數

C = 為終值

P = 為所給的價格

雖然這個公式有點複雜,但值得注意的是:

1. 分子總和是每期收到各期間不同的利息和,且所給的價格是涵蓋未來每個期間的利息。

2. 分母是到期值的平均數和買進時的成交價格,因此,公式也可表示為:

$$i \doteqdot \frac{利息期間的平均淨利}{總期間的平均投資}$$

範例1 一張到 2008 年 8 月 15 日的可贖回公司債,其票面利率 $j_2 = 9.5\%$,在 1996 年 8 月 15 日時的市場價格為\$109.5。假設債券可持有到屆期,試求出屆期時,半年一計的年收

益率為多少？

解： 在這例題裡 $P = 109.50$，$C = 100.00$，$I = 4.75$（半年一次計息），$n = 24$（包含 12 年），因此：

$$i \doteqdot \frac{4.75 + (1/24)(100 - 109.5)}{(1/2)(100 + 109.5)}$$

$$= 4,354/104.75$$

$$= 0.04156 \text{ 或 } 4.156\% \text{（每半年）}$$

或 $j_2 = 8.31\%$

在一些例子裡，這近似值不是很準確。然而，大部分的例子裡卻要求要更準確。因此，我們進一步使用資訊，做二個收益率的直線補差。

範例 2 請從範例 1 得到一個更準確的答案並使用直線補插法。

解： 從範例 1 中，我們得知半年的利益率是接近 4.16%，也就是說每半年介於 4% 和 4.5% 之間，我們現在將用這兩個接近的利益率來計算債券的價格，然後在級數中插入此項計算，就可更正確算出答案。

P 在 4% $= 4.75 a_{\overline{24}|}^{0.04} + 100(1.04)^{-24}$

$\qquad = \$111.44$

P 在 $i\% = \$109.50$

P 在 4.5% $= 4.75 a_{\overline{24}|}^{0.045} + 100(1.045)^{-24}$

$\qquad = \$103.62$

在線性補差方程式變成：

$$\frac{i - 0.40}{0.045 - 0.04} = \frac{109.50 - 111.44}{103.62 - 111.44}$$

$i-0.04 = 0.005 * 0.248$

$i = 0.04124$ 或 4.124%（每半年）

或 $j_2 = 8.25\%$

我們依此可以檢查出債券利益率於每半年 4.124% 時的價格，如下：

$p = 4.75 a_{\overline{24}}^{.04124} + 100(1.04124)^{-24}$

$\quad = \$109.42$

你將注意到，這個價格$109.50 不是精確實數，因為仍有微小的接近值，包含在線性補差項裡。說明在附錄 C，事實上，正確的答案是每半年 4.119%，或 $j_2 = 8.24\%$，然而，補差項的答案是完全正確的。

總而言之，請用這個方法去找債券價值的利益率為：

步驟 1：用公式⑵找一個每個利息期間的近似利益率。

步驟 2：用線性補差項去得到更多更正確的答案，用附近的利率求近似值。

在 7.2 節範例 5 表示債券價格等於$100（可買回的票面價值），則單據上的利率是相同時。當債券價值接近$100 而且利益率是未知時，這個推估結果是特別有幫助的。

範例 3 有一張 5 年到期債券，每半年付息一次，票面價值$100，年利 12%，且市場價格$99 元，試求出利潤率為何？

解：債券每半年付$6 元的利息，因此他的價格在每半年 6%的

收益率下，在任何利息支付期日均是$100。當給定的價格是$99（亦即大約$100），我們知道收益率將大概也是6%。因此，我們不需要完成步驟 1，就可以用直線法改變成內插法。但這個步驟需要一個收益率低於$99的價格，也就是 6.5%。

P 在 6.5% $= a_{\overline{10}|}^{0.065} + 100\,(1.056)^{-10} = \$96.41$

P 在 I% $= \$99.00$

P 在 6% $= \$100.00$

再來直線補插方程式變成：

$$\frac{i - 0.06}{0.065 - 0.06} = \frac{99.00 - 100.00}{96.41 - 100}$$

$i - 0.06 = 0.005 * 0.2786$

$i = 0.0614$ 或 6.14%每半年

或 $j_2 = 12.28\%$

上述這個技巧可在既定價格下找出收益率，也可應用於在給定價格和利息支付期日之間的推估。然而，第一個近似值不那麼準確，因為利息的呈現和計算可能產生一些厭煩。

範例 4 一張$100 元的債券，利率 11%，到期日 2009 年 1 月 1 日，在 1999 年 2 月 3 日時，債券的市場價格是$95.375 元，收益率是多少？

解： 第一步是先去求出一個近似收益率，並假設給定的價格應用於最接近的給付日期；在這例子中是 1998 年 12 月 1 日，因此有 10.5 年或 21 期的利息支付還保留著。

因此，$I = 5.5, C = 100.00, P = 95.375$ 而 $n = 21$，所以

$$i \doteqdot \frac{5.5 + \frac{1}{21}(100.00 - 95.375)}{\frac{1}{2}(100.00 + 95.375)} = 0.0586 \text{ 或每半年 } 5.68\%$$

第二步是去求出債券在 1999 年 2 月 3 日的價格，在使用補插法之前，使用兩個接近利息的利率去求近似值。

P 在 1999 年 2 月 3 日為

$$5.5\% = \{5.5 a_{\overline{21}|}^{0.055} + 100(1.055)^{-21}\}(1.055)^{64/182}$$

$$= 100.00(1.055)^{64/182} = \$101.90$$

P 在 1999 年 2 月為 $6\% = \left\{5.5 a_{\overline{21}|}^{0.06} + 100(1.06)^{-21}\right\}(1.06)^{64/18}$

$$= 94.12(1.06)^{64/182}$$

$$= \$96.07$$

然而，給定的價格不是介於這兩個價格之間，所以另一個價格被要求用直線補插法來完成，我們用一個較低的價格來獲較高的收益。

P 在 1999 年 2 月為

$$6.5\% = \left\{5.5 a_{\overline{21}|}^{0.065} + 100(1.065)^{-21}\right\}(1.065)^{64/182}$$

$$= 88.715(1.065)^{64/182}$$

$$= \$90.70$$

這直線補插法方程式變成：

$$\frac{i - 0.06}{0.065 - 0.06} = \frac{95.375 - 96.07}{90.70 - 96.07}$$

$i - 0.06 = 0.060647$ 或每半年 6.06%

或 $j_2 = 12.13\%$

練習題 7.4

A 部分

在問題 1～4，用公式找出收益率的趨近值。

項目	票面($)	贖價	票面利率	贖回年限	購價($)
1.	2,000	票面	$j_2 = 11\%$	12	1940
2.	5,000	票面	$j_2 = 13\%$	10	5640
3.	1,000	105	$j_2 = 12\%$	15	1120
4.	500	110	$j_2 = 11\%$	11	450

5～8 對於問題 1～4 用直線近似法找出更接近的答案。

9. 一張 2011 年 8 月 1 日到期的債券，票面利率 6%，如果這張債券在 2004 年 8 月 1 日報價為 $70，則收益率是多少？

   (a)使用近似值公式；

   (b)使用直線補插法。

10. 一張 $100 可贖回之公司債，期間 20 年，其支付年利率 = 11%，試找出在債券現在被報價 $110 時的利率？

11. 一張 $1,000 可贖回公司債期間 20 年，利率為 10%，如果它報價 $96，找出在債券被買回，並持有到期日之收益率為多少？

12. 一張債券在 2014 年 1 月 1 日到期，利率 10%，在 1998 年 8 月 17 日這張債券價 $98.5，收益率是多少？

13. $100 元債券到期日 2015 年 10 月 10 日，利率 11%，在 2004 年 4 月 28 日時這張債券為報價為 $102，收益率是多少？

14. XYZ 公司有一張可贖回的公司債，到期日 2009 年 1 月 1 日，利率 10%，在 1993 年 1 月 1 日時一位投資者在市場以 $97 買入，在 2001 年 7 月 1 日他以 $101 賣掉，收益率是多少？

15. 吳先生買一張可贖回公司債，期間 15 年，利率 11%，這價格將帶給他獲利 12% 的收益率，假如他持有到屆期日，在 5 年後，吳先生賣出這張債券給布朗先生，他想要在他的投資裡獲利 10% 的收益率。

    (a)吳先生付的價格為多少？

(b)布朗先生付的價格為多少？

(c)吳先生賣出的收益率？

B 部分

1. XYZ 公司發行一張$1,000 贖回公司債，利率11%，期間 20 年，一個退休基金買這債券收益率12%，試求出買價？

2. 用公式去求出趨近值，分母為 $\dfrac{p+c}{2}$，再更接近準確值的分母為 $c+\dfrac{n+1}{2n}(p-c)$，使用後再修改，反覆 A 部分的問題 1～4 並看看你的近似值是否有改進。

3. 2004 年 12 月 4 日時到期，利率 $10\dfrac{3}{8}$%，價格在 1991 年 12 月 4 日時為$68，則投資者期望利率為多少？

4. 陳太太買一張$1,000 債券，利率 12%，期間 20 年，這價格將保證她獲利率 16%，如果持有到屆期日，在 5 年之後，她把債券賣給瓊斯太太，她期望有 11%實際的投資收益。

   (a)陳太太所付的價格為何？

   (b)瓊斯太太所付的價格為何？

   (c)陳太太賣出債券的收益率為何？

5. MUP公司發行$1,000，利率 11%的可贖回債券，在每年 1 月 1 日及 7 月 1 日付息一次直到 2015 年。

   (a)投資者在 9 月 1 日（2005 年）要付多少來購買此債券並得獲益率 13%？

   (b)從(a)裡得購買的價格，如果每次利息支付都存在銀行且利率為 10%，而且這債券持有到屆期日，則每年的實質收益為多少？

6. 半年一次付利息，期間 n 年，利率 14%並在第 2 年收益後賣出 $ 110，一張 $14\dfrac{1}{12}$%利率的債券，也是半年一次付息其間為 n 年，並在第 2 年收益後賣出$112：(a)找出第 2 年未知的收益率；(b)決定 n 至最接近的半年。

7. 發行一張公司債期間 n 年，並得到 2 年利息，利率 9%之後，一位

投資者全部發行債券和15%的溢價，同時，他建議發行者把利率從9%調高至 10%，則他將購買全部發行債券和 25%溢價，則這二次報價的收益率是多少？

8. 1998 年 3 月，預期市場利率將有7%，在 1998 年 3 月 1 日時，一位投資者買了半年計息一次，利率12%期間為 20 年。在 1998 年 9 月 1 日之前，利率已降到 5.5%。投資者並在 1998 年 9 月 1 日賣出他的債券，試求出j_2年投資的收益率？

7.5 對債券課稅

在前段我們已經討論過價格或收益的計算，此係先假如投資者能收到全額利息。然而，在實務上很多投資者並不會收到全額的利息，因為政府會掌握一部分利息來課徵稅賦，即利息所得稅。在以下例子裡，投資者只已知道在其投資盈餘和利息所得下，會收到一張繳稅的通知單。

因此，任何的價格或收益的計算，必須考慮含於利息課徵稅賦問題。如果沒有稅賦，誠如前述，我們會知道毛利和毛利益率。此毛利可能在稅前就知道了，稅賦即依此毛利來課徵，繼而計得稅後淨利。

利息稅裡不是由債券價格內直接計算出來。在評價公式中，應付利息，係分別從償還之本金中計算出。因此在既定之淨收益率下，決定債券價格，只能用適當稅率來減扣這些應付利息而已。公式如下：

$$P = (1-t)Ia_{\overline{n}|}^{i} + C(1+i)^{-n} \tag{28}$$

t是應付稅率，當然，利息所得稅的採用會降低投資者為達

成既定利潤所願意支付的價格，即淨利息收入會比毛利息收入低。

範例 1 一張$100 債券利率 10%，半年付息一次，12 年後到期，請計算下列價格：

(a)8%毛利，可交換債券，半年付息一次。

(b)8%淨利，可交換債券，半年付息一次，允許稅是$1 內有 30 分利息。（註：即稅率 0.3。）

解：(a)使用公式(24)來算毛利，$I = 5.00$，$C = 100$，$i = 0.04$，$n = 24$

$$P = 5a_{\overline{24}|}^{04} + 100(1 + i)^{-24} = \$115.25$$

(b)使用公式來算淨利，在(a)我們使用相同評價，$t = 0.30$

$$P = (1 - 0.3)5a_{\overline{24}|}^{04} + 100(1 + I)^{-24}$$

$$= \$92.38$$

假如應收毛利$3.5，在利息上沒有稅，此答案是相同的。淨利與毛利之差別在於在算淨利時在公式裡必須用淨利息來算。

在 7.4 節裡，已展示了任何已知價格下之毛利計算。同樣的技巧也可用在淨利的求算。兩者之區別僅在算淨利時，在公式上一律多加用稅率來求淨利率之變數罷了。

範例 2 某投資者須付每元 30 分之所得稅，且考慮買進$100，年利 11%，半年計息之債券。為期 5 年屆期面額清償。市場報價是$102，如果債券能持續到屆期，此投資者能得多少淨利？

解： 再利用公式求近似值前，我們先要把毛利減至淨利，因我們較有興趣去找出淨利率。如此，（註：一期毛利息為 $100 \times 11\% \div 2 = \$5.5$）淨利息支付

$= (1 - 0.3) \times 5.5 = \$3.85$

如此，運用⑳式，當 $I = 3.85$，$n = 10$，$c = 100$，$P = 102$

則 $i \fallingdotseq \dfrac{3.85 + \dfrac{1}{10}(100 - 102)}{\dfrac{1}{2}(100 + 102)}$

$= 0.03614$

即每半年之淨利約 3.6%。

然而，在此範例中，在 3.85% 利率下（相當紅利比率也是 3.85%），價格是 $100，以線性補差我們需要另一個利率，如 $3\frac{1}{2}\%$，來算價格。

既在 $3\frac{1}{2}\%$ 下，價格 $= 3.85a_{\overline{10}|}^{.035} + 100(1.035)^{-10}$

如此，線性補差方程式變成：

$$\frac{i - 0.035}{0.0385 - 0.035} = \frac{102.0 - 102.91}{100.0 - 102.91}$$

$$i - 0.035 = 0.0035 \times 0.3127$$

$$i = 0.03609 \text{ 或每半年之淨利率為 } 3.61\%$$

$$\text{或 } j_2 = 7.22\%$$

　　第二種租稅係針對債券買賣差價間之利得，加以課徵，故會影響投資者之益得，比如以 $90 買進，$95 賣出，就有資本利得 $5，此 $5 即稅基。倘以折價買進而持至屆期，亦有資本利得，仍應課稅之。

　　資本利得稅聽似複雜，實質上僅減少總收益而已。比如每

張屆期債券以\$95 贖回，就有\$5 資本利得。若資本利得稅為 20%，則應稅\$1。如此贖回價格變成\$99，即每張面值\$100，−1 元租稅。此價格公式修正為：

$$P = Ia_{\overline{n}|} + c(1+i)^{-n} - T(c-P)(1+i)^{-n} \qquad (29)$$

此處 T 是資本利得（或增值）稅率
　　$c-p$ 是資本利得（或增值）

注意：上式資本利得稅是負的，係表示由投資者來支付。尤有進者，此處不允許有利息津貼。

範例 3　一債券支付利息年利率為 6%，10 年到期後以票面價值贖回。現有的市場利率是 7.5%
(a)資本增值稅以 25%計算，求出債券價格；
(b)假設利率支付及資本增值皆採 25%來計算，重新算出債券價格。

解：(a)使用公式(29)，我們得知 $i=6$，$C=100$，$n=10$，然而，在此，我們不知道債券價格。因此，資本利得也就不曉得。相等的式子變成：

$P = 6a_{\overline{10}|} + 100(1+i)^{-10} - 0.25(100-P)(1+i)^{-10}$採 7.5%利率

$P = 41.18449 + 48.51939 - 0.25(100-P)0.485194$

當我們尚未知道價格時，我們不能計算資本利得，因此我們必須將 P 表示在等號兩邊。這可簡化成下式：

$P = 41.18449 + 48.51939 - 12.12.985 + 0.1212298P$

$P(1 - 0.1212298) = 77.57403$

每張債券價格 $P = \$88.28$

當價格小於\$100，這個意思就是說資本利得將被贖回而它增值等於\$11.72（即\$100 － \$88.28）。資本增值稅須支付\$2.93（也就是\$11.72 的 25%）。

(b)在這個例子中，淨利支付是\$4.5 而每一利息支付都將課以 25%的稅。因此可得下式：

$P = 4.5a_{\overline{10}|} + 100(1+i)^{-10} - 0.25(100 - P)(1+i)^{-10}$ 採 7.5%利率

$P = 30.8836 + 48.51939 - 0.25(100 - P)0.485194$

$P = 30.8836 + 48.51939 - 12.12985 + 0.121298P$

可得：

$P(1 - 0.121298) = 67.27790$

每張債券價格 $P = \$76.57$

求出的價格低於(a)的價格，這是由於利息支付所課的稅。而資本利得等於\$23.43（即\$100 － \$76.57）

範例 4 一債券支付利息年利率為 10%，7 年後以票面價格贖回，而現有的市場售價是\$92 假設此債券存在資本增值稅 25%，求其屆期利益為多少？

解： 到贖回日時有資本利得\$8（\$100 － \$92），且它將被課予 25%的稅率，也就是後會有\$2 須支付出去。所以資本的贖回價格便會從\$100（未課稅前）減為\$98（課稅後）。

使用先前的公式，我們知道 $i = 5$，$n = 98$，$P = 92$：

$$i \text{ 大約等於} \frac{5 + \dfrac{1}{14}(98 - 92)}{\dfrac{1}{2}(98 + 92)}$$

$$=0.0571 \text{ 或是 } 5.71\% \text{（每半年）}$$

此處多一步驟，我們使用 $5\frac{1}{2}\%$ 及 6%來計算

P 在 $5\frac{1}{2}\%$ 時會 $=5a_{\overline{14}|}^{.005}+100(1.055)^{-14}-0.25*8(1.055)^{-14}$

$$=5a_{\overline{14}|}^{.005}+98(1.055)^{-14}$$

$$=\$94.26$$

P 在 i%時 $=\$92.00$

P 在 6%時 $=5a_{\overline{14}|}^{.06}+100(1.06)^{-14}-0.25*8(1.06)^{-14}$

$$=5a_{\overline{14}|}^{.06}+98(1.06)^{-14}$$

$$=\$89.82$$

上述式子經線性補差，又可變成為下式：

i 約等於 $\dfrac{i-0.055}{0.06-0.055}=\dfrac{92-94.62}{89.82-94.26}$

$i-0.055=0.005*0.5090$

$i=0.057545$ 或是 5.75%（每半年）

或 $j_2=11.51\%$

練習題 7.5

A 部分

找出下列債券的購買價格：

編號	面值	償還方式	債券利率	償還年限	淨需求收益	利息稅率
1	$100	採票面值	$j_2=10\%$	5	$j_2=8\%$	30%
2	$100	採票面值	$j_2=8\%$	7	$j_2=7\%$	20%
3	$1,000	採 $102	$j_2=12\%$	6.5	$j_2=9\%$	25%
4	$1,000	採票面值	$j_4=12\%$	3.75	$j_4=8\%$	25%
5	$5,000	採票面值	$j_2=9\%$	6	$j_4=7\%$	20%
6	$10,000	採 $98	$j_2=14\%$	10	$j_2=6\%$	40%

7. 有一張 3 個月利率為 14% 且到期日為 7 年的債券，假設此期利息已被支付過了，現在投資者對於其利息所得須被課予 30% 的稅額，目前投資者以 $88 的代價買入面值為 $100 的記名式債券，試問其淨收益利率 j_4 為何？

8. 一張價值 $1,000 的債券其支付利率為 10%，到期日為 8 年，8 年後以票面價值贖回。此債券的現有市場價格為 $960。找出其淨收益利率 j_4 為何？到期日投資者所賺得的利息所須課的稅率如下：
   (a)零利率；(b)20%；(c)40%。

9. 一張價值 $100 的債券其支付利息為 8 又 1/2%，採每半年支付一次，在 2012 年時將以票面價值贖回。在 2005 年 6 月 30 日已支付過利息，其目前市價為 $88。假設資本利息須課以 25% 的稅，那麼在到期日來臨時，此債券出售的利得為多少？

10. 一公司發行了 10% 的債券，於 6 年後到期日來臨時以票面價格贖回。假設利息支付採每 3 個月支付方式，且此資本的增值利益須課以 20% 的稅率，試算出購買債券者所獲之利得為多少？

B 部分

1. 在這個部分，我們須綜合公式⑱與⑲，證出債券的價格如下述公式：
$$P = \frac{I(1-t)a_{\overline{n}|}^i + C(1-T)(1+i)^{-n}}{1 - T(1+i)^{-n}}$$
此處 t 是利息所須課的稅率，而 T 則是資本利得所應課的稅率。

2. 使用上述的公式，重新做 A 部的問題 1，2，3（假設其資本利得應課稅率為 25%）。

3. 莫薇（Merwe）小姐買了一張價值 $100 的債券，利率 8% 支付方式為每半年支付一次利息，17 年後以 $90 的票面價格贖回。假設稅與資本利得所須課的稅率皆為 30%，那麼莫薇小姐到到期日將可獲多少利得？

4. 續練習題 3，若莫薇小姐在購買債券 6 年後將此債券賣掉，改投資長期的退休金，因為她期望在未來的每半年都可獲得 9% 的利得。
   (a)退休金應償還多少錢予債券？

(b)莫薇小姐在未來的每半年中可獲取多少的利潤呢？

5. 使用相近的利益公式，證明出課徵在 t 利息上的稅額，並未使利潤從 i 減少到 $i(1-I)$，除非 $P=C$。用一般的理由來解釋此一結果，然後再藉由計算到期利潤來說明此一結果。計算對象為一張價值$100 的債券，年利率為 7%，9 年後以票面價值贖回，其餘條件參照下式表格：

利息之稅率	目前市場價格		
	$90	$100	$110
零利率			
20%			
40%			

7.6 溢價與折價

假如債券的購買價格大於它的到期值，也就是說 $P>C$，那麼這張債券就是採溢價出售，而 P 與 C 的差額我們就可稱它為溢價金額。同樣地，若債券的購買價格比它的到期值要來的小的話，也就是說 $P<C$，那麼這張債券就是採折價出售，而 C 和 P 的差額我們就可稱它為折價金額。

在 7.2 中的公式㉕中，我們可以將溢價及折價以下述方式來表示：

$$\textbf{溢價} = P - C = (I - Ci)a_{\overline{n}|}^i$$
$$\textbf{折價} = C - P = (Ci - I)a_{\overline{n}|}^i$$

注意：當債券以票面價格贖回時，假如它的 $I>Ci$ 時，我們就可推論此債券的 $P>C$，這也就是說當票面利率大於利益時，溢價即會發生；同樣的，當債券的 $I<Ci$ 時，我們就可推論此債券的 $P<C$，這也就是說當票面利率小於利益時，折價即

會發生。

當債券是以溢價方式購得，也就是說 $P > C$，之後，只有原始資本的 C 會在到期日時返還。這樣將會有損失，而這損失金額即等於到期日的溢價金額，正因如此，每次的利息支付就必須用來攤還（或說減少）這些溢價金額。也就是說債券的價格會有部分，也就是 $P - C$ 的差額會被當作一部分的利息支付來分期償還。

每張票據，除了須支付投資利息之外還得返還一部分的票據價格。這些支出將會減少債券的帳面價值，而這個減少的動作，將包含購買日的價格至到期日的贖回價格。這些針對債券的調整動作，就稱為是債券的帳面價值。債券從購買價格到贖回價格這段逐漸減少的過程，我們將其稱之為溢價攤銷或是 "Writing Down"。債券的攤銷表包含了多個部分，有每一時期利息的支付情形，也有資本價值衰減的情形，還有在每次利息支付後所產生的帳面價值*。

範例 1 一張面值為 $1,000 的債券，在 2005 年 12 月 1 日時將以票面價值贖回，而每期所支付的利率為 $j_2 = 13\%$。此債券在 2003 年 6 月 1 日以 $j_2 = 12\%$ 的利率購入。找出此債券的價格並畫出攤銷表。

解：在 2003 年 6 月 1 日購買價值 P 決定如下：

$$P = 65a_{\overline{5}|}^{.06} + 1,000(1.06)^{-5} = \$1,021.06$$

$21.06 的溢價金額必須被儲存，因為利息的支付是為了將全部投資在債券的原始資本回收。要畫出債券的攤銷表，

---

*對於會計人員來說，是有很多個可用的方法來建立債券攤銷表。此份實例中是採複利方法來表示，而或許這個方法也是最直接的方法吧！

我們須計算每張票據有多少金額是被用來提供投資所需的
利得，又有哪些是被用在調整資本的（i.e. 攤銷溢價）。
在 2003 年 12 月 1 日的第 2 年年底，投資者的利得須為
$1,021.06 \times 0.06 = \$61.26$，既然$65 已經被取得，那麼$3.74
的差額就必須被視為原始資本返還一部分，且它也會被用
來調整（減少）資本額，或是攤銷溢價。調整的金額或者
是帳面在第一次的利息支付後變成了 $1,021.06 - 3.74 =$
$1,017.32$。此處的帳面價值可藉由價格公式，已知條件
$C = 1,000$，$I = 65$，$i = 0.06$，$n = 4$來單獨求算出來。上述的
動作將持續至債券屆期為至。

下列的表格中列出了完整的債券資料：

日期	利息支付	帳面利息	額外利息或 資本衰減	帳面價值
2003/6/1	--	--	--	1021.06
2003/12/1	65.00	61.26	3.74	1017.32
2004/6/1	65.00	61.04	3.96	1013.36
2004/12/1	65.00	60.80	4.20	1009.16
2005/6/1	65.00	60.55	4.45	1004.71
2005/12/1	65.00	60.28	4.72	999.99(a)
總合	325.00	303.93	21.07(a)	

(a)一分的錯誤是由於逐次累積的錯誤所造成。

如此可歸納數個合理的結論：

1. 所有的帳面價值都可依循價格公式算出來。
2. 資本調整的總合與溢價金額相等。
3. 帳面價值從原始購買價到贖回價逐漸地減少。
4. 資本的調整是採 $1 + i$ 的比例持續地算下去

如：$\dfrac{3.96}{3.74}$ 約 $= \dfrac{4.20}{3.96}$ 約 $= \dfrac{4.45}{4.20}$ 約 $= \dfrac{4.72}{4.45}$ 約 $= 1.06$

這些結論對債券表提供了相當快速的檢查。

當債券是以折價方式取得，也就是說 $P<C$，那麼投資者的利得將正好是多於利息支付的金額。在到期日來臨時，將會有一個利得，其數量與折價金額相等，除此之外，帳面價值也會逐漸的增加。債券從購買價格到贖回價格這段逐漸減少的過程，我們將其稱之為溢價攤銷或是"Writing Up"。債券攤銷表包含了多個部分，有每一時期利息的支付情形，也有債券價值增加的情形，還有在每次利息支付後所產生的帳面價值。

範例 2　一張面值為$1,000 的債券，於 2005 年 12 月 1 日時將以票面價格贖回，債券的支付利率為 $j_2 = 9\%$。此債券於 2003 年 6 月 1 日以 $j_2 = 10\%$ 的利潤購入。算出債券價格並完成債券的攤銷表。

解： 在 2003 年 6 月 1 日時的購買價格 P 決定如下：

$$P = 45a_{\overline{5}|}^{.05} + 1,000(1.05)^{-5} = \$978.35$$

折價金額為$21.65

為了畫出債券的攤銷表，我們應該計算投資者在每半年底的需求利潤，以及逐漸增加的債券帳面價值，而所增加的帳面價值正好等於需求利息與利息支付之差額。

在第一個半年的年底，也就是 2003 年 12 月 1 日時，投資者的利息應該是等於 978.35 × 0.05 = \$48.92。我們說$3.92 被用來當成是一個折價的攤銷，或者說$3.92 是資本的增量，或是調整量。

在 2003 年 12 月 1 日支付利息後的債券調整金額，或者是帳

面價值是 $978.35 + 3.92 = \$982.27$。債券的帳面價值採用價格公式單獨被計算,其價格公式所須的條件是 $C = 1,000$,$I = 45$,$i = 0.05$ 及 $n = 4$。上述過程將持續進行至債券到期為止。下列的表格給了我們一個完整的債券資訊:

日期	利息支付	帳面利息	資本增加數	帳面價值
2003/6/1	--	--	--	978.35
2003/12/1	45.00	48.92	3.92	982.27
2004/6/1	45.00	49.11	4.11	986.38
2004/12/1	45.00	49.32	4.32	990.70
2005/6/1	45.00	49.54	4.54	995.24
2005/12/1	45.00	49.76	4.76	1000.00
總合	225.00	246.65	21.65	

亦可歸納數個合理的結論:

1. 所有的帳面價值都可依循價格公式算出來

2. 資本調整的總合與折價金額相等

3. 帳面價值從原始購買價到贖回價逐漸地增加

4. 資本的調整是採 $1 + i$ 的比例持續地算下去

如:$\dfrac{4.76}{4.54}$ 約 $= \dfrac{4.54}{4.32}$ 約 $= \dfrac{4.32}{4.11}$ 約 $= \dfrac{4.11}{3.92}$ 約 $= 1.05$

這些結論對債券表提供了相當快速的檢查。

練 習題 7.6

A 部分

下列的每一個問題,當我們在計算之前,我們都須先決定債券是以溢價買入或者是折價買入。然後接下來再找出購買的價格,並完成一張完整的債券溢價攤銷或是折價攤銷表。使用一張試算表的資料表來檢查你所做的表格。

編號	面值	償還方式	債券利率	償還年限	淨需求收益
1	1000	採票面值	$j_2 = 10\%$	3	$j_2 = 9\%$
2	5000	採票面值	$j_2 = 12\%$	3	$j_2 = 14\%$
3	2000	採票面值	$j_2 = 7\%$	2.05	$j_2 = 5\%$
4	1000	採$105	$j_2 = 10\%$	2.05	$j_2 = 12\%$
5	2000	採$103	$j_2 = 15\%$	3	$j_2 = 14\%$
6	10000	採$110	$j_2 = 4\%$	2.05	$j_2 = 6\%$

7. 一張票面價值為$1,000 的債券，其支付利率 $j_2 = 12\%$，在 2004 年 3 月 1 日其利率為 $j_2 = 9\%$ 時，債券的帳面價值為$1,100。找出在 2004 年 9 月 1 日時的溢價攤銷金額以及當天的帳面價值？

B 部分

1. 一張每年附贈券的 20 年債券，以 13%的實際票面利率溢價買入。假設第 3 年支付的溢價攤銷額為$6，請決定第 6 年所應支付的溢價攤銷金額。

2. 一張每年附贈券的債券，其價值為$1,000，購買時的利率為 16%債券價格為$1,060，此債券到期時以票面價格贖回。假設在第 1 年底帳面價值的溢價金額是$7，那麼當第 4 年底的時候溢價金額為何呢？

3. 一張每年附贈券的債券是以票面價格再折價 15%的價格購入。第 1 年的折價額為$44。試問此債券的購買價格為何？

4. 一張面值為$100 的債券其支付利率為 $j_2 = 13\%$，於 2005 年 12 月 1 日以$105 的價格贖回。債券於 2003 年 6 月 1 日買入。請找出此債券的價格並完成此債券的相關表格，假設此債券的需求利率如下：
   (a) $j_{12} = 12\%$；
   (b)實質票面利率為 11%。

5. 一張面值為$1,000 的債券，其每半年支付一次利息，當初是以 $j_2 = 10\%$ 的折價金額購入。假設在表單最後部分的折價金額為$5，那麼請算出此張債券的買價？

6. 一張債券內附每半年價格為$80 的贈券，當初是在 $j_2 = 14\%$ 時溢價購入。假設第 1 年的溢價金額是$4.33，那麼請算出此債券的購買價格為何？

7.　一張面值為$1,000 的債券，於 1 月 1 日及 7 月 1 日須支付 14%的贈券，並將在 2008 年 7 月 1 日時以票面價格贖回。假設此債券於 2000 年 1 月 1 日以票面金額 12%的價格買入，並於每半年變更一次，試找出 2004 年 1 月 1 日時帳面金額的利息費用為何？

7.7 債券市場和其他證券

在之前的部分，我們假設在債券市場上存在一種利益，而我們也可以計算任何債券的市場價格。事實上，債券市場的利益係依照許多的因素來決定：

・未到期的債券（就是至到期日的這一段期間）特性

・發票者若想要債券可獲得較高的利潤，他就必須考慮到高風險的問題（如一般私法人所發行的債券，其獲利就要比政府所發行的債券要來得高）

・債券的課稅情況

・市場上債券的供給與需求狀況

・一般利率以及經濟狀況

殖利率線

債券市場上所呈現的利率狀態就是一張殖利率曲線圖表。這張圖表會顯現出各種到期日的債券的到期收益為何。假定一位投資者持有債券至贖回日，那麼此段時期所產生的利得，我們就可稱之為到期收益或殖利。當然，每一位投資者皆有權決定在到期日前即賣掉他手中的債券，若是投資者真的如此做的話，那麼此刻他們未來的償還利率就會由買價與賣價決定，而不是由到期收益來決定了。

殖利率曲線圖表顯現出在不同的到期日下，其利率的變化。

此外，它也真實地描敘出不同到期日下的利率為何。當我們看範例之前，有一點是重要的，那就是當我們在看每一張殖利曲線圖表時，我們也應考慮到其所對應的債券風險。

表格 7.2 顯現出市場的殖利，當時製作此表格時，澳洲政府的債券是我們討論的對象。每期的殖利是採每半年支付的，而下表中的國庫債是採每年支付利息：

表 7.2　市場的殖利範例

到期年限（年）	政府債券（%每半年以票面價值支付）
1	4.85
2	5.01
3	5.15
4	5.30
5	5.47
6	5.57
7	5.63
8	5.68
9	5.72
10	5.78

這些市場利率可以被做成下列的殖利曲線圖表。在這個例子裡，許多期限較長的債券通常都有較高的利率，以至於殖利曲線圖表都有上千的斜率。這種常態或者是正向的殖利率曲線圖表都出現在一般的市場動態中。然而有時候期限較短的債券亦會有較高的利益，所以會導致殖利率曲線圖表會有下降之斜率。

一張常態的殖利率曲線圖表強調一個事實，那就是假如你買入一張債券，當你持有它們一段時間，之後你賣掉它們，大概你的販賣利益會比你當初買進時的利潤要來得低，預設的條件是市場利率不變。這就是我們所知道的「控制殖利率曲線圖

表」，而它提供給投資者一個機會，那就是可以在到期日時獲得超額利潤。下一個例子我們將說明這一個部分：

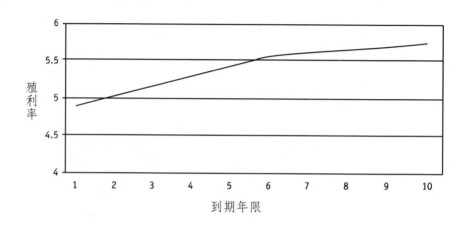

範例 1　投資者買入一張利率為 8% 的 10 年期債券，此債券每半年支付一次利息，並在利率為 7% 時以票面價格贖回。當投資者持有這張債券 3 年之後，她將債券在利率為 6% 時賣出。請計算她 3 年後投資的償還利率為何？

解：使用價格的公式，附帶條件 $I=4$，$C=100$，$n=20$，$i=0.035$

購買價格 $=4a_{\overline{20}|}+100(1+i)^{-14}$（在 3.5% 時）

$\qquad=\$107.106$

3 年後，買價將被計算出成下列的式子，條件為 $I=4$，$C=100$，$n=14$，$i=0.03$：

售價 $=4a_{\overline{14}|}+100(1+i)^{-14}$（在 3% 時）$=\$111.296$

現在考慮投資者 3 年的投資。投資者支付了 \$107.106 給此債券商，並取得了 3 年來每 6 個月的利息支付金額 \$4，並

且在債券價格為\$111.296 時賣出持有的債券。因此，我們可以列出下面的等式：

使用 $I=4$，$n=6$，$C=111.296$，$P=107.1061$：

$$i \text{ 約等於 } \frac{4+\frac{1}{6}(111.296-107.106)}{\frac{1}{2}(111.296+107.106)}$$

$$=0.043 \text{ 或者是每半年大約是 } 4.3\%$$

$$P \text{ 在 } 4\% \text{時} = 4a_{\overline{6}|} + 111.296(1+i)^{-6}$$

$$= \$108.927$$

$$P \text{ 在 } 4.5\% \text{時} = 4a_{\overline{6}|} + 111.296(1+i)^{-6} = \$106.095$$

上述的式子可簡化成下式：

$$\frac{i-0.04}{0.045-0.04} = \frac{107.106-108.927}{106.095-108.927}$$

$$i-0.04 = 0.005 \times 0.6430$$

$$i = 0.0432 \text{ 或者是 } 4.32\% \text{每半年}$$

或者是每年 8.64%

　　然而在此例中，因為投資者可以以較低的利率賣出，所以她可獲得超過 8%的利得。這樣的結果將歸於殖利率曲線圖的形狀或者是市場狀況的改變。

其他的有價證券

　　在資本市場中一直存在著持續增加的有價證券種類與數量。在某些狀況中，有價證券的價格是由債券的價格公式發展出來的。也就是說，有價證券須要更複雜的數學式子來計算。下列顯現出有一些市場上有價證券的價格，可以使用複利方式來計算出來。

指數債券

通貨膨脹以及利率之間的關係是十分複雜的，但這並不在我們此章的探討範圍內。不過，從固定投資所獲得的利潤通常超過通貨膨脹率，所在實質利率因此而產生。然而，除了全部正的實質利率，在貸款的期間內，投資在債券上的所得是一個固定所得，而贖回的資本可能會有所損失。這些損失對於那些已退休，並靠他們的存款或退休基金所產生利得來生活的人是十分的重要的。有一種型式的債券可以解決此一困難，那就是指數型資金債券，而此種債券的利息與贖回價格，將會依著特定的指數而增加（如物價指數），也正因如此，它具有維持自己實質價值的功能。

澳洲政府發行國庫券指數債券，正提供了一個良好的典範。此種債券每 3 個月支付一次利息，支付利息為票面價格的 4%，到期時以票面價格贖回，而贖回時的票面價格正好等於資本的指數價格。因此，不論是利息支付或者是贖回價格都在消費者物價指數線上移動著。

就上面的例子來說，假如我們考慮的國庫券指數債券其利率為 4%，發行日為 1998 年 1 月 1 日，且到期日為 2002 年 8 月。假設在債券的期間內，消費者物價指數變成雙倍，然後贖回價格將會變成$200，而最終的每三月支付利率也會變成 1%，也就是$2。

有一點應該注意的，那就是指數債券應付利息的利率與傳統債券的來比較，是相對低的。在先前的章節中，這些債券的價格都會以相同的原理去計算出來。

未到期可先行償還的債券

　　先前，假設每張債券的到期日是固定的。然而，有些固定利息的有價證券允許持有人，在一個特定的日期或在特定的時間內，也就是在未到期日前可贖回貸款。這樣條件的債券，我們稱之為未到期可先行償還的債券。

　　因為債券的到期日未確定，所以這也帶給我們有關價格計算上的問題。所以想出了一個貸款的控制方法，那就是當債券被贖回時，投資者必須決定一個價格，而此價格須被保證在贖回日發生時會被接受。

範例 2　XYZ 股份有限公司發行了一筆附贈券且價格為$1,000 的 20 年貸款，貸款利率為 11%。而此債券在 15 年底時就以票面價格被要求支付。請找出此債券的保證購買價格，而投資者的利率如下：

(a)$j_2 = 13\%$；

(b)$j_2 = 9\%$。

解：(a)債券的到期日在第 20 年底，但當它在 15 年底時即被要求支付。若利率$j_2 = 13\%$，我們可以計算出兩種不同日期的債券價格：

(i)假設在 15 年後即被要求支付：

$$P = 55a_{\overline{30}|}^{0.065} + 1,000(1.065)^{-30} = \$869.41$$

(ii)假設在 20 年後被要求支付：

$$P = 55a_{\overline{40}|}^{0.065} + 1,000(1.065)^{-40} = \$858.54$$

保證購回價格為 13%時的買價比上述兩個答案，或者是 $858.54 來得低。假設投資者支付$858.54 且此張債券的

年限為 20 年，那麼投資者利率剛好為 13%。但若投資者
支付$858.54，而此債券又在 15 的時候就被要求支付，那
麼投資者的償還利率將超過 13%。

若投資者支付$869.41 於債券，且此債券於 15 年後即被
要求償還，那麼此張債券的利率為 13%。但若此債券的
日期直至到期日為止，那麼此債券的償還利率就會小於
13%了。

(b)繼續，當利率為 9%時，我們在兩種不同的日期中計算債
券的價格：

(i)假設在 15 年後即被要求支付：

$$P = 55a_{\overline{30}|}^{0.45} + 1,000(1.045)^{-30} = \$1,162.89$$

(ii)假設在 20 年後被要求支付：

$$P = 55a_{\overline{40}|}^{0.45} + 1,000(1.045)^{-40} = \$1,184.02$$

在保證償還利率為 9%下，購買價格為$1,162.89。不管這
個演變為何，投資者在價格上的利率將會等於或是超過
9%。

在上述的例子中，實際上我們知道，投資者必須假設發行
債券者會提出未到期就支付的要求。這個例子也將證明一個有
關於債券的常用定理，而此債券會被要求以票面價格償還。那
就是：

• 假設利得小於票面利率（假設債券是以溢價賣出），然
後使用你自己認為最近且有可能的贖回日期。

• 假設利得大於票面利率（假設債券是以折價賣出），然
後使用你自己認為最晚且有可能的贖回日期。

這個結果可以用邏輯的方法來解釋。債券若以溢價購得的

話，那麼最早的要求償還日對於投資者來說，它是一個最糟的情況，因為投資者在被要求償還時只會取價值$1,000 的債券，而若是債券可以等到到期日才要求償還，那麼此債券的帳面價值就會超過$1,000。反過來說，若債券是以折價購入得的話，那麼最早的要求償還日對於投資者來說，它是一個最佳的情況，因為投資者在要求償還日可取得價值滿$1,000 的債券，然而一般的債券之價值通常都低於$1,000。因此最不利的狀況就是最晚的償還。

範 例 3　ABC Pty 股份有限公司發行了一筆附贈券且價格為$1,000 的 20 年貸款，貸款利率為 12%。而此債券在 10 年底時，被要求以$1,100 的價格要求償還：或者是在 15 年底的時候被要求以$1,050 的價格要求償還。當投資者的利率為 11%時，請找出此債券的保證購買價格？

解：利用㉕的公式來計算購買價格：

(a)假設此貸款在 10 年後被要求償還：

$$P = 1,100 + (60 - 60.50)a_{\overline{20}|}^{0.055}$$

$$= 1,100 - 5.98$$

$$= \$1,094.02$$

(b)假設此貸款在 15 年後被要求償還：

$$P = 1,050 + (60 - 57.75)a_{\overline{40}|}^{0.055}$$

$$= 1,050 - 32,70$$

$$= \$1,082.70$$

(c)假設此貸款在 20 年後以票面價格贖回：

$$P = 1,000 + (60 - 55)a_{\overline{40}|}^{0.055}$$

$$= 1,000 - 80.23$$
$$= \$1,080.23$$

在個例子中，除了需求利潤少於票面利率外，正確的答案藉由最晚的贖回日期被計算出來。這是因為溢價金額出現在較早的要求償還日中。

優先股及普通股

我們已經知道債券是一種貸款的型式，也就是投資者向政府或者是企業融資，投資者須依固定利率來收取利息，且須在預定的時間取回資本的本金。

股東，反過來說也就是公司部分的合夥人，而他並沒有擁有所有的擔保品，他只是支付固定利息的投資者而已。

有兩種型式的股權——優先股及普通股。

優先股：是一種擔保品的型態，它可賺得固定的利息，我們稱之為股息，而此點事實上是與債券十分的相似的。然而優先股是沒有到期日的，因為它是一種所有權的投資。優先股在分配利潤時有優先於普通股的權利，但在抵押品方面，優先股的優先權力就比共同債券與其他負債要來得低，因為上述的兩項都是公司的負債，應先被償還。

大部分的優先股是可累積的，這意思是指公司尚未發放的股息是可以累積的，且必須在支付給普通股前支付給優先股。

有些優先股是可轉讓的。此種型式優先股的持有者在某些情況下，有權將他們的優先股轉換成普通股。

普通股：是一種公平的投資型態，有點像優先股，但並沒有辦法
賺得預期股利。普通股若想要分得股利，通常只有在所
有的債券已支付完利息且所有的負債都已清償後才可如
願。公司的委員會決定何種層級的普通股才可參與股息
分配。當普通股存在著比其他擔保品高的風險時，那麼
普通股可獲得的利得就會是十分高了。假設公司有獲利
的話，那麼普通股的收益就來自增加的股息與市場的增
值價。當優先股分配完後的剩餘股息就會給普通股，雖
然有一部分的金額是公司要用在將來用來擴展的。

　　資本常被我們用來代表估價後的債券，當然也被用來表示
估價後的優先股與普通股。然而我們必須知道，將來的股息或
許並不會被支付。因此，他們會考慮到部分的支付與估價的支
付方式，而這兩種方式將在第9章被討論到。另外，有兩點應該
被注意的。第一，因為沒有到期日以至於這些股票的股息會被
當成償債年金。第二，未來普通股息支付的型式尚未知道，以
致我們在估出普通股的價格前，須先行假設。

*練*習題 7.7

A 部分

1. 投資者買入一張利率為 6%的 8 年期債券，支付利息採每半年支付
   一次，在到期日 9 年前，她買入此債券是為了獲得到期利率 7%的
   利得。在 3 年後，她在市場利率為 5.5%時賣掉債券。請計算當投
   資者在投資時所得之利益？

2. 投資者注意到正向的殖利率曲線圖，且打算去操控利率曲線。他計
   畫性地買入一張 6.5%的 5 年期債券。並且在 1 年後以 5%的利率將

之賣掉。他不知道他應該在買入支付利率為2%的債券抑或4%的債券？哪一張債券會提供他較高的利潤呢？

3. 一張價值為$2,000 的債券，其支付利率為 10%，且將在 20 年後以票面價格贖回。但在 15 年後，被要求償還兌現。請依照下列的保證利率去算出價格：

(a)$j_2 = 8\%$；

(b)$j_2 = 12\%$。

4. 一張價值為$5,000 的債券，其支付利率為 11%，且將在 20 年後以票面價格贖回。但在 15 年後，被要求以票面價格 105%來償還兌現。請依照下列的保證利率算出價格？

(a)$j_2 = 9\%$；

(b)$j_2 = 13\%$。

5. 一張價值為$100 的債券，其支付利率為 10%，且將在 20 年後以票面價格贖回。債券在 10 年後被要求以$110 的價格來償還兌現，而在 15 年後須以$105 的價格來先行償還兌現。請依照下列的保證利率算出價格？

(a)$j_2 = 8\%$；

(b)$j_2 = 12\%$。

B 部分

1. 一項貸款支付利率為 13%，且在 20 年後以票面價格贖回。但 15 年後以 5%的利率被要求先行償還。請依照下列的保證利率算出價格？

(a)$j_2 = 16\%$；

(b)實際的票面價格的 11%。

2. 一張利率 11%且附贈券的債券價值$100，在 20 年後會以票面價格贖回。而它也被要求先行償還，條件如下：

要求償還的日期	贖回價格
15 年	105
16 年	104
17 年	103
18 年	102
19 年	101

請依照下列的保證利率算出價格？

(a)實際的票面價格的 10%；

(b)$j_2 = 12\%$。

3. 針對 A 部分重新計算你的答案，問題 1，假設利息須課予 20% 的稅率，而資本利得則須課予 30% 的稅。

7.8 償債基金

先前介紹的主題是以貸方（或者是投資者）的眼光來討論債券。現在若是以借方的立場來看借貸的話，我們可以發現到，借方同意在貸款的期限內只支付利息予貸方，最後才支付貸款金額，此貸款金額是到期日的金額。因此，會有一筆巨額的金額在到期日當天會被用到。當投資的日期以及數目都須被明確地載明，且它每期的利息支付成為一種年金，如此便會有足夠的金錢用來償還貸款。這樣的一種資金制度就稱作是償債年金。償債年金常被用來當作贖回公司所發行的票券，以及償還負債，甚至為了許多的目的而去累積資本。

有關於償債年金的數量需求，首先日期須先被知道，而通常資本的獲利率是會被告知的，但我們有一個年金的問題，那就是支付的數量，而償債年金的本金也將被決定。假設 L 表示貸款，而 n 代表貸款的日期，I 代表每期的利率，而 X 是償債年金的本金，然後

$$X S_{\overline{n}|}^{i} = L$$

$$\textbf{或者是償債年金的本金} = X = \frac{L}{S_{\overline{n}|}^{i}} \qquad (30)$$

通常本金加入償債年金與利息支付給貸方的時間是相同的。

此兩項支付的總合（即償債年金的本金與利息）將被稱作是每期的循環費用或者是貸款的費用。此處有一點應注意的是，剩餘的償債年金是在借方的控制之下，而在貸款期限的最終，借方須支付給貸方來自償債年金累積的價值。有一點應該被明白的是，在貸款上的利率支付通常會大於在償債年金上賺取的利率。

當償債年金的方法被使用了，我們就從定義借方在任何時間的帳面價值，並將它們當作償債年金原始的資本的減項。

範例 1 一家公司發行了價值為$1,000,000 的債券，支付利率為 9 又 1/8%，然後規定了可以在 8 年底的時候用償債年金來贖回債券。假如此債券的投資利率為 8%，請找出：(a)每半年的負債費用？(b)在第 7 年開始時，公司負債的帳面價值？

解：(a)債券每半年的支付利息 $= 1,000,000 \times 0.045625$

$$= \$45.625$$

每半年之償債年金的本金 $= \dfrac{1,000,000}{S\frac{.04}{12\rceil}}$

$$= \$45,820$$

所以每半年的負債費用 $= \$45,625 + \$45,820$

$$= \$91,445$$

(b)第 6 年底償債年金的金額是本金的累積金額：

$$45,820 S\frac{.04}{12\rceil} = \$688,482.38$$

公司在第 7 年開始時負債的帳面價值：

$$1,000,000 - 688,482.38 = \$311,517.62$$

償債年金也有一種延伸的方法，如某種償債年金擁有不同

的標準的循環本金，且它又以不同的日期來支付數種貸款。在這種案例裡，須遵照下列的步驟進行計算：

步驟 1：建立一個價值的均衡式，通常最後的貸款支付日期會把它當成估價日期。

步驟 2：計算在全部的期間內不同標準的償債年金之本金支付。

步驟 3：確認是否有足夠的可利用資金可用來支付每一期的貸款。

若資金不夠支付任何的貸款，應增加此多期的償債年金之本金，以確保有充足的資金可以在未來的某日期內可被運用。而假如某些本金被指定為某一特定的支付時，那麼其他的本金或許會隨之減少。

範例 2　一項會議計畫擬設置一個每年本金支付相等的償債年金，此償債年金是從 2005 年 12 月 31 日至 2017 年 12 月 31 日（包含此日），以便可以去支付下列的貸款：

$50,000 於 2008 年 12 月 31 日支付

$60,000 於 2012 年 12 月 31 日支付

$80,000 於 2017 年 12 月 31 日支付

假設資金的獲利率每年為 4%，那麼每年所須的支付金額為多少？檢查在每一段支付日期內是否有足夠的資金可以使用。

解：有三次的貸款支付顯現在下列的時間圖表中：

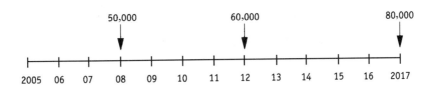

使用 2017 年 12 月 31 日當作估價日期，價格的等式如下：

$$XS_{\overline{13}|}^{.04} = 50,000(1.04)^9 + 60,000(1.04)^5 + 80,00$$

此處的 X 是償債年金每年支付本金的標準，而日期是從 2005 年 12 月 31 日至 2017 年 12 月 31 日。

$$16.6268X = 71,165.59 + 72,299.17 + 80,000$$

$$X = \$13,482.14$$

檢查 2008 年 12 月 31 日：發現 $= 13,482.14S_{\overline{4}|}^{.04}$

$$= \$57,251.42$$

這比$50,000 大，然而，第一次的負債可以被支付，而資本也將減少為$7251.42

檢查 2008 年 12 月 31 日：發現$= 7251.42(1.404)^4 + 13,482.1S_{\overline{4}|}^{.04}$

$$= \$65,734.56 > \$60,000$$

接著，充足的資金可以被用來支付負債且資金將減少為 $5,734.56

檢查 2008 年 12 月 31 日：發現$= 5,734.56(1.04)^5 + 13,482.14_{\overline{5}|}^{.04}$

$$= \$80,000.59 約等於 80,000$$

（細微的錯誤歸因於四捨五入）

正好有足夠的金額足以支付貸款。

在最後的日期中，應剛好有充足的資金，而此正好可作為早期確認的工具。

練習題 7.8

A 部分

1.　一項借款價值$5,000，同意支付貸款利息之利率為 10%，且將建立一種償債年金，且此償債年金須可支付 5 年期的貸款。假設此償債

年金以 7%的速度來累積,請找出每半年的全部費用為多少。並找出在第 4 年底的償債年金為何?

2. 一個城市借款價值$250,000,支付利率為每半年 9.05%。試問每年的本金應存入多少於償債年金內,此償債年金之獲利率為每年 6%,本金就在 15 年底時可償還完全部的償債年金?

3. 一公司發行了價值$50,000 的債券,支付利率為 12%。償債年金每 6 個月累積一次本金,本金利率為 9%,且將在 20 年底將償還貸款,試找出:

(a)負債的每半年費用為多少?

(b)在第 15 年底時,公司負債的帳面價值為何?

4. 一城市為了興建一個下水道處理系統,故申請借款金額$2,000,000。此負債所須支付利率為 8%。在同一時間內,償債年金建立在獲利率為 5%,且償債年金須支付 25 年的負債。請找出:

(a)每半年的負債費用?

(b)此城市在 16 年初時負債之帳面價值為何?

5. 負債$4,000,每月支付利率為 12%,且每月的本金將納入償債年金,且在第 5 年底須支付負債。假設償債年金的獲利率為 8%,試問每月負債的費用為多少?

6. 負債$10,000,利率支付為 12%,且每半年的本金將納入償債年金,且在第 5 年底須支付負債。假設償債年金的獲利率為 6%,試問每半年負債的費用為多少?

7. 一公司希望去建立一償債年金制度,來支付 7 年期價值為$50,000 的負債,並支付 9 年期價值為$70,000 的負債。假如首次的支付在第 1 年底完成且資金的獲利率為每年 8%,那麼試問每年的本金為多少?從資金可以用來檢查雙邊的已支付負債。

8. 市鎮內的會議建立一償債年金制度,此償債年金每半年支付一次,並且須償還下列的負債:

負債$40,000 並於 2009 年 6 月 30 日到期

負債$50,000 並於 2012 年 6 月 30 日到期

價值$100,000 並於 2016 年 6 月 30 日到期

首次的支付 2002 年 6 月 30 日完成，假設資金的獲利率為 10%的話，那麼每次的本金須支付多少？有足夠的金錢可用來支付每期的負債嗎？

B 部分

1. 一公司發行了價值$2,000,000 的債券，支付利率為 16.05%。償債年本金利率為 4%，且將在 15 年底將償還貸款，試找出：

   (a)負債的每月費用為多少？

   (b)在第 6 年初時，公司負債的帳面價值為何？

2. 一人將藉償債年金的方法來支付貸款金額為$10,000 的負債。每月費用是$300。除了這$300，給貸方的利息支付之利率為 12%，且本金須以償債年金獲利率之 9%納入償債的年金內。請找出持續的貸款金額，且找出最終較小的支付金額？

3. 一償債年金建立一個每半年支付本金的制度，且在 10 年底要贖回價值$1,000,000，贖回的基礎為獲利率為 11%。在 4 年後，資金的獲利率增加至 12%。

   (a)假設本金維持不變，那麼在第 10 年底會有多少額外的金額？

   (b)以獲利率增加的觀點來看，每半年會有多少的本金會減少？

4. 償債年金在 1996 年 1 月 1 日時建立，每 3 個月須以本金來支付下列的負債：

   負債$100,000 並於 1998 年 1 月 1 日到期

   負債$60,000 並於 2003 年 1 月 1 日到期

   負債$80,000 並於 2005 年 1 月 1 日到期

   (a)假設資金的獲利率為 12%，那麼標準的本金須為多少？

   (b)使用上述a的答案，檢查是否有足夠的資金可用來償還每期的負債？

   (c)假設在前兩年的支付會增加，為了去確認 1998 年的負債支付，請問在 1998 年前所需的每 3 個月之本金為多少？

7.9 總複習

1. Acme 公司於 2004 年 3 月 15 日發行 20 年期且價值為$10,000,000 的債券，此債券附 13%的票據。契約規定 Acme 公司須建立一償債年金制度，而資本的獲利率為 10%，到期日可贖回貸款，第 1 年的償債年金之本金在 2004/9/15 日完成，請找出：

   (a)債券的購買利得為 14%；

   (b)必要的償債年金支付金額。

2. 一政府公債之支付利率為 9%，採每半年支付一次，且於 2003 年 6 月 30 日以票面價格贖回。在 2000 年 12 月 31 日支付完利息後，債券的價格為$94.50。請找出投資者的利得率為多少？

   (a)支付不課稅；

   (b)每 1 元利息課稅 30 分；

   (c)利息及資本利得亦課稅 30 分。

3. XYZ 股份有限公司發行了 12%的貸款。支付日期為 2 月 1 日與 8 月 1 日，並於 2014 年 8 月 1 日以票面價格贖回。

   (a)當利率為 11%時，我們應在 2000 年 4 月 1 日時支付多少予債券呢？

   (b)假如當初的購價是$95，而此貸款持有到到期日，請決定所有的利得？

4. 一張價值$1,000 的債券，利率為 10%，每半年支付一次，每次支付利息時間為 1 月 1 日及 7 月 1 日，至到期日 2009 年 7 月 1 日時，其價格為$1,050

   (a)找出 2004 年 1 月 1 日之價格，使之能產生殖利率 $j_2 = 10\frac{1}{2}\%$？

   (b)此債券是溢價或折價買回？

   (c)請計算 2004 年 7 月 1 日和 2005 年 1 月 1 日之債券分錄？

5. ABC 公司價值$2,000 的貸款，支付利率為 13%，且 2011 年 9 月 1 日到期

   (a)假設市場的價格是 85 又 3/4，那麼買方須於 1998 年 7 月 20 日支付什麼？

   (b)判斷利率為 j_2，請使用 a 部分的的線性計算？

   (c)假設須求利率為 18%，那麼 1998 年 7 月 20 日的市場價值應該是多少？

6. MOP 公司在 2000 年 2 月 1 日發行 20 年期的貸款，支付利率為 13%，

且在 2 月 1 日及 8 月 1 日支付利息。布朗先生買了一張自 2000 年 2 月 1 日發行的票據，利率為 14%價值為$1,000。在 2004 年 8 月 1 日時，布朗先生將它賣給黑女士，黑女士想要的利率為 12%。

(a)請找出原始價買價格？

(b)找出 2004 年 8 月 1 日的買價？

(c)布朗先生賺得多少的利得？

(d)假設交易在 2004 年 9 月 1 日發生，那麼售價為多少？

7. James 於 4 年前投資$10,000 於 Ace 製造公司。他將支付貸款的利率為 11%。原始資本價值為$10,000 於 10 年後將被返還。現在第 8 次的利息支付正巧被完成，James 就被通知 Ace 公司已宣告倒閉。他獲通知可受清償，所有金錢的 25%都歸他，那麼他可取得多少的錢？

8. 一張債券價值為$1,000，利率為 9%每半年支付一次。債券在 20 年到期後可以票面贖回，但在 15 年後被要求提早支付，價值為$1,050。

(a)請找出當利率為 11%時，價格為多少？

(b)假設根據(a)部分的答案，那麼到期日為何日？

(c)假設債券被贖回，請決定賺得得利率為何？（你的答案須大於 11%）

8.1 *淨現值*

　　大部分的商界企業與投資者，對個別的商業投機或投資是否值得及是否繼續進行，均須依照相關的準則及基本財務原理來做決定。本章提供許多的案例中，在不同計畫評比後，再選擇其一，因為在開始執行前，每一個提議中的財務評估需要被設計並做適當的決定。

　　評估計畫之其一方法是包括運用未來現金流量表及使用複利計算個別現金流量表的現值。而利率是以資本成本法求得，和另一方法是考慮公司基金的加權平均成本法，如一個投資者把錢投資在股票或公債上可能獲得的償還利率。這過程係擬找尋此計畫的淨現值，用下列式子代表之：

淨現值（或 NPV） $= F_0 + F_1(1+i)^{-1} + F_2(1+i)^{-2}$

$$+ F_3(1+i)^{-3} + \cdots + F_n(1+i)^{n} \qquad (31)$$

F_t 是在執行 t 年後期末現金流量中的估計值，實際上可能是正值、

負值或為零；而 i 是每期的資本成本。

假如計畫的淨現值是為正值，則它可能在現金流量的估計中是有利的，將可列為考慮使用之，但當結果為負值時，則不可採用也不會執行此計畫。在許多個案中，第一次現金流量（F_0）是負值時，則代表最初的投資，而在計畫期間所有未來現金流量的一般為正值。然而，在其他的案例中，不同的基金可能會使得後 t 期的為負值。

範例 1 試算出現在須付$100,000 的投資中，而往後 4 年末各有如下預估的現金收益，其淨現值為多少？假設每年的資本成本為(a)7%；(b)14%。

期末	1	2	3	4
現金流量	$40000	$30000	$30000	$35000

解：(a)使用公式(31)$F_0 = -100,000$，$F_1 = 40,000$，$F_2 = 30,000$，

$F_3 = 30,000$，$F_4 = 35,000$，且 $i = 0.07$：

利率為 7%的淨現值 $= -100,000 + 40,000 (1.07)^{-1}$

$$+ 30,000 (1.07)^{-2}$$

$$+ 30,000 (1.07)^{-3} + 35,000 (1.07)^{-4}$$

$$= +\$14,777$$

結果指出，假設每年的資本成本的利率為 7%，則此計畫可以被接受，因其現值為正值之$14,777。

(b)使用相同公式，但利率為 0.14 時：

利率為 14%的淨現值 $= -100,000 + 40,000 (1.14)^{-1}$

$$+ 30,000(1.14)^{-2}$$

$$+ 30,000(1.14)^{-3} + 35,000(1.14)^{-4}$$

$$= -\$856$$

此為負的淨現值指出假設每年的資本成本率為 14%，則此計畫將造成損失，因此不會被執行。

當在計算淨現值時，須注意下列幾項：

1. 面對未來的不確定性，正常運用現金流量來估計時，淨現值是用以元或百元、千元為單位來估算。

2. 估計未來現金流量可能隨著情況不同而改變，至少有三種不同的現金流量表，分別代表了一般預期狀況和一個較樂觀及較悲觀的景況，提供了三個淨現值。

在前章節提到，在試算表中提出的問題，包括在許多現金流量表的期間問題。表 8.1 中敘及在兩種利率下範例 1 是如何被計算出來的。

表 8.1　**利用試算表解答範例 1**

	A	B	C	D	E	F
1	年底	現金流量	終值利率 7%	現值利率 7%	終值利率 14%	現值利率 14%
2	0	−100000	1.00000	−100000	1.00000	−100000
3	1	+40000	0.93458	+37383	0.87719	+35088
4	2	+30000	0.873.44	+26203	0.76947	+23084
5	3	+30000	0.81630	+24489	0.67497	+20249
6	4	+35000	0.76290	+26702	0.59208	+20723
7			淨現值	+$14477		−$856

在試算表中，它也可能在不同的方格中有不同的利率變化，且以此方格建立試算表。其表示當有種種變化時，所有相關方格也會自動地改變。這過程使得使用者能在不同利率中快速的看出結果來。

大部分的試算表也有建立計算淨現值的功能。如微軟的 Excel，而假設一格一個值，第一期付款。茲利用範例 1，在試算表的淨現值函數（NPV）可為：

=$NPV(0.07，+40,000，+30,000，+30,000，+35,000)-100,000$

注意$100,000 是立即付款，它須從式子中扣除才得正確答案。

計算淨現值的利得之一，是使他們在兩個相似的計畫中獲得相同的投資。而在下列的範題中可看出最佳選擇係依賴資本成本大小。

範例 2 下列資料顯示對於現在投資$200,000，年底現金流量估計將從計畫A與計畫B二者之間獲得。假設資本成本率為(a)每年 6%？(b)每年 8%？將採用何種計畫？

年	1	2	3	4
計畫 A	$80000	$70000	$60000	$35000
計畫 B	$30000	$40000	$40000	$150000

解： (a)利率 6%計畫A之淨現值

$$=-200,000+80,000(1.06)^{-1}+70,000(1.06)^{-2}$$
$$+60,000(1.06)^{-3}+35,000(1.06)^{-4}=+\$15,871$$

利率 6%計畫 B 之淨現值

$$=-200,000+30,000(1.06)^{-1}+40,000(1.06)^{-2}$$
$$+40,000(1.06)^{-3}+15,000(1.06)^{-4}=+\$16,301$$

兩者計畫的淨現值均為正值，表將有利可圖且可執行。而計畫 B 在 6%下有較高於淨現值。

(b)另一方面，利率為 8%：

利率 8%計畫A之淨現值$=-200,000+80,000(1.08)^{-1}+70,000(1.08)^{-2}$

$$+60,000\,(1.08)^{-3}+35,000\,(1.08)^{-4}=+\$7,444$$

利率 8%計畫 B 之淨現值 $=-200,000+30,000(1.08)^{-1}+40,000(1.08)^{-2}$

$$+40,000\,(1.08)^{-3}+150,000\,(1.08)^{-4}=+\$4,079$$

同理，在此狀況，雖然兩者皆有利可圖，但計畫A可獲得較高的利益。

範 例 3 一家保險公司投資一百萬，有兩個策略可用，第一個方案是投資在為期 4 年，利率為 12%的政府公債，每半年付息，並以每一張公債$100 用$95 贖回。第二個方案是購買 4 年期租約價值為一百萬的煤礦。可能獲得下列年底的現金流量：

年	1	2	3	4
現金流量	$400000	$600000	$500000	-$200000

第 4 年的現金流出量顯示為負債及歸還土地成本，公司應該如何選擇？

解： 在政府公債投資中我們將計算生產利得（假設我們有擔保品），及利用資本成本法來找出礦產投資的淨現值。公債價值的方程式為：

$$95=6\,a_{\overline{8}|}^{\,i}\ =8+100\,(1+i)^{-8}$$

其顯示產量每半年會高於 6%。

下列將用線性插入法表示之：

在 6%之價格 $=\$100$

在 i%之價格 $=\$95$

在 7%之價格 $=\$94.03$

用線性插入法的式子表示變為：

$$\frac{i-0.06}{0.07-0.06}=\frac{95-100}{94.03-100}$$

$$i-0.06=0.01\times0.8375$$

$$i=0.068375 \text{ 或每半年為 } 6.84\%$$

我們亦能用每半年有效的殖利率為 14.15%表達用資本成本法

利率為 14.15%的淨現值

$$=-1,000,000+400,000(1.1415)^{-1}+600,000(1.1415)^{-2}$$

$$500,000(1.1415)^{-3}-200,000(1.1415)^{-4}$$

$$=+\$29,246$$

當確定淨現值為正值時，顯示礦產的投資將比公債較為有利來執行，其以估計現金流量為基礎。範例中兩投資選擇上是不同的風險，即在相同利率，不同風險水準下尚不足以用來準確評估計畫的。

練習題 8.1

A 部分

試計算以下投資$100,000 淨現值的問題，並藉以決定此投資是否可執行？

方案	資本成本法（每年）	第 1 年	第 2 年	第 3 年	第 4 年
1	10%	$40000	$30000	$40000	$30000
2	7%	$50000	$60000	$20000	-
3	12%	$20000	$40000	$60000	$80000
4	9%	$80000	$60000	$20000	-$20000

5. 一家公司考慮投資$200,000，並預期計畫A將在5年內，每年底報酬$50,000。另一方面，預期計畫B在前2年內無法報酬，但在第3年、第4年及第5年，每年底報酬$100,000，假如每年的資本成本率為4%時，應選擇何種計畫？假如每年的資本成本率為7%時，也是相同的決定嗎？

6. 公司假定每一計畫成本為$50,000及每年資本成本率為10%，則如何選擇下列的計畫？

	年底現金流量				
	第1年	第2年	第3年	第4年	第5年
計畫A	$20000	$10000	$5000	$10000	$20000
計畫B	$5000	$20000	$20000	$20000	$5000

建立一個試算表，用淨現金值方式檢查你的答案。

7. 一筆供老年退休金投資之政府公債，每半年能取得7%利益，其投資成本為$100,000及在4年期間，每半年底能報酬$17,000，此計畫應該執行嗎？

8. 一家公司能借貸每年有效利率為14%的錢，而新機器的成本為$60,000及在下6年中預估可獲取下列的利益。

年底	第1年	第2年	第3年	第4年	第5年	第6年
存款	$20000	$18000	$16000	$14000	$12000	$8000

公司是否該借貸來購買機器？

B部分

1. 投資$100,000產生下列的年底現金流量表：

年	第1年	第2年	第3年	第4年	第5年
現金流量	$30000	$30000	$20000	$30000	$20000

假定此計畫的每年的資本成本率各為2%、4%、6%、8%、10%或

12%，試計算淨現值？並用圖表來顯示六個淨現值的答案。

2. 一家公司能借貸每年有效利率為 12.5% 的錢，而考慮購買機器，其成本為 $100,000，公司將在 7 年期間的每一季中儲存 $5,000，和可能在年底報廢價值為 $14,000，則公司是否該借貸來購買機器？

3. 一家保險公司投資政府公債而每半年可獲得可轉換利率為 12% 的利益，而這裡有二種可用投資方案。每方案是永久性每季付 $3,000，及用 $100,000 來購買。第二方案是投資 $50,000，在 10 年內每年底報酬利益為 $10,000，試問何種投資能提供較高的利益？

8.2 內部報酬率

為投資計畫計算淨現值是一種方法，用來評估計畫是否應該執行，而另一方法是用來評估未來計畫之內部報酬率的價值。此被定義為產生零淨現值的利率，以現金流量表的觀點來評估，利率可能用下列的方程式來表示：

$$F_0 + F_1(1+i)^{-1} + F_2(1+i)^{-2} + F_3(1+i)^{-3} + \cdots + F_n(1+i)^{-n} = 0 \qquad (32)$$

其中 i 就是內部報酬率，以複利的觀點，解決此方程式而獲得的生產價值。在例題中，F_0 為唯一的現金流出（或為負值），因此公式被改為：

$$F_1(1+i)^{-1} + F_2(1+i)^{-2} + F_3(1+i)^{-3} + \cdots + F_n(1+i)^{-n} = -F_0$$

$$或 \ F_1(1+i)^{-1} + F_2(1+i)^{-2} + F_3(1+i)^{-3} + \cdots + F_n(1+i)^{-n} = A$$

此 A 為最初的投資。

範例 1 試找出投資為$10,000 的內部報酬率，此投資預期在第 1 年年底能有$5,000 的現金流量，第 2 年年底為$3,000，及第 3 年年底為$5,000。

解： 利用公式(32)$F_0 = -10,000$，$F_1 = 3,000$，$F_2 = 3,000$，$F_3 = 5,000$，可寫為：

$-10,000 + 5,000 (1+i)^{-1} + 3,000 (1+i)^{-2} + 5,000 (1+i)^{-3} = 0$或

$5,000 (1+i)^{-1} + 3,000 (1+i)^{-2} + 5,000 (1+i)^{-3} = 10,000$

可發現：在 $i = 14\%$ 代入得$10,069，改用 $i = 15\%$ 時得$9,904 就現金流量表的估計得知，我們還得利用插入法方能求得正確答案。目前，所得的結論為內部報酬率是介於 14%和 15%之間，大約為 14.5%。

內部報酬率也可直接用試算表函數或財務計算器來計算，即可用Excel之陣列來顯示現金流量表，而在利用函數前，學生應該先完全地了解使用的原理。從上述內部報酬率的定義，我們可知範例 1 淨現值在利率 14.5%的投資為零，下列的圖表和表格顯示不同資本成本的淨現值投資。

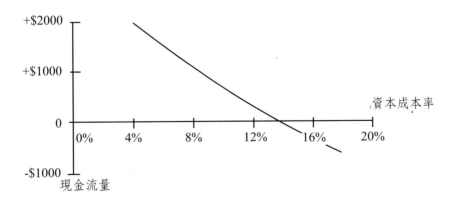

表 8.2 範例 1 的淨現值

現金流量	範例 1 淨現值
4%	+$2026
8%	+$1171
12%	+$415
14%	+$69
15%	−$96
16%	−$257
20%	−$856

假定資本成本率小於內部報酬率時，表示淨現值是存在且可執行投資；另一方面，當資本成本率大於內部報酬率時，表示淨現值是為負且不可執行投資。這範例引導我們應用下列的關係在大部分的例子：

當資本成本率 i_c 小於內部報酬率 i_r，則淨現值是正值且有獲利；（NPV > 0）

資本成本率 i_c 等於內部報酬率 i_r，則淨現值為零；（NPV = 0）

資本成本率 i_c 大於內部報酬率 i_r，則淨現值是負值且有損失；（NPV < 0）

當內部報酬率尚有不同變數影響時，這些關係並不一定成立，而範例 4 的舉例即有多種解答的狀況。

範例 2 投資 $100,000 之方案中預估，第 1 年底和第 2 年底各有

$30,000，第 3 年底和第 4 年底各有$35,000 之現金收益，
試找出利率為 10%的淨現值，及計算內部報酬率？

解：利率為 10%的淨現值

$$= -100,00 + 30,000(1.1)^{-1} + 30,000(1.1)^{-2}$$
$$+35,000(1.1)^{-3} + 35,000(1.1)^{-4} = +\$2,268$$

當利率為 10%的淨現值是存在，且我們知道內部報酬率是
大於 10%時，此投資的價值方程式為：

$$30,00(1.1)^{-1} + 30,000(1.1)^{-2}$$
$$+35,000(1.1)^{-3} + 35,000(1.1)^{-4} = 100,000$$

在利率 11%的價值為$100,023，在利率 12%的價值為$97,857
因此，每年的內部報酬率為 11%，趨近於 11.5%，範例 1 以
後的題目，我們仍可使用線性插入法來求得較正確的內部
報酬率。

在範例 2 中淨現值後我們計算的內部報酬率，能幫助我們從
試驗錯誤中知道用來計算內部報酬率，但亦有許多的例子中沒
有淨現值，亦可求得內部報酬率。我們從第一次的推斷再考慮
二種方法。而第二種方法是當現金流量表在整個投資觀點中是
合理的，才有實際的助益。

方法一：平均報酬法

求第一次試驗的近似值可用下列的式子來表示：

$$i \doteqdot \frac{F_0 + F_1 + F_2 + F_3 + L + F_n}{n \times (-F_0)}$$

求近似的利率值是將所有現金流量的總和除以最初的投資和 n 個計

畫，本質上在整個觀點上它擴張計畫的利益。這方法通常會低內部報酬率及在分母中的 n，其實是用 $(n-1)$。使用範例 2 的資料：

$$i = \frac{-100,000 + 30,000 + 30,000 + 35,000 + 35,000}{4 \times 100,000}$$

$$= 0.075$$

方法二：平均現金流量法

這方法是假設所有未來相同的平均現金流量及 $a_{\overline{n}|}$，的價值，對第一次試驗的估計。再者使用範例 2 的資料，我們假設未來每一現金流量是 \$32,500 提供下列的方程式：\$ $100,000 = 32,500\, a_{\overline{4}|}$ 或 $a_{\overline{4}|} = 3.077$

當 $a_{\overline{4}|}^{11} = 3.102$ 和 $a_{\overline{4}|}^{12} = 3.037$，我們可使用 11% 或 12%。

範例 3　投資 \$50,000 每年年底產生的現金流量：

年	第 1 年	第 2 年	第 3 年	第 4 年
現金流量	\$12500	\$20000	\$25000	\$7000

使用二種方法求第一次推斷且計算內部報酬率。

解：利用方法一：

$$i \doteqdot \frac{-50,000 + 12,500 + 20,000 + 25,000 + 7,000}{4 \times 50,000} = 0.0725$$

用這方法低估了內部報酬率，求得利率為 10%。

利用方法二，在 4 年的平均現金流量為 \$16,125，所以近似方程式變為：

$$50,000 = 16,125\, a_{\overline{4}|}^{i} \text{ 或 } a_{\overline{4}|}^{i} = 3.1008$$

當我們使用 11%，$a_{\overline{4}|} = 3.102$，。

這問題的真實平均值為：

$12,500\,(1+i)^{-1} + 20,000\,(1+i)^{-2} + 25,000\,(1+i)^{-3}$

$+ 7,000\,(1+i)^{-4} = 50,000$

利用這二種方法，我們可發現：

在利率為 10%的價值為 51,457

在利率為 11%的價值為 50,385

在利率為 12%的價值為 49,347

因此，我們可得結論為每年的內部報酬率大約為 11.5%，注意減少左邊數值為內部報酬率，這通常是因為利率較高的影響。

雖然上述的討論強調淨現值和內部報酬率的相似點，但在評估財務計畫中的內部報酬率仍有許多的不利處。

1. 範例 4 中可能顯示多重答案，此說明 $F_t S$。之累積和會大於一次投資總量。

2. 在市場上若無參考利率，則只能參考特殊投資中的內部利率。

3. 縱使需要為最後付款而儲蓄基金（例如，歸還土地），而保守地藉內部報酬率來計算，也不見得為理想判定準則。

4. 利用內部報酬率來比較兩者的計畫，可能會引導對淨現值的不同結論。

這些不利的情況中，建議利用淨現值方法會較優於評估財務計畫。

範例 4　一家投資公司已提供$7,200 的投資成本及預估第 1 年回收 $24,200，第 2 年$27,000 和第 3 年回收$10,000。利率以 5%為間距在資本成本率 0%和 30%之間下各別投資，計算其淨現值。試顯示三個內部報酬率？

解： 利用 $F_0 = -7,200$，$F_1 = 24,200$，$F_2 = -27,000$ 和 $F_3 = 10,000$：

淨現值 $= -7,200 + 24,200(1+i)^{-1} - 27,000(1+i)^{-2} + 10,000(1+i)^{-3}$

下表為各資本成本率的淨現值：

資本成本率	淨現值
0%	0
5%	$-\$4$
10%	$-\$1$
15%	$+\$3$
20%	$+\$4$
25%	0
30%	$-\$9$

當內部報酬率是一種利率，當淨現值為零時，我們可立即算出它是介於 0%和 25%之間，更進一步估計是介於 10%和 15%之間，也就是 11.1%。這也就是會顯示這麼多數的解答，其理由是 F_0 為－；$F_0 + F_1$ 為＋；$F_0 + F_1 + F_2$ 為－；且 $F_0 + F_1 + F_2 + F_3 = 0$。當正負符號改變時，會有唯一的內部報酬率（Internal Rate of Return, IRR）存在。所有的例題中都僅有一次改變且是單一內部報酬率的情況。

雖然某些特殊的投資個案是例外，但它強調可能會有多數

內部報酬率存在的可能性，我們是比較不容易推論哪一個才是真正的內部報酬率。

練 習題 8.2

A 部分

1-4、試計算練習 8.1A 部分問題 1～4 的淨現值，在每一案例中使用相同的資料，計算內部報酬率。

5. 投資$10,000 預估在下 2 年中現金流量為$3,000，並在接著後 2 年內各又提供$3,500，利用二種方法估計你第一次的試驗及計算投資的內部報酬率。

6. 為計畫找出內部報酬率，其成本為$100 且估計每年年底現金流量的報酬：

年	第 1 年	第 2 年	第 3 年	第 4 年	第 5 年
現金流量	$10000	$20000	$30000	$40000	$50000

利用二種方法來預估你第一次試驗。

7. 一家保險公司必須在兩個計畫的投資上選擇其一，其每個投資的成本為$10,000，且每年年底能產出下列的現金流量為：

年	第 1 年	第 2 年	第 3 年	第 4 年	第 5 年
計畫 A	$5000	$4000	$3000	$2000	$1000
計畫 B	$1000	$3000	$4000	$5000	$6000

試計算每一計畫的內部報酬率及分別計算每年 15% 和 25% 的淨現值？

B 部分

1. 投資$A 預估 n 年後每 t 年的年底能產出 $C 的現金流量，其複利能擴張價值，下列公式顯示可能預估的內部報酬率。

$$i \fallingdotseq \frac{\sum\limits_{t=1}^{n} C_t - A}{\sum\limits_{t=1}^{n} t \times C_t}$$

利用近似法求得估計值，並提供部分 A 問題 5 和問題 6 的資料並與之比較。

2. 投資$100,000 在第 1 年與第 2 年年底產生的收入為$75,000，但需要在第 3 年須支出$25,000。

   (a)計算此計畫的內部報酬率？

   (b)當最後的現金流量為負值時，在第 2 年年底須減少多少基金以達平衡支出。假如每年減少獲利 5%（不是指內部報酬率），在這情況下該計畫的內部報酬率為多少？

3. 一項投資計畫需要現金$55,000，在第 1 年期為$69,000 及第 3 年期為$1,147,000，並預估將第 2 年報酬$772,000 及 2 年後每年 50 萬元。

   (a)試計算計畫利率介在 0%與 60%之間為 6%的淨現值？

   (b)試找出三個內部報酬率？

   (c)並將答案加以說明？

8.3 資本化成本

　　許多企業決策包括對自有成本和機器或其他資產，在長期下會折舊及最後報廢的成本做一比較，而資本化法是評估比較的一種好方法。特定資產的資本成本是指所有成本的現值，包括無限期的資產。因此，它被定義為資產的原始成本加上重置成本再加上永久性維持成本的現值；它可能是一種無限成本的總和和二個永久性的價值，寫成：

$$K = C + \frac{C - S}{i^*} + \frac{M}{i}$$

K = 資產資本化成本

C = 原始投資成本

S =n 年後年底資產的殘值

M = 每年維持成本或費用

i = 每年利率

i* = 每 n 年後可轉換等值的單利率

n = 資產可用年限

在 *i* 和 *i** 之間的關係可寫為：

$$1+i^* = (1+i)^n \text{ 或 } i^* = (1+i)^n - 1$$

因此，上述為 *K* 的方程式可表示為：

$$K = C + \frac{C-S}{(1+i)^n - 1} + \frac{M}{i} \tag{33}$$

資本化成本的概念在預算中是相當實用的，以客觀的角度去選擇最低成本，以提供一個明確的利潤水準。為獲相同目標須在兩種不同資產間做比較，但由於原始成本，預期可用年限及維持成本皆不易掌握，故我們用資產資本化成本來比較。一些投資者喜歡的定義，就是比較每種資產的每年成本。資本化成本就是所有成本的現值，因此每年成本可為：

$$\textbf{每年成本} = C \times i + \frac{C-S}{S_{\overline{n}|}^i} + M \tag{34}$$

即每年成本可以被視為機會成本的總和，對於資產重置及維持成本則須用償債基金來解決。上述的公式，暫不考慮通貨膨脹，若有通貨膨脹，則須調整利率才可適用。

範例 1 一個農夫購買鋼架倉庫，估計可使用年限為 20 年。其現在成本為$200,000 和每年需要$1,000 去維持。另一選擇為他購買木製倉庫其估計可使用年限為 14 年，其成本為$160,000 及每年需要$2,000 去維持。假如，農夫每年在他的投資報酬率為 15%，他該如何做？

解： 鋼架倉庫資本化成本，利用公式(33)：

$$200,000 + \frac{200,000}{(1.15)^{20} - 1} + \frac{1,000}{0.15}$$

$$= 200,000 + 13,015.29 + 6,666.67 = \$219,681.96$$

木製倉庫資本化成本，利用公式(33)：

$$160,000 + \frac{160,000}{(1.15)^{14} - 1} + \frac{2,000}{0.15}$$

$$= 160,000 + 26,334.39 + 13,333.33 = \$199,667.72$$

農夫應購買木製倉庫（較便宜）。

不同資產在不同利率下會產生不同產品，故須藉著許多項目資本化成本加權來做評比。假定 U_1 和 U_2 是機器 1 和機器 2 在每單位的時間所產生的數量，其資本化成本分別為 K_1 和 K_2，使兩台機器在經濟上有相同的價值：

$$\frac{K_1}{U_1} = \frac{K_2}{U_2}$$

範例 2 一台機器成本為$4,000，其估計可使用年限為 10 年，及殘值為$500，它每年可產出 1,600 個單位，且 1 年的維持成本為$800。假定它的年限、殘值和維持成本是相同的，須

花多少錢來增加它的生產力到每年產出 2,000 個單位？假
設持有者想在他的投資上獲得 18%的報酬率。

解： 令 X 為花在增加機器生產力的金錢。

原有機器資本化成本為 K_1：$4,000 + \dfrac{3,500}{(1.18)^{10} - 1} + \dfrac{800}{0.18}$

$$= 4,000 + 826.67 + 4,444.44$$

$$= \$9,271.11$$

重新裝修後之機器的資本化成本為 K_2：$(4,000 + X)$

$$+ \dfrac{3,500 + X}{(1.18)^{10} - 1} + \dfrac{800}{0.18}$$

$$= 9.271.11 + X + \dfrac{X}{(1.18)^{10} - 1}$$

$$= 9,271.11 + 1.2361925X$$

假定重新裝修的機器對原有機器在經濟上有相同的使用效
率價值，即 K_1 下能生產 1,600 單位，K_2 下能生產到 2,000
單位，則比例上

$$\frac{K_1}{1,600} = \frac{K_2}{2,000}$$

$$K_2 = \frac{2,000K_1}{1,600}$$

$$1,927.11 + 1.2361925X = \frac{2,000}{1,600} * 9,271.11$$

$$1.2361925X = 2,317.78$$

$$X = \$1,874.93$$

因此，假如改良成本小於這數值，他們應該要採行。

練習題 8.3

A 部分

1. 一台機器成本$8,000，估計耐用年限 10 年及殘值$1,000，每年固定成本為$1,500。如果基金的年利率為 12%，試算出機器的資金成本？

2. 某公司建造耐用年限 25 年的鋼架倉庫，成本為$250,000，每年固定成本為$1,500。另建造耐用年限 20 年的水泥磚頭倉庫，成本為$180,000，每年固定成本為$1,200，二者選擇一種。如果年利率 14%，此公司應該如何選擇？

3. 某公司使用 2 年年限的電池成本$45，另一樣式使用年限 3 年成本$60。如果年利率為 11%，應購買哪一種？

4. 可以向 A 製造商或 Z 製造商購買生產器具的機器，A 機器成本$18,000，可以維持 15 年且有殘值$2,400，每年固定成本$1,500。Z 機器成本$30,000，可以維持 20 年且有殘值$2,000，每年固定成本$1,200。如果年利率為 15%，應購買哪一種機器？

5. 某郡議會使用每個成本$20 的棍子，這些棍子可使用 15 年，議會將使用防腐劑加長棍子的年限至 20 年則每一棍子為多少錢？假設每年的固定成本是相同的，且年利率為 8%。

6. 某市中心區要在水池上加上蓋子，此型的蓋子成本$60,000 且預期 20 年的使用年限，沒有殘值。另一型成本$70,000，但可使用 30 年且沒有殘值，固定成本均相同。如果年利率為 17%，購買最經濟的蓋子每年可以節省多少錢？

7. 某新車價值$6,000，如果保持 10 年不壞抵價購物的價值$1,200，如果年利率為 18%，在 3 年底的抵價購物價值與經濟等值使用 4 年的車子做交換嗎？

8. 1 號機器賣$100,000，每年固定成本費用$2,000 且有殘值$5,000，使用年限為 25 年。2 號機器每年的固定成本$4,000 且沒有殘值使用年限為 20 年。2 號機器的產品生產量為 1 號機器的 2 倍。如果年利率為 16%，為了經濟等值的交換 1 號機器，試算出 2 號機器的價值？

9. 一台機器成本$40,000，使用 10 年之後有殘值$5,000。每年生產 2,000 單位的產量，每年固定成本為$1,500。如果機器的服務與維修成本不變則每年增加 3,000 單位生產量須花費多少錢？假設年利率為 17%。

B 部分

1. 某公司考慮購買一台機器取代 5 個技術工人，每個月底支付每個工人$1,200，機器每月維修成本$800，可使用 20 年且沒有殘值。如果年利率為 8%，須支付機器的最大額度為多少（以千元計）且仍有利潤可圖？

2. 試證明某資產殘值為 0，其資金成本為 K：

$$K = \frac{1}{i}\left[\frac{C}{a\frac{i}{n}} + M\right]$$

3. 某資產成本為 C，新的資產有 n 年的耐用年限，每年利率為 i，試證明延長此資產增加 3 年的年限的最大價值，假設 S = 0，則是：

$$\frac{Ca\frac{i}{m}}{S\frac{i}{n}} 元$$

4. 某機器成本$8,000，當新的機器耐用年限 5 年及殘值$1,000。增加 40%產量與延長 20%耐用年限應支付多少錢？假設殘值相同，年利率為 15%。

8.4 折 舊

　　資產，在特定時間買進，然後在有限的時間內提供服務。大部分資產的實用壽命是有限的，在會計期間資產的成本必須與產生之收益配合。以定期的費用來測量資產的消耗量，稱為折舊。

　　折舊是用來記錄每個期間所有的費用的會計科目，折舊是資產的原始成本之一，累積折舊則是資產的帳面價值，這是兩者不同之處。帳面價值與市價或零售價不盡相同，當然，帳面價值是由資產的原始成本減去費用的殘留價值。

資產的帳面價值會等於資產的估計殘值或廢物值。資產的耐用年限與殘值兩者是個人對於特定資產的一種預測。資產的基本原則為原始成本減去估計的殘值,表示資產在耐用年限下的折舊總值。

會計上可用的折舊方法很多,比較可接受的有三種:直線法(有時被認為最佳的成本方法),固定比率方法(也被認為減少價值方法)和償債基金法。

在這部分將運用下列的註釋:

$C=$ 資產的原始成本

$S=$ 耐用年限屆滿後之估計殘值(此值可為零)

$N=$ 資產的估計耐用年限

$W=$ 資產折舊的總金額,定義 $W=C-S$

$R_K=$ 每年的折舊費用或 K 年的折舊

$B_K=K$ 年底資產的帳面價值,$K \leqq n$。注意 $B_o=C$ 與 $B_n=S$。

$D_K=$ 累積折舊費用或 K 年底的累積折舊,$K \leqq n$。注意 $D_o=0$ 與
$\qquad D_n=W$

每種折舊方法,均可建立折舊表以列出每年的折舊費用、每年年底的帳面價值與累積折舊的日期。不管應用什麼方法累積折舊(D_K),加上資產的帳面價值(B_K),必須等於資產(C)的原始成本。簡而言之,$D_K+B_K=C$。

直線法

此方法係假設資產平均分攤於每年經營以便所有的折舊費用平均分攤於資產的估計耐用年限與每年固定折舊費用 R,如:

$$R = R_K = W/n = (C - S)/n \qquad (35)$$

K 年底的累積折舊 D_K 如下：

$$DK = K \times R$$

如果我們認為 K 是不斷的改變，且不單單地反應完整的數值，然而 D_K 函數值的圖形為一條直線，這就是此方法的會計名稱。

K 年底資產的帳面價值 B_K 為：

$$B_K = C - (K \times R)$$

直線法有一個特別的情況，當沒有殘值時，所有成本可能已經被折舊光了。在此個案中，每年折舊為 $\frac{c}{n}$ 或原始成本的「n 分之一」。此方法即為主成本法，澳洲的公司經常用在推論許多投資項目之折舊估計。尤其 3 到 5 年的期間最常使用。

範例 1 設備成本$5,000，估計耐用年限為 5 年，殘值$500，試使用直線法列出折舊表。

　解：資產的折舊原理為$5,000－$500=$4,500 且每年的折舊費用為：

$$R = R_K$$
$$= 4,500/5$$
$$= \$900$$

每年的折舊為$900 且資產的帳面價值每年減少$900。如下

表所示：

年次	折舊費用	累積折舊餘額	帳面價值
0	0	0	5000
1	900	900	4100
2	900	1800	3200
3	900	2700	2300
4	900	3600	1400
5	900	4500	500

直線法為一般常用的方法，如果以資產的消耗量情形來決定其分配的金額，那其他折舊方法的使用或對早期年度或較晚年度之費用分攤比例，可能會較多。

固定比率法

固定比率法是指每年折舊費用係依前一個帳面價值的固定比率來提列。使用這個方法時，選定固定折舊比率 d 是種慣例，而不是估計耐用年限 n，與殘值 s。每年折舊費用對第 K 年 R_K 是不相同的，假設如下：

$$R_K = B_{K-1}d \qquad (36)$$

第 1 年年底：

折舊費用為 Cd

帳面價值為 $C - Cd = C(1-d)$

第 2 年年底：

折舊費用為 $C(1-d)d$

帳面價值為 $\quad C(1-d) - C(1-d)d = C(1-d)(1-d)$
$$= C(1-d)^2$$

第 3 年年底：

折舊費用為 $\quad C(1-d)^2 d$

帳面價值為 $\quad C(1-d)^2 - C(1-d)^2 d = C(1-d)^2(1-d)$
$$= C(1-d)^3$$

延續這個計算方式至 K 年；K 年年底帳面價值 B_K 假設如下：

$$B_K = C(1-d)^k \qquad\qquad (37)$$

K 年年底累積折舊或許能以 $B_K = C - B_{K-1}$ 計算或：

$$D_K = C - C(1-d)^k$$

範例 2 某汽車成本 $6,500，每年價值因折舊而減少 30%，列出 3 年的折舊表；試求出 5 年底該汽車的帳面價值及第 6 年的折舊費用？

解： 折舊表如下：

年次	折舊費用	累積折舊餘額	帳面價值
0	0	0	6500.00
1	1950.00	1950.00	4550.00
2	1365.00	3315.00	3185.00
3	955.50	4270.50	2229.50

以公式(37)計算出帳面價值

$B_5 = 6,500(1 - 0.3)^5$

$\quad = 6.500(0.7)^5$

$\quad = 6,500(0.16807)$

$\quad = \$1,092.46$

得到第 6 年的折舊費用：

$R_6 = dB_5$

$\quad = 0.3(1,092.46)$

$\quad = \$327.74$

如果估計資產耐用年限 n 年及殘值 S，必須計算出折舊率 d。使用固定比率法殘值須為正數。

範例 3　**試求出折舊率並以固定比率法編製範例 1 設備的折舊表？**

解： 假設 $C = 5,000$，$S = 500$，$n = 5$，注意 $S = B_5$，簡而言之，殘值為 5 年年底的帳面價值，所以：

$B_5 = C(1 - d)^5$

$500 = 5,000(1 - d)^5$

$(1 - d)^5 = 0.1$

$(1 - d) = (0.1)^{1/5}$

$(1 - d) = 0.63095734$

$\therefore d = 0.36904266$

現在可以折舊率 $d = 0.36904266$ 編製出折舊表。

年次	折舊費用	累積折舊餘額	帳面價值
0	0	0	5000.00
1	1845.21	1845.21	3154.79
2	1164.25	3009.46	1990.54
3	734.59	3744.05	1255.95
4	463.50	4207.55	792.45
5	292.45	4500.00	500.00

償債基金法

償債基金法是使用複利方式計算出每年折舊費用（R），此法較容易理解，即償債基金累積的價值與資產在估計耐用年限底的折舊（$C-S$）是相等的。如果償債基金用年累積利率 i，則每年償債基金的存金（R），可使用在 7.8 部分之計算式，相等於 $\dfrac{C-S}{S_{\overline{n}|}^{\,i}}$。

$$D_K = \left[\frac{C-S}{S_{\overline{n}|}^{\,i}}\right] \times S_{\overline{k}|}^{\,i} \tag{38}$$

範例 4 設備成本$5,000，估計有 5 年的耐用年限，殘值$500。試使用償債基金法列出一折舊表，每年年利率 9%（資料與範例 1 與範例 3 相同）。

解： $C = 5,000$，$S = 500$，$n = 5$，$i = 0.09$ 並計算每年償債基金所需的押金：

$$\frac{C-S}{S_{\overline{n}|}^{\,i}} = \frac{5,000-500}{S_{\overline{5}|}^{\,0.09}}$$

$$= \$751.92$$

折舊表：

年次	償債基金存金	利息費用	折舊費用	累積折舊餘額	帳面價值
0	0	0	0	0	5000.00
1	751.92	0	751.92	751.92	4248.08
2	751.92	67.67	819.59	1571.51	3428.49
3	751.92	141.44	893.36	2464.87	2535.15
4	751.92	221.48	973.76	3438.63	1561.37
5	751.92	309.48	1064.40	4500.03	499.97(a)

(a)$500 之中有$.0.03 屬於償債基金的存金。

我們可以依照償債基本累積的價值計算出第 3 年年底的累積折舊 D_3。

$$D_3 = 751.92 \ S_{\overline{3}|}^{0.09}$$
$$= \$2464.87$$

這三種範例說明各種折舊估計方法的使用。直線法因簡單計算且澳洲法律規定採用此方法。而，資產成本化法先假設折舊費用成標準的分配，隨著耐用年限資產慢慢地陳舊，使資產的壽命中效率和品質的水準會下降，而利率則不改變。這兩個假設或許不能永遠維持。

比率固定法在年初會有較大量的折舊分配與後期則較小額分配。如果資產維修成本隨著時間而增加，在資產壽命中或許是收益與費用之最好配合。

償債基金法在年初以小額折舊分配及最後幾年以大量折舊額分配。此類型應用在估計某資產實際折舊時，或許不是很吻合的。

練習題 8.4

A 部分

1. 設備成本$60,000，估計耐用年限有 5 年，殘值$8,000。試使用直線法列出一折舊表？

2. 某機器裝置好成本$26,000，估計耐用年限為 6 年，使用至最後沒有殘值，事實上，移除老舊機器估計花費公司 $1,000（亦即$S=$ $-\$1000$），試使用直線法列出一折舊表？

3. 設備成本$60,000 估計有耐用年限 5 年與殘值$8,000，試使用固定比率法列出一折舊表（注意，必須求出 d）。試比較問題 1 的回答？

4. 某機器成本$5,000 每年折舊為成本的 20%，編製最初 5 年的折舊表？

5. 設備成本$18,000 每年折舊為成本的 10%，編製最初 3 年的折舊表，試求出 5 年年底的帳面價值與第 6 年的折舊費用？

6. 設備價值$30,000，每年折舊為成本的 10%，提列幾年之後設備的價值即將少於$15,000 呢？

7. 機器成本$28,000 提列折舊$4,000 至 15 年，機器提列折舊多久之後，即少於原始價值的一半？假設使用折舊固定比率法。

8. 設備成本$60,000 估計耐用年限有 5 年與殘值$8,000。試使用償債基金法列出一折舊表且每年年利率 16%，試比較與問題 1 和問題 3 的回答？

9. 某機器成本$50,000 估計耐用年限有 20 年與殘值$2,000，試以償債基金法與每年利率 8%求出累積折舊與 8 年年底此資產的帳面價值？

10. 設備成本$30,000 估計耐用年限有 20 年與殘值$4,000，以使用償債基金法每年年利率 10%列出折舊表，試求出：

(a)10 年年底償債基金的價值；

(b)10 年年底資產的帳面價值；

(c)第 11 年的折舊費用。

B 部分

1. 在直線法下 K 年年底的帳面價值為：

   $$B_K = C - KR_K$$

   由於此方法的直線性質也可能算出 K 年底的帳面價值，以線性的內插法介於 C，資產的原始成本與 n 年年底資產的殘值 S。因此

   $$B_K = \left(1 - K/n\right)C + (K/n)S$$

   證明此公式相等於：

   $$B_K = C - KR_K$$

   並試著以此公式運用在 A 部分的問題 1。

2. 證明在固定比率法之下，

   $$d = 1 - \left(\frac{C}{S}\right)^{\frac{1}{n}}$$

   在該種情況，資產的估計耐用年限為 n。

3. 證明在償債基金法之下：

   (a)在 K 年年底資產的帳面價值 B_K 為：

   $$B_K = C - \left(\frac{C - S}{S_{\overline{n}|}^{\,i}}\right) \times S_{\overline{n}|}^{\,i}$$

   (b)在 K 年的折舊費用 R_K 為：

   $$R_k = \left[\frac{C - S}{S_{\overline{n}|}^{\,i}}\right](1 + i)^{k-1}$$

4. 證明如果 $i = 0$，償債基金法與直線法相同。

8.5 總複習

1. 某退休基金投資於政府債券，每年可賺得年利率 11%，如果以下每個計畫之最初投資都需要$100,000，試決定下列哪一個投資基金孰優？

	年底估計現金流量				
計畫	第 1 年	第 2 年	第 3 年	第 4 年	第 5 年
A	25000	25000	25000	25000	25000
B	10000	30000	40000	30000	10000
C	−100000	40000	50000	60000	70000
D	70000	50000	30000	—	−30000

2. 試算出一計畫成本$100,000 與利潤$30,000 每年年底國內的報酬率。試從下列數個計畫中比較國內報酬率？

	年底估計現金流量			
選項	第 1 年	第 2 年	第 3 年	第 4 年
1	60000	—	—	60000
2	—	60000	60000	—
3	—	—	—	120000
4	120000	—	—	—
5	140000	−100000	130000	−50000

3. 某公司考慮買某種機器，一機器成本$6,000，將可使用 15 年與殘值$800，固定成本每年$500。另一種機器成本$10,000，將可使用 25 年與殘值$1,000，固定成本每年$800。如果年利率為 11%，應該購買哪一種機器？

4. 某機器成本$20,000，10 年的運作之後，殘值$2,500，1 年生產 1,000 單位的產量，每年固定成本為$750，如果殘值，耐用年限與固定成本維持不變，必須花多少錢去增加 2 倍的產量？假設年利率為 13%。

5. 某資產原始價值為$10,000 在 10 年之後殘值$1,000，試求出登記在帳簿

　　　上的年利率 9%償債基金法與固定比率法下兩者折舊費用的不同？

6. (a)某資產預期可提列 10 年折舊費用，沒有殘值（$S=0$），如果第 3 年折舊費用為$2,000，試算出第 8 年折舊費用：

(i)直線法；

(ii)固定比率法；

(iii)利率 10%償債基金法；

(b)試求出資產原始成本 C，以上述三種不同方法求出。

7. 某機器賣得$100,000 預期 5 年後有殘值$10,000，估計每年年底支付機器的固定成本為$2,000。

(a)試以償債基金法與年利率 10%編製一折舊表？

(b)決定資產的資金成本？

9 或有負債的支付

9.1 簡 介

在 7.7 節我們提到關於普通股的股利，如果公司沒有賺到應有的利潤則股東得不到股利的分配；同樣的，股利大小和公司債贖回的價格也都視公司的財務狀況而定。

比如有相同固定利息，有相同贖回的價格和相同到期日之不同公司債券。由於市場對公司未來會履行財務的可能性做不同的評價，故可能會賣到不一樣的價格。如：較小的礦業公司的債權證券其價格可能會比聲譽良好的製造業公司的債券賣得更低價（即投資人可能會有較高的收益），所以投資這些公司的債券其收益或比政府債券還高。但政府在正常的情況下通常都能履行其償債義務，故政府債券無風險。

事實上，有些公開發行證券的公司都有相當客觀的評等系統，被評估為較高級的公司其財務狀況良好，很少有不履行的機會。被評定為較低級的公司則隱含著較低的安全水準（或較高的風險）以至於投資者會以折價的方式來購買公司債，因為還要把可能收不回來的機率算進去。就如我們在 9.4 節說的，當

附加的風險較高時必須有較高的收益，這樣才可被投資者接受。

　　它也應該指出，公司若不能完全符合並履行它的財務義務時，如當公司有公司債、普通股和優先股的時候，其償還之順序為公司債會比優先股先獲得償還，優先股又會比普通股優先獲得償還。

9.2 機　率

　　富蘭克林曾經開玩笑的說「除了死亡和稅之外，沒有一件事是確定的」，對於其他所有的事件，皆可能地歸於一個機率。

　　有些機率是很容易決定的，如：我們知道擲一個硬幣其機率是 1/2 或 50%，同樣的，當擲一個骰子，其每一面出現的機率是 1/6。這些機率可在事件發生之前被獲知，我們用以下的定義來敘述。

　　如果一個事件發生為 h，不發生此事件的機率為 f，則會發生此事件的機率（p）為：

$$P = h/(h + f)$$

而 q 為不發生的機率為：

$$q = f/(h + f)$$
$$p + q = h/(h + f) + f/(h + f) = (h + f)/(h + f) = 1 ，$$

　　這是事件發生或不發生的機率，當 $f = 0$，$p = 1$ 或當 $f = 1$，$p = 0$ 時表示一個事件必然會發生而其機率為 1，所以事件發生其機率為 p，則不發生的機率 $q = 1 - p$。

　　如果一個事件會阻止其他事件同時發生，則我們稱之為此

事件是互斥的，如：擲一錢幣其結果只有正、反兩種結果，當正面事件出現的時候，反面必不出現（反之亦然），這些事件即是互斥。

給 n 個互斥的事件 E_1、E_2、……、E_n，這 n 個事件所有可能發生的機率（即 E_1 或 E_2 或……E_n）就是所有個別機率的總合。就是：

$$p(E_1 \text{ 或 } E_2 \text{ 或 } ...E_n) = p(E_1) + (E_2) + ...p(E_n)$$

如果事件的發生不影響其他事件的發生則稱為獨立事件。如：連續擲一公平的錢幣就是一個獨立事件的例子，每次擲錢幣其發生正或反，都不會影響其他次擲錢幣其發生正或反的結果。另一個例子為人壽保險公司，其假設投保人的死亡時間將不會影響其他投保人死亡的時間。但在一些情況下（如夫妻），則這個假設可能不是完全有效的，雖然如此，還是依此來設定機率。

所有獨立事件所發生的機率 E_1、E_2…、E_n 是由各獨立事件各自產生的，也就是：

$$p(E_1 \wedge E_2 \wedge ...E_n) = p(E_1) \cdot p(E_2)...p(E_n)$$

對於比較困難問題的答案無法用直覺去決定時，一個有用的方法就是建立機率樹，這個方法將在範例 2 加以解說。

範例 1 從 52 張紙牌裡抽取一張紙牌，則抽到 A 或 K 的機率為何？

解： 在紙牌中有 4 張 A 和 4 張 K，所以會發生 A 或 K 的有 8 張，其他 44 張不是，所以 $p = h/(h+f) = 8/(8+44) = 8/52 = 2/13$

同樣地，我們可以知道抽到 A 機率為 1/13 而抽到 K 的機率為 1/13，所以 $p(A$ 或 $K) = P(A) + P(K) = 1/13 + 1/13 = 2/13$

範例 2 在 52 張紙牌中抽出二張牌，則抽到一張 A 和 K 的機率是多少？

解： 劃出一個機率樹則很容易看出

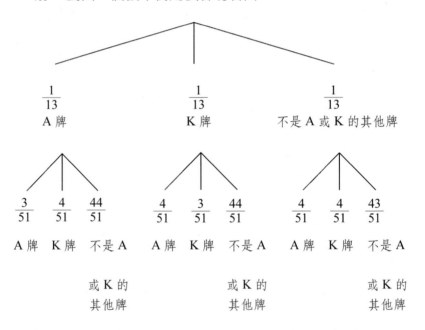

先抽出 A 牌再抽出 K 牌的機率為：$P(E_1) = 1/13 + 4/51 = 4/663$
或先抽出大牌再抽出牌的機率為：$P(E_2) = 1/13 + 4/51 = 4/663$
此兩機率的加總為：$P(E_1$ 或 $E_2) = P(E_1) + P(E_2) = 4/663 + 4/663 = 8/663$

◎**注意：** 在樹狀圖中，我們先用多層次分枝結合而成的機率
算出每一事件其每條路徑的機率，之後把事件中每

條路徑的機率加總就得到此事件的總合機率。例一符合一階層事件的通則。

範例3　一個袋子裡有 5 個白色、3 個黑色和 4 個紅色的球，算出下列的機率：

(a)取出一個紅色的球；

(b)取出一個白色或黑色的球；

(c)取出二個白色球（取出不放回）；

(d)取出一個黑色球兩次（取出放回）；

(e)取出一個白色的球之後再取出一個紅色的球（取出不放回）；

(f)取出一個紅色的球之後再取出一個黑色的球（取出放回）。

解：(a)機率=4/12=1/3

　　因為 12 顆球中有 4 顆球是紅色的

(b)白球機率=5/12

　　黑球機率=3/12

　　所以取出白球或黑球的機率=5/12+3/12=8/12=2/3

(c)第一顆為白球之機率=5/12

　　第二顆為白球之機率=4/11

　　取出二顆白球且取後不放回的機率=5/12×4/11=20/132=5/33

(d)第一顆黑球之機率=3/12

　　第二顆為黑球之機率=1/4（取後放回）

　　取到黑球兩次機率= 1/4×1/4=1/16

(e)第一顆為白球之機率=5/12

第二顆為紅球之機率=4/11

機率=5/12×4/11=20/132=5/33

(f)和上面是相同的理由

機率=4/12×3/12×12/144=1/12

並不是所有的事件都可在事前算出機率，例如當滾動一顆不公平的骰子時其機率是多少？

此處唯一的解決方法是去觀察那些經常發生並完全根據觀察的結果來建立，在事實之後，根據機率估計出真實的結果。例如，我們擲一個不公平的骰子 100 次，如果有 16 次出現 2 的話，那麼擲出的骰子較接近 2 的真實機率為 0.16。假如我們擲同樣的骰 10,000 次但有 1,715 次出現 2 的話，我們可更精確的估計出擲出骰子出現 2 的機率為 0.1715。大部分真實的情況包括保險在內，都使用這種估計的機率，它運用一個很重要的概念就是以過去的經驗法則來估計機率，而且用它對未來事件的發生進行預測。如果我們說一事件發生的機率為 2/3，並不是指在真正 60 次的試驗當中，剛好將有 40 次發生此事件，而是指當繼續增加其試驗的次數時，則其發生的比率將愈趨近 2/3，這就是所謂的大數法則。以較正式的說法是：當試驗的次數增加n倍，平均成功的比例與真實次數的機率誤差會趨近於零。然而，在真實的生活中，我們通常使用「最好的估計」——依據較少數量的試驗樣本所得出來的觀察值去預測未來事件的發生。

範例4 根據統計蒐集到 2000 年在 _A_ 區中 200,000 個的出生嬰兒中，有 2,087 個的嬰兒是多胞胎（即雙胞胎、三胞胎……

等）。假如 B 區在 2000 年有 24,000 個嬰兒出生，估計其多胞胎的嬰兒數？

解： 我們以 A 區的資料去估計 B 區多胞的數量，根據 A 區的資料，會出現多胞胎的機率為：2,087/200,000=0.010435，所以，我們對 B 區多胞胎出現的最佳估計為：24,000×0.010435=250

範例5 根據保險公司的資料，年紀為 40、50 和 60 歲在 10 年內的存活率分別為 0.8、0.7 和 0.6，則計算出下列的機率：

(a)對於每一歲數的群體而言，其在 10 年內死亡的機率各是多少？

(b)40 歲的人活到 70 歲的機率是多少？

(c)40 歲的人在 60～70 之間死亡的機率是多少？

解： 在解答這些問題時，我們假設機率皆維持某一常數，而且死亡率是從以前的事件推導出來的，而這些都被用來預測未來死亡的機率。劃出樹狀圖將可幫助我們了解：

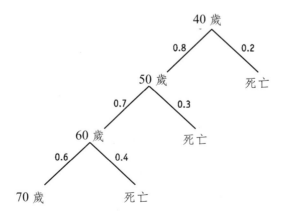

(a)對於每一歲數的群體，死亡事件的機率是生存事件機率的補數，因此：

P（40 歲在 10 年內死亡）$=1-0.8=0.2$

P（50 歲在 10 年內死亡）$=1-0.7=0.3$

P（60 歲在 10 年內死亡）$=1-0.6=0.4$

(b)要求每一歲數的群體都要存活到 70 歲的機率，使用樹狀圖：

P（40 歲存活到 70 歲）$=0.8×0.7×0.6=0.336$

(c)對一些年紀 40 歲而在 60～70 歲死亡，也就是他或她先活到 60 歲之後並會在 10 年之內死亡的機率，因此，使用樹狀圖：

P（40 歲的人在 60～70 歲之間死亡）$=0.8×0.7×0.4=0.224$

在此附帶提到目前澳洲實際存活率遠高於使用在此例的數目。

練習題 9.2

A 部分

1. 一個缸子裡有 4 個白色的彈子，2 個藍色的和 1 個紅的，試找出下列的機率（重複抽取，取後不放回）？

   (a)取出一個藍色的彈子；

   (b)取出一個藍色或紅色的彈子；

   (c)取出二個白色的彈子；

   (d)取出二個彈子：第一個是紅色的，第二個是藍色的；

   (e)取出二個彈子：第一個是白色的，第二個是藍色的；

   (f)取出二個相同顏色的彈子。

2. 給一副 52 張的紙牌，試算出下列的機率？

(a)抽到黑桃 A；

(b)抽出一張 A 或 K；

(c)抽二次，其中一次是黑桃 A（取後不放回）；

(d)抽二次，第一次是抽到黑桃 A（取後放回）；

(e)第二次抽到黑桃 A（取後不放回）；

(f)依序抽到 2，再來抽到 3，再抽到 4（取後不放回）。

3. 給一個公平的骰子，試算出下列的機率？

(a)出現 2；

(b)出現偶數；

(c)出現單數；

(d)擲二次，二次點數合為 9；

(e)擲二次，二次點數合超過 5。

4. 給二個公平的骰子算出下列的機率？

(a)兩個骰子點數合為 3；

(b)兩個骰子點數合為 9；

(c)兩個骰子點數合超過 5；

(d)兩個骰子點數合加總為偶數；

(e)兩個骰子點數合加總為奇數；

(f)擲二次，二次的點數合為 23。

5. 給一個公正的錢幣算出下列的機率？

(a)擲三次出現二次正面：

(b)擲四次全部都是正面；

(c)先擲出二次正面再擲出一次反面；

(d)先擲出一次反面再擲出二次正面。

6. 假如男生、女生的機率各占一半，試算出下列的機率？

(a)三個孩子中有二個男孩的機率；

(b)四個孩子中全部都是男孩；

(c)先有二個男孩再有一個女孩；

(d)先有一個女孩再有二個男孩。

7. 一個女人在一個長途旅行中必須轉機三次，假設轉機成功的機率是 4/5，則下列的機率為：

   (a)在整個旅途中都轉機成功？

   (b)在旅途中沒有完全的轉機成功？

   （假設每次的轉機都是獨立的）

8. A 隊贏得一場比賽的機率為 3/5（即他們目前有 0.600 的紀錄）。他們正有連續三場比賽，則下列的機率為：

   (a)他們贏得前二場，最後一場輸了？

   (b)他們在三場之中贏得二場？

   (c)他們在最後一場比賽贏了？

   （假設每場比賽都是獨立的）

9. 假設 A、B、C 和 D 四人在某一期間的活存率各為 3/4、4/5、5/8 和 9/10，則下列的機率為：

   (a)四人都死亡？

   (b)四人都存活？

   (c)最後一個存活？

   (d)最後一個死亡？

   （假設每個人比皆是獨立的）

10. 根據下面的資料各算出其機率：

年齡	在 10 年內存活的機率
50	0.75
60	0.60
70	0.50

   (a)50 歲的活到 80 歲的機率。

   (b)50 歲的在 70～80 歲之間死亡。

11. 40 歲的人活到 80 歲的機率是 1/4。40 歲的人在 65～80 歲之間死亡的機率為 1/10。求出 40 歲的人活到 65 歲的機率？

B 部分

1. 隨機抽取三張紙牌，取後不放回的情況下，則抽到三張都是黑卡的機率為？

2. 擲一公平的骰子二次，在第一次擲出的點數為偶數的情況下，總數等於 8 的機率？

3. 一個箱子裡有三張紅色紙條分別標有 1、2、3，也有三張藍色紙條也分別標有 1、2、3。在隨機抽出兩張紙條（取後不放回），則其顏色與數字隨意配對並各算出其機率？

9.3 數學期望值

假設每個學生在非常熟悉平均值的情況下，如果你修了 6 個學科，你的平均分數為 6 科分數加總再除以 6。假如班上有 34 位學生，則班上的平均分數為所有學生的分數加總再除以 34。我們可以用另一種方法來看下一個問題，我們假設班上的測驗分數分配如下：

分數	學生數
4	4
5	6
6	8
7	10
8	4
9	2

因此班上的平均分數可以以下列的方式算出：

4×[4/34] + 5×[6/34] + 6×[8/34] + 7×[10/34] + 8×[4/34] + 9×[2/34]=6.294

如此我們就不用煩惱班上的平均分數，只由某些人分數去求得能被任何人完成，事實上，也不可能被少數人之分數來控制。

在統計上，班上的平均稱為分數的次數分配的中位數。這也被稱作期望值或數學的期望。正式的敘述為：假如 X 表示一項實驗的可能數值結果，而這項實驗的數值有 x_1、x_2……，而其分別對應的機率為 $f(x_1)$、$f(x_2)$、……，是定義 X 的期望值或數學的期望或平均值為：

$$E(X)=x_1 \times f(x_1) + x_2 \times f(x_2) + x_3 \times f(x_3) + \cdots\cdots$$

範例 1 在一個骰子遊戲，其贏得的錢等於骰子朝上的數目，則參與者其數學的期望值是多少？

解： 可以分別贏得\$1、\$2、\$3…到\$6，每一個機率都是 1/6（假設為一個公平的骰子），因此：$E(X)=1 \times (1/6)+2 \times (1/6)+\cdots\cdots 6 \times (1/6)=21/6=\$3.50$

再次，期望值的數額在每一次的投擲中應該不會讓我們感到困擾。

範例 2 兩個參與者在玩如範例 1 所述的遊戲。假如骰子分別為 1、2、3 朝上的話，A 將分別得到\$1、\$2、\$3。假如骰子分別為 4、5、6 朝上的話，B 將分別得到\$4、\$5、\$6。則每人應下多少賭注這場遊戲才會公平？

解： 假如每一個人其所下的賭注都剛好等於他所期望贏得的相同，則這遊戲將是公平的。由長遠來看，也就是每個人在這場遊戲裡所期望不輸也不贏的那個點。因此，我們可以找到每個人期望的贏值。

$$E(A){=}\$1{\times}(1/6)+\$2{\times}(1/6)+\$3{\times}(1/6){=}\$1$$

$$E(B){=}\$4{\times}(1/6)+\$5{\times}(1/6)+\$6{\times}(1/6){=}\$2.50$$

因此，假如 A 下\$1 而 B 下\$2.50 來對賭，則這場遊戲將是公平的。

範例 3 某一種彩票，每個星期都有 5 百萬張，以\$1 售價賣出，而其獎金列於下表，此外，有 25,000 的人贏得 Nearest Prizes 可給予他們 5 張票輪到下次抽。這 1,250,000 免費的票其期望值將和你購買的一樣。算出每\$1 彩票的期望值？

獎金	獲取名額	機率
\$100,000	5	1/1000000
\$25,000	20	1/250000
\$5,000	45	9/1000000
\$1,000	100	1/50000
\$100	1,950	39/100000
\$10	24,500	49/10000

解：令 X 為彩票的值

$$E(X){=}\$100,000{\times}[1/1,000,000]+\$25,000{\times}[1/250,000]$$
$$+\$5,000{\times}[9/100,000]+\$1,000{\times}[1/50,000]$$
$$+\$100{\times}[39/100,000]+\$10{\times}[49/10,000]$$
$$+E(X){\times}[1,250,000/5,000,000]$$

$$E(X){=}0.1+0.1+0.045+0.02+0.039+0.049+0.25{\times}E(X)$$

$$E(X){\doteqdot}47 \text{ 分}$$

這表示\$1 的彩票有 47 分的期望值。

範例 4　*A* 先生用$1 去賭博，假如 *A* 先生可以連續擲一個硬幣 3 次都是正面的話，他可贏得$5，否則損失$1，則他的期望值是多少？

解： 贏的機率=1/8

輸的機率=7/8

因此期望值=+$5×(1/8)-$1×(7/8)=-25 分

練習題 9.3

A 部分

1. 吉兒以$1 打賭，她能夠擲一枚硬幣 3 次，而且不會擲到有頭的一面，鮑伯應該下多少賭注在這場比賽較公平？

2. 一個箱子裡面有，4 張$10 紙鈔、6 張$5 紙鈔和 2 張$1 紙鈔。你可以從箱子中，隨便拉出 2 張紙鈔。如果 2 張紙鈔都是相同的面額，你就可以擁有。不去預計你會損失的錢，你參加這個比賽能夠負擔的最大金額是多少？

3. 在一個電視遊戲節目中，一位參賽者贏得了一艘價值$2,600 的馬達船，他若放棄獎品就可以繼續參賽。如果這樣，他可以選擇窗簾 *A* 或窗簾 *B*。在某一個窗簾後是一個獎品，但沒什麼價值；在另一個窗簾後是一輛價值$7,000 的轎車。他應該怎麼做來達到最大的期望值？

4. 參加進階駕駛課程的駕駛員，每年發生一件意外事故的機率是 0.03；沒有參加的駕駛員，每年發生一件意外事故的機率是 0.08。統計數字顯示任何一個意外事故的平均損失是$1,500。如果沒有汽車保險，駕駛員應該為進階駕駛課程花費$70 嗎？

5. *A* 和 *B* 玩骰子遊戲。若擲出 2 個骰子，2 面顯示是相同的，那就是 *A* 贏；若不是，則 *B* 贏。*A* 以$15 下注，那 *B* 應該下多少賭注在這

場比賽較公平？

6. 為每張$1 的獎券提供下面的獎項：

$25,000	1 名
$1,000	20 名
$25	168 名
5 張免費獎券	1701 名

如果賣了 100,000 張獎券，找出每張獎券的期望值。

7. 一位 25 歲的男人想要買保險，一年值$10,000。忽略複利和支出的任何影響。在平均值方面，25 歲的男人，100,000 人中有 158 人會死亡。就平均值而言，正確的保險金額是多少？

8. 搖滾音樂會發起人想要為下次的戶外音樂會保險，預防壞天氣的可能。他估計如果不下雨，有 10,000 人會付$5 出席這場音樂會；如果下雨，只有 5,000 人會出席。基於氣象統計學，在過去幾年的統計上，有 12%的機率會下雨。忽略複利和支出的任何影響。正確的保險金額是多少？

B 部分

1. 當 *P* 和 *Q* 玩，*P* 平均三場只有一場輸，即 $\frac{2}{3}$ 會贏。如果 *P* 和 *Q* 同意玩到 *Q* 贏為止，但不超過 3 場比賽，而且在每場比賽結束時，輸家要付給贏家$1，那 *Q* 的期望值是多少？

2. 一個流行的測驗節目，給參賽者 6 個正確的和錯誤的敘述，並對每個正確的答案給予$5 的獎金。如果她正確地答出 6 個正確答案，她會額外的獲得$1,000。假定她猜中每個答案，那她的期望值是多少？

3. 某人擲一硬幣，若出現頭則贏$1；反之，則輸$1。如果他贏，他只擲一次並且退出。如果他輸了，僅能再試一次。他的期望值是多少？

4. 零售商用$6 購買一個易腐爛的產品，再以$8 元出售。基於過去的經驗，得到下列機率的表格。如果一項產品沒有在第 1 天出售，零售商要承擔$6 的損失。找出零售商應購買的單位數量，使他每天

的收益達到最大。

每日的需求量	機率
20	0.12
21	0.30
22	0.25
23	0.18
24	0.15

5. 一個保險代辦處的經理，對明年的發展策略感興趣。她有三個可行的方案。

(a)和現有的銷售人員一起；

(b)額外雇用受訓過的代理人；

(c)額外雇用未受訓過的代理人。

對這些方案所發薪水如下：

明年銷售額	代理人		
	同樣的職員	雇用未受訓	雇用已受訓
不變	0	-40,000	-65,000
適度的增加	25,000	40,000	70,000
大量的增加	70,000	110,000	150,000

預計明年銷售量的機率是

和今年相同　0.60

適度的增加　0.25

大量的增加　0.15

她應該怎麼做？

9.4 或有負債複利付款

我們由兩間完全相同的公司貸款立場，進入此章節，著重探討在相同面值、利率、到期日等等條件下，卻有不同的出售價格。這是因為投資者，對於可否收到承兌付款，抱著有不同

的期待。用數學分析其狀況，可作為或有負債付款的參照。只需要懂數學期望值和複利即可。假設樣本空間 S 的機率是 p，那期望值就是 pS。$E(X)$ 是一個特別情況如同 9.3 節所定義的。在這種情況下，有兩種可能的結果：樣本空間 S 的樣本點為 X_1，所對應的期望值為 $f(X_1)=p$；樣本點 X_2 所對應的期望值為：

$f(X_2)=1\text{-}p$。

$E(X)=X_1f(X_1)+X_1f(X_1)=Sp+0\ (1\text{-}p)=pS$

從今天起的 n 個期間，每期的利率是 i，期望值的現值是：

$pS(1+i)^{-n}$

範例 1　史密斯小姐向金融公司以 1 年為期借了 \$1,000。如果如期償還，那金融公司將按每年 18% 來計算年利。在史密斯小姐做了信用支票之後，金融公司假設有 10% 的客戶會因沒錢償還而違約，問

(a)她該償還多少錢？

(b)金融公司對史密斯小姐應該算多少利息，才不會有損失？

解：(a)如果如期歸還，金融公司按每年 18% 來計算年利，她應償還 \$1,180。但是金融公司認為償還的機率只有 90%。（就是假設有 100 人貸款，有 90 人會償還，10 人不會償還）。令償還的總數為 X，那償還金額的期望值為 X(0.90)。

現值是 $X(0.90)(1.18)^{-1}$

得到 X：$X(0.90)(1.18)^{-1}=\$1,000$

$$X=1,311.11$$

(b)如果史密斯小姐償還貸款，她支付的利率是 i：

$$1,000=\$1,311.11(1+i)^{-1}$$

$$(1+i)=1,3111$$

$$i=0.3111 \text{ 或 } 31.11\%$$

史密斯小姐的支付利率相當高，如果金融公司借$1,000 給100 人，而只有90 人會償還貸款，將會以18%年息來做他們的總投資。在這個例子，我們假定在某些時候貸款人會違約，那借出者不會在時間內得到償還。這例子實際上是很少的，但在這裡是為了更容易分析。

範例2 亞當先生正讓一位代理商推銷一個特別的大學獎學金。如果亞當先生剛出生的女兒成長到18 歲，且有資格上大學，計畫在她 18 歲生日給$5,000 當獎學金。這個計畫的目前成本是$250。

亞當先生了解他能夠以年息15%投資。他從統計表得知，一位新生的女嬰存活到 18 歲的機率是 0.9769。在計畫值得做之前，亞當的女兒進大學的機率要多大，方能簽訂這計畫？

解：假設未知機率是p。如亞當先生所期望的現值至少是$250，那計畫是值得的。

$$250=5,000(1.15)^{-18}(0.9767)p$$

$$p=0.6335$$

如果上大學的機率超過 63.55%，那計畫是值得的進行的。

範 例 3　某保險公司核發一年的保單，如果被保險人在這一年的期間死亡，保險公司在年底須給付$100,000 給被保險人。如果一位 35 歲的女性在隔年死亡的機率是 0.00086，那保單公平的價格是多少？假設投資所得按年利 10%計，忽略損失。

　解：價格 $= 100,000\,(0.00086)\,(1.10)^{-1} = \$78.18$

範 例 4　凱茲的身體不好，只要他活著就可以在每年年底收到$1,000。下表是他存活的機率：

n	存活 n 年的機率
1	0.80
2	0.45
3	0.00

　　假設利息是年息 15%，凱茲應存放多少，方能得到這些連續的付款？

　解：答案能夠直接根據所給的資料，由以下的時間數線圖所取得。

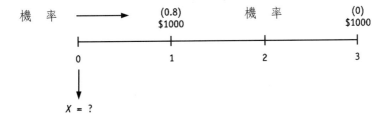

期望支付的現值是：

$$X = 1,000\,(0.8)\,(1.15)^{-1} + 1,000\,(0.45)\,(1.15)^{-2} + 1,000\,(0)\,(1.15)^{-3}$$
$$= \$1,035.92$$

範例 5　假設借錢給某人並按年利 12%計，他保證 10 年內，每年年底會還$1,000，但是在任何一年都有 10%的可能會違約，那應該借給他多少？如果發生違約，將收不到任何錢。

解：事實上，在任何一年皆有 10%違約，意思是指只有 90%的機率會收到第 1 年的錢；有 81%的機率，也就是 $(0.9)^2$，會收到第 2 年的錢；有 72.9%的機率，也就是 $(0.9)^3$，會收到第 3 年的錢，以此類推。

在 4.6 節的範例 1，我們發現年金現值支付的不同，包含通貨膨脹率。在第四章例題中所使用的兩種解答方式，可以在這裡被用來解答或有負債付款的問題。在繼續下面前，同學應該去複習 4.6 節的問題一。

第一種方法是把下列的幾何級數加總（如同附錄 *B* 中的重點）。期望支付的現值級數是：

$$1,000(1.12)^{-1}(0.9) + 1,000(1.12)^{-2}(0.9)^2 + \cdots$$
$$+ 1,000(1.12)^{-10}(0.9)^{10}$$

另一種更簡單的方法，就如同 4.6 節，設定一個新的利率 *i*，那包含標準利率及違約的機率。如下：

$$1 + i = \frac{1.12}{0.9}$$
$$1 + i = 1.2444$$
$$i = 0.2444 \text{ 或年息 } 24.44\%$$

現在我們算出一個簡單的年金現值，每年付$1,000，為期十

年，年息是 24.44%，如下：

$$1,000a_{\overline{10}|}^{.2444} = 1,000\frac{1-(1.2444)^{-10}}{0.2444}$$

$$=\$3,631.64$$

範例 6 在 2001 年 1 月 1 日出售為期 20 年之 \$1,000 的貸款，貸款的利息是 $j_2 = 12\%$，而且貸款到期值與票面值相等。

(a)求出利潤是 $j_2 = 14\%$ 購買價格？

(b)求出利潤是 $j_2 = 14\%$ 購買價格，假設每 6 個月違約的機率是 5%？

解： (a) $P = Ia_{\overline{n}|}^{i} + C(1+i)^{-n}$

$$=799.90+66.78$$

$$=\$866.68$$

(b)首先找出一個新的利率，每半年是 i，主動的包含違約的機率：

$$(1+i)=\frac{(1.07)}{0.95}$$

$$1+i=1.12631597$$

$$i=0.12631597$$

然後算出購買價格：

$$P = Ia_{\overline{n}|}^{i} + C(1+i)^{-n}$$

$$=60a_{\overline{40}|}^{i} + 1000(1+i)^{-40}代入\ i=12.6316\%$$

$$=470.92+8.58$$

$$=\$479.50$$

儘管一個很小的違約機率，也會引導出很大的成交價格差異。20 年內每半年會有 5% 的違約機率，只有 12.9% 的可能

會完全償還借款。再者,這是假定在違約時,根本是毫無價值的。如同前面所提的,這種情形是很少的,主要是為了方便分析。

練習題 9.4

A 部分

1. 友善金融公司提供貸款,按年利 18%計算,如果每人都會完全償還貸款。從過去的經驗看來,無論如何,會有 5%的貸款無法完全回收。那友善公司每年的貸款利率應為多少?

2. 瓊斯先生借了一些錢。他可以每年支付$2,000。貸款機構認定瓊斯先生有 10%的可能無法償還貸款。那時正常的年利是以 15%計算。那貸款機構將會借給瓊斯先生多少?又如果瓊斯先生完全償還貸款,那麼實際的利率是多少?

3. 張太太要借$4,000,她將每年一次在年底償還貸款。而貸款代辦處估計,將會有 5%的可能完全無法回收貸款。貸款代辦處會要求張太太償還多少?如果代辦處利息的風險利率是:
   (a)年息 21%?
   (b)21%,每半年轉換一次?

4. 如果貸款確定會償還,每年年底會支付,利率是 $i = 0.15$。如果某金融公司對同樣的貸款 $i = 0.20$。那他們所預期的違約機率是多少?

5. 傑克先生過世,且留下一筆財產價值$500,000,存放在銀行帳戶每年賺 8%的利息。他有兩個小孩:羅伯 8 歲、湯米 3 歲。這筆財產將從現在起分成 18 年到湯米 21 歲。求出每個小孩所繼承的期望值,一位 8 歲男孩存活 18 年的機率是 0.95,而一位 3 歲女孩存活 18 年的機率是 0.97,假設這是獨立事件。為什麼總額不是 $\$50,000(1.08)^{18}$?

6. 如果你借錢給某人,他承諾在 5 年內,在每年年底支付$5,000,但是每年都有 5%的違約機率,那你會借給他多少?假定確定會償還,

年利按 15%計算。

7. 某保險公司賣年金壽險給某人，那他在將來的存活機率如下表：

第 n 年	存活的機率
1	0.85
2	0.65
3	0.35
4	0

如果年息是按 12%計算，且忽略損失，那麼每年年底支付$2,000 的公平的年金是多少？

8. 出售 20 年$100 的貸款。貸款的利息是$j_2 = 12\%$，且到期值是$105。如果在每半年不會償還的違約機率是 1%，求出利潤是$j_2 = 15\%$的購買價格？

9. 有一貸款$1,000，10 年可贖回，附息為$j_2 = 12\%$。如果違約機率是每 6 個月 2%，且希望獲得的利潤是$j_2 = 10\%$，求出其價格？

B 部分

1. 張先生購買面額$1,000，20 年可贖回債券，附息$j_2 = 12\%$。他決定購買的價格要有利潤$j_2 = 12\%$，且考慮到半年的違約機率 2%。正好 5 年後張先生把債券賣給李太太，李太太決定購買的價格要有利潤 $j_2 = 10\%$，但在後續的期間，不考慮半年的違約機率 3%。試求出：
   (a)最初的購買價格；
   (b)後來出售的價格；
   (c)張先生的利潤、j_2。

2. *XYZ* 金融公司的經驗為一年的貸款有 90%的回收率（10%的違約率）。*ABC* 銀行的經驗為一年的貸款有 95%的回收率（5%的違約率）。如果 *ABC* 銀行貸款的年息按 15%來計，若 *XYZ* 金融公司要回收相同的貸款，那年息為多少？

3. 伯朗太太過世後留有一筆財產$50,000，存放在銀行帳戶利率為 $j_2 = 9\%$。她有三個小孩：吉米 7 歲、福瑞德 5 歲、仙度拉 4 歲。這

筆財產將從現在起分成 18 年到仙度拉 18 歲。依所給的下表，求出每個小孩所繼承的期望值，假設為獨立事件。

現在的年齡	存活 14 年的機率
7	0.95
5	0.97
4	0.98

4. 羅小姐為 10 年可贖回的 $1,000 貸款利率 $j_2 = 9\%$，付 $880 利息，如果她希望的利潤是 $j_2 = 8\%$，那她期望半年的違約率是多少？

5. 歐先生要借些錢，且在每年底償還貸款。基於過去的經驗，銀行有下列的還款機率分配表：

總債務的償還比例	機率
0%	5%
50%	5%
75%	10%
90%	10%
100%	70%

如果銀行的風險利率是按年息 20% 來計，那銀行會給歐先生的利率是多少？

9.5 總複習

1. 從一完全攪和的箱子中，隨機抽出一張牌。那張牌有下列情形的機率是多少：

   (a)A 或 K；

   (b)紅色牌（J、Q 或 K）。

2. 在一特定集合線上，100 份中有 8 份是不完整的。假設統計獨立，求機率：

   (a)在 100 份之外，是沒有缺點的；

   (b)連續兩份是有缺點的；

   (c)開始的兩份沒有缺點，但第三份有。

3. 一個加重的硬幣出現正面的機率為 2/3，出現反面的機率是/1/3，求：

   (a)連續三次是正面的機率；

   (b)擲兩次都不是正面的機率；

   (c)一次是正面接著兩次反面的機率。

4. 從 52 張牌中抽出 3 張牌，如果沒有更換這三張牌，那依 Q、K、A 順序出現的機率是多少？

5. 消費者協會測試電池去了解哪個品牌的電量持續較久。由下列來看期望的生命週期，比較 X 品牌和 Y 品牌。

時間 （時數）	X 品牌	Y 品牌
	（數字有錯誤）	
3	5	6
4	15	18
5	30	22
6	20	35
7	20	12
8	10	7

6. 一場賭博遊戲，一袋中有 52 張牌，從中抽出 1 張牌。這些牌為 2 到 10，那玩家就贏得牌的面值（換言之$2 到$10）。如果是 *J*、*Q*、*K* 玩家贏得$20；如果是 *A* 玩家贏得$25。這場遊戲所期望的是要放多少在袋裡才公平？

7. 零售商以$10 購買易腐爛的產品，再用$15 出售，這些產品僅能放一天。基於過去的經驗得到下表，為使他的收益達到最大，應購買多少數量？他期望的收益是什麼？

每日需求量	機率
70	0.05
70	0.35
72	0.40
73	0.15
74	0.05

8. 瓊斯小姐到家庭信任公司借錢，該公司以建立的信用等級來看，以年息按 16%來計給顧客。除此之外，假設違約率 5%（在此情況下，公司無法回收借款）。一貸款在年底會再付款。瓊斯小姐沒有信用等級，那公司應給瓊斯小姐多少的利率？

9. 某保險公司發行退休儲蓄保單，在投保人 65 歲生日時會給予$10,000，如果他還活著。如果一位 40 歲的男性會活到 65 歲的機率為 0.810，利息按年息 10%來計，那公平的保單價格是多少？忽略損失。

10. 你借錢給某人，他答應你會在 10 年內，每年年底償還$1,000，每年的違約率為 5%，利息按年息 14%來計，那你會借他多少？（如果發生違約，將收不到任何錢）

11. 某財政不健全的公司發行 20 年期債券，面值$100 半年附息 $j_2 = 11\%$。實際上，每 6 個月都有破產機率是 5%，倘若發生，就不會再支付。如果必要利潤是 $j_2 = 15\%$ 沒有違約的可能，求出購買此債券的價格？

附錄 A　*指*數與對數

A.1 指　數

$a \cdot a \cdot a \cdot a$ 的乘積可以簡寫成 a^4，由此可知 a 的 4 次方，a 即稱為底數，4 就是指出底數乘了幾次的數字，又稱為指數。

a 的一次方為 a，二次方又稱為平方，三次方又稱為立方。

範例 1　(a)$243 = 3 \cdot 3 \cdot 3 \cdot 3 \cdot 3 = 3^5$

(b)$(1+i)^3 = (1+i)(1+i)(1+i)$

(c)$625 = 5 \cdot 5 \cdot 5 \cdot 5 = 5^4$

A.2 指數定律

假設 m、n 都是正整數且 $a \neq 0$、$b \neq 0$，得知：

1. $a^m \cdot a^n = a^{m+n}$（相乘時，若底數相同則指數相加）

2. $a^m \div a^n = a^{m-n}$（相除時，若底數相同則指數相減）

3. $(a^m)^n = a^{mn}$

4. $(ab)^n = a^n b^n$

5. $\left(\dfrac{b}{a}\right)^n = \dfrac{b^n}{a^n}$

我們說明定律(1)如下：

$$a^m \cdot a^n = (a \cdot a \ldots\ldots 連乘\ m\ 次)(a \cdot a \ldots\ldots 連乘\ n\ 次)$$

$$= (a \cdot a \ldots\ldots 連乘(m+n)次)$$

範例 2   (a)$2^3 6^3 = 2^{3+6} = 2^9$

(b)$\dfrac{x^5}{x^2} = x^{5-2} = x^3$

(c)$(a^3)^2 = a^6$

(d)$\left(\dfrac{a^2}{b}\right)^3 = \dfrac{(a^2)^3}{b} = \dfrac{a^6}{b^3}$

A.3 零、負整數和分數指數

我們延伸指數的觀念，將之放入零、負整數和分數指數，因此有了下面的定義：

$a^0 = 1$，$a \neq 0$

$a^{-n} = \dfrac{1}{a^n}$，n 是正整數

$a^{\frac{m}{n}} = \sqrt[n]{a^m}$，$m$ 和 n 都是正整數

我們可以得知當 m 和 n 為有理數時（如：零、正及負整數和一般分數），則會有(1)~(5)的指數法則出現。

範例 3   (a)$1 = \dfrac{3^4}{3^4} = 3^{4-4} = 3^0$

(b)$4^{-2} = \dfrac{1}{4^2} = \dfrac{1}{16}$

(c)$(27)^{\frac{1}{3}} + (25)^{\frac{1}{2}} = \sqrt[3]{27} + \sqrt{25} = 3 + 5 = 8$

(d)$(9)^{\frac{3}{2}} = (9^{\frac{1}{2}})^3 = (\sqrt{9})^3 = 3^3 = 27$

(e)$\dfrac{a^3}{a^{-2}} = a^3 a^2 = a^5$

(f)$\sqrt{\dfrac{x^{-2}}{y^6}} = \left(\dfrac{x^{-2}}{y^6}\right)^{\frac{1}{2}} = \dfrac{x^{-1}}{y^3} = x^{-1}y^{-3}$ 或 $\dfrac{1}{xy^3}$

範例 4　使用袖珍型計算機計算:

(a)$\sqrt[5]{3} = 3^{\frac{1}{5}} = 1.2457309$

(b)$\sqrt[3]{\dfrac{6034 \times 0.4185}{1.507}} = \left(\dfrac{6034 \times 0.4185}{1.507}\right)^{\frac{1}{3}} = 11.877613$

(c)$15000(1.068)^{-3} = 12313.386$

(d)$\dfrac{3}{\sqrt[4]{608}} = \dfrac{3}{(608)^{\frac{1}{4}}} = 3(608)^{\frac{1}{4}} = 0.60415081$

A.4 指數方程式：底數未知

　　使用指數法則及合理的指數範圍，我們可以使用y^x或$\sqrt[x]{y}$功能的計算機來解出底數未知的指數方程式。

範例 5　解出下列方程式

(a)$100(1 + i)8 = 200$

$(1 + i) = 2$

$1 + i = \sqrt[8]{2}$

$1 - i = 2^{\frac{1}{8}}$

$i = 2^{\frac{1}{8}} - 1 = 0.09050773$

(b)$8,800(1 - d)^{10} = 1,500$

$(1 - d)^{10} = \dfrac{1,500}{8,800}$

$1 - d = \sqrt[10]{\dfrac{1,500}{8,800}}$

$1 - d = \left(\dfrac{1,500}{8,800}\right)^{\frac{1}{10}}$

$d = 1 - \left(\dfrac{1,500}{8,800}\right)^{\frac{1}{10}} = 0.16216045$

$$(c)(1+i)^{12} = (1.055)^4$$
$$1+i = \sqrt[12]{(1.055)^4}$$
$$1+i = (1.055)^{\frac{4}{12}}$$
$$i = (1.055)^{\frac{1}{3}} - 1 = 0.01800713$$

A.5 對　數

　　N 為正整數且 b 為 1 之外之正整數，然後對數的底數為 b ，N 是以 b 為底的指數 L 的結果，可以寫成 $L = \log_b N$

　　例如：

　　　Log₂16＝4因為$2^4 = 16$

　　　Log₅125＝3因為$5^3 = 125$

　　指數如果以 10 為底則稱為一般對數，其有助於計算。我們常把 log₁₀ N 簡寫成 log$N$，把 10 省略只有 N 的對數，之後只要以 10 為底的對數我們都用這種型態來呈現。

　　由定義可知：

　　　Log1,000＝3　　因為$10^3 = 1,000$

　　　Log100＝2　　　因為$10^2 = 100$

　　　Log10＝1　　　因為$10^1 = 10$

　　　Log1＝0　　　　因為$10^0 = 1$

　　　Log0.1＝－1　　因為$10^{-1} = 0.1$

　　　Log0.01＝－2　　因為$10^{-2} = 0.01$

　　　Log0.001＝－3　因為$10^{-3} = 0.001$，以此類推。

　　要記住 log N 中的 N 必為正整數，但 log N 所求出來的值，可能為任何的實數（即有可能是正的、負的或是零）。

A.6 對數的基本特性

因為對數是使用指數法則證明出來的，所以 $A = 10^a$ 且 $B = 10^b$ 也就是 $\log A = a$ 且 $\log B = b$。

因為 $A \cdot B = 10^a \cdot 10^b = 10^{a+b}$

$$\frac{A}{B} = \frac{10^a}{10^b} = 10^{a-b}$$

$$A^k = (10^a)^k = 10^{ka}, \ k \text{ 為一實數}$$

可以寫成：

$$\log A \cdot B = a + b = \log A + \log B$$

$$\log \frac{A}{B} = a - b = \log A - \log B$$

$$\log A^k = ka = k \log A$$

我們可以得知對數的三個原則：

1. 對數中兩個正整數相乘就是兩個正整數相加。

$$\log A \cdot B = \log A + \log B$$

2. 對數中兩個正整數相除就是兩個正整數相減。

$$\log \frac{A}{B} = \log A - \log B$$

3. 對數中正整數的 k 次方就是 k 倍的對數。

$$\log A^k = k \log A$$

範例 6 已知 $\log 2 = 0.301\,030$ 和 $\log 3 = 0.477\,121$，則

(a) $\log 6 = \log(2 \times 3) = \log 2 + \log 3$

$\quad\quad\quad = 0.301\,030 + 0.477\,121 = 0.778\,151$

(b) $\log 1.5 = \log = \log 3 - \log 2$

$\qquad = 0.477\,121 - 0.301\,030 = 0.176\,091$

(c) $\log 8 = \log 2^3 = 3\log 2 = 3(0.301\,030) = 0.903\,090$

(d) $\log 200 = \log(2 \times 10^2) = \log 2 + \log 10^2$

$\qquad = 0.301\,030 + 2 = 2.301\,030$

(e) $\log 0.003 = \log(3 \times 10^{-3}) = \log 3 + \log 10^{-3}$

$\qquad = 0.477\,121 + (-3) = -2.522\,879$

(f) $\log \sqrt[3]{2} = \log 2^{\frac{1}{3}} = \frac{1}{3}\log 2 = \frac{1}{3}(0.301030) = 0.100343$

A.7 首數、小數及反對數

每一個正整數都可以被寫成所謂的基本數（亦即數字介於 1~10 之間）且以 10 的次方數倍增。

$$5,836 = 5.836 \times 10^3$$

$$0.0032 = 3.2 \times 10^{-3}$$

亦可以用對數的型態來表示，可以得知：

$$\log 5,836 = \log 5.836 + 3$$

$$\log 0.0032 = \log 3.2 - 3$$

我們發現到對數的底數總是介於 0~1 之間（因為 $\log 1 = 0$ 且 $\log 10 = 1$），且因此正整數的對數由二部分所組成：

1. 整數部分：又稱首數，首數是以 10 為底數次方增加的對數且由小數點的位置來決定的數字（小數點左邊的數），首數可以是任何整數（即正、負或零）。

2. 小數點部分：又稱假數，假數是對數的基本數且沒有考慮到的數字順序所決定的而不需要顧慮小數點的位置，而假數通常是正的小數。

　　當我們使用原有的對數函數計算時，若對數值為 N，且 N 介於 0 和 1 之間，那麼將會顯示計算結果為單一個負數。以 N 介於 0 和 1 而言，負的首數再加上正的假數來表示單一個負數，代表著對數 N。在這個例子中，顯示負整數小數點部分不代表假數，例如：

$$\log 2 = 0.301030;\text{而 } \log 0.002 = 0.301030 - 3$$

　　結合了負首數和正整數也就是從 0.301030 中減掉 3，我們可以得到 $\log 0.002 = -2.698970$，這個計算結果顯示出 $\log 0.002 = -2.698970$ 要注意的是 0.698970 不是 2 的假數。

　　因此我們在討論對數 L 的正整數 N 的問題時，另一個問題當我們在計算上使用對數是：給對數 L 一個正整數 N 的值，發現到整數 N，這個數可以和原來的對數相對應，我們又稱它為反對數，我們可以將它寫成當 $\log N = L$ 時 $N = antilog L$，例如：

　　$antilog 1.301030 = 20$ 因為 $\log 20 = 1.301030$

　　$antilog(0.845098 - 1) = 0.7$ 因為 $\log 0.7 = 0.845098 - 1$

　　用計算機計算反對數 L 我們可以使用相反對數函數的功能（$INV\ LOG$ 或 10^X），詳細使用方法請查閱你的計算機的使用說明書。

A.8 對數的電腦處理

　　對數的重大貢獻在計算上縮短了電子計算機的發展過程，學生們現在可以藉由它很快地執行運算式，例如冗長的乘法或除法和次方或根號，使用計算機而不須依賴指數的幫助，然而，在一些例子中，像解出未知指數的指數方程式（參見附錄 A.9）對數的存在仍然是必要的。

在下面的例子中，我們用來說明在哪些情況下使用對數來證明二種算法，哪一種較好？我們確定使用計算機對原有的對數可以很快地算出對數及反對數之值，比查對數表還要來得快，我們也可以直接用計算機的 y^x 或 $\sqrt[x]{y}$ 功能解出而不須依賴對數表。

範例 7　下面是從複利而來的問題，決定利率(i)，假設一段期間的利率為 i：

$$800(1+i)^{20} = 5,000$$

以對數來表示：

$$\log 800 + 20 \log(1+i) = \log 5,000$$

$$20 \log(1+i) = \log 5,000 - \log 800$$

$$20 \log(1+i) = 3.69897 - 2.90309$$

$$20 \log(1+i) = 0.7958002$$

$$\log(1+i) = 0.039794$$

$$(1+i) = 1.0959582$$

$$i = 0.09595822 \text{ 或 } 9.60\%$$

不使用對數表，直接使用計算機算出：

$$800(1+i)^{20} = 5,000$$

$$(1+i)^{20} = \frac{5,000}{800}$$

$$1+i = \left(\frac{5,000}{800}\right)^{\frac{1}{20}}$$

$$i = \left(\frac{5,000}{800}\right)^{\frac{1}{20}} - 1$$

$$i = 0.09595822 \text{ 或 } 9.60\%$$

範例 8　下列方程式是有關折舊的問題，決定折舊，每年的折舊率，假設：

$$83,000\,(1-d)^{10}=10,500$$

使用對數可以得知：

$$\log 83,000+10\log(1-d)=\log 10,500$$

$$10\log(1-d)=\log 10,500-\log 83,000$$

$$10\log(1-d)=4.0211893-4.9090781$$

$$10\log(1-d)=-0.89788879$$

$$\log(1-d)=-0.08978888$$

$$1-d=0.81322575$$

$$d=1-0.81322575$$

$$d=0.18677425\ 或\ 18.68\%\,p.a.$$

不使用對數，直接使用計算機算出：

$$83,000(1-d)^{10}=10,500$$

$$(1-d)^{10}=\frac{10,500}{83,000}$$

$$1-d=\left(\frac{10,500}{83,000}\right)^{\frac{1}{10}}$$

$$d=1-\left(\frac{10,500}{83,000}\right)^{\frac{1}{10}}$$

$$d=0.18677425\ 或\ 18.68\%\,p.a.$$

A.9 指數方程式：指數未知

　　解出未知指數的指數方程式，並且使用直接計算法及對數方法來證明哪一種方法解出這種題型較有效。

範例 9 下列問題是有關複利問題，決定 n（代表某一期間的利率），假設：

$$250(1.015)^n = 750$$

$$(1.015)^n = 3$$

$$n\log 1.015 = \log 3$$

$$n = \frac{\log 3}{\log 1.015}$$

$$n = 73.788766 之間$$

範例 10 下列問題是有關於年金問題，決定 n（代表某一期間的付款。）

$$a_{\,\overline{n}\,|}^{\,.01} = \frac{1-(1.01)^{-n}}{0.01} = 5$$

$$1-(1.01)^{-n} = 0.05$$

$$(1.01)^{-n} = 0.95$$

$$-n\log 1.01 = \log 0.95$$

$$n = -\frac{\log 0.95}{\log 1.01} = 5.154933$$

此結果是指需要 5 個期間亦即少於 6 個期間。

練習題

1. 請簡化

    (a) $a^3 \cdot a^6$ (e) $\dfrac{(a^3)^2 \, a}{a^5}$

    (b) $a \cdot a^2 \cdot a^3$ (f) $(a^2 a^3)^2$

    (c) $\dfrac{a^8}{a^4}$ (g) $\left(\dfrac{aa^2}{b^2 b}\right)^3$

    (d) $(a^2)^3$ (h) $(1.05)^3 (1.05)^{12} (1.05)^4$

2. 請簡化:

    (a) $a^{\frac{1}{2}} a^{\frac{1}{3}}$ (d) $\left(a^{\frac{2}{3}}\right)^{\frac{3}{2}} \cdot a^{-1}$

    (b) $a^{\frac{1}{2}} \div a^{\frac{1}{3}}$ (e) $25^{\frac{1}{2}}$

    (c) $\dfrac{aa^{-2}}{a^3}$ (f) $\left(\dfrac{a^3}{b^2}\right)^{\frac{-1}{4}}$

3. 請使用相關指數簡化

    (a) $\sqrt{a} \cdot \sqrt[3]{a}$ (b) $\dfrac{a \cdot \sqrt[3]{a}}{\sqrt{a^3}}$ (c) $\left(\dfrac{\sqrt{a^4} \cdot \sqrt[3]{b^2}}{ab^3}\right)^{-3}$

4. 請使用計算機計算

    (a) $\sqrt[3]{0.0468}$ (e) $375(1.03)^{\frac{-2}{3}}$

    (b) $\sqrt[15]{\dfrac{24.60}{396}}$ (f) $\sqrt[4]{\dfrac{21.2}{(0.082)^2}}$

    (c) $\dfrac{37(23.3)^2}{\sqrt[3]{111.3}}$ (g) $\sqrt{3} \cdot \sqrt[3]{5} \cdot \sqrt[4]{7}$

    (d) $\dfrac{(1.065)^{15} - 1}{0.065}$ (h) $\dfrac{1 - (1.11)^{-13}}{0.11}$

5. 解出下列指數方程式

    (i) 直接用計算機算出而不用對數;

    (ii) 用對數方式算出。

    (a) $35000(1+i)^8 = 5000$ (f) $(1+i)^{-10} = 0.9490$

    (b) $823.21(1+i)^{60} = 15000$ (g) $(1+i)^{\frac{1}{4}} = 1.0113$

    (c) $17800(1-d)^{20} = 500$ (h) $(1+i)^{20} - 1 = 80$

    (d) $8000(1-d)^{11} = 800$ (i) $(1+i)^4 = (1.01)^{12}$

(e)$1000(1+i)^{-20}=35$ (j) $(1+i)^{12}=(1.05)^2$

6. 解出下列指數方程式

(a) $50(1.035)^n=200$ (f) $3^x=5(2^x)$

(b) $500=20(2.06)^x-150$ (g) $120(0.75)^x=30$

(c) $808(1.092)^{-n}=90$ (h) $1+2^x=81$

(d) $(1.0463)^{-n}=0.3826$ (i) $\dfrac{3^x+1}{2}=21$

(e) $(1.02)^{n}-1=0.5314$ (j) $\dfrac{2^x-1}{3}=12$

7. 解出下列方程式之 n，並將求得結果代入原式

(a) $\dfrac{(1.083)^n-1}{0.083}=21$ (d) $\dfrac{1-(1.087)^{-n}}{0.087}=4.5$

(b) $\dfrac{(1.11)^n-1}{0.11}=11$ (e) $\dfrac{1-(1.0975)^{-n}}{0.0975}=6$

(c) $\dfrac{(1.005)^n-1}{0.005}=10$ (f) $\dfrac{1-(1.025)^{-n}}{0.025}=3$

附錄 B　級　數

B.1 等差級數

任何連續的序列，有其連續不斷的特性，其連續不斷有其共通的差值，此序列稱作為等差級數。

3, 5, 7, 9, ...是一等差級數，其差值為 2。

20, 17, 14, 11.....是一等差級數，其差值為-3。

讓我們來看看，等差級數在一段小時間裡，其第一期為 a，其差值為 d。

第一期：a
第二期：$a+d$
第三期：$a+2d$
第四期：$a+3d$

由此可知，有個共同因素 d，每期數字增減一個 d。所以，第四十期就是：

$a+39d$。

一般來說，一個等差級數的第 n 時期，以 t_n 表示，包含著首項 a 以及固定差值 d，所以可以寫成：

$$t_n = a + (n-1)d$$

給予四個參數其中三項，即可解決第四項。

範例 1　有一等差級數：

　　(a)第一項為 3，第 n 項為 9，共有七項，請找出公差及第十項？

　　(b)第四項為 12，第八項為 −4，請找出首項與公差？

解：(a)第七項為 $a+6d=3+6d=9$，故可計得公差 $d=1$，也可得知第十項為 $3+9=12$。

　　(b)第四項為 $a+3d=12$、第八項為 $a+7d=-4$

　　解此兩個方程式可得首項及公差。第八項減去第四項，可得 $4d=-16$，

　　即可得公差為 −4。把公差（−4）帶進第一式，即可知：

　　首項 $a=12-3d=12-3(-4)=24$

B.2 等差級數的和

使 S_n 定義為一個等差級數第 n 項的和，我們可以寫成：

$$S_n = t_1 + (t_1+d) + (t_1+2d) + \ldots\ldots + (t_n-2d) + (t_n-d) + t_n$$

或者，我們可以把首項 t_1 寫為 a，最後一項 t_n 寫為 l，則我們得知

$$S_n = a + (a+d) + (a+2d) + \ldots\ldots + (L-2d) + (L-d) + L$$

$$\text{或 } S_n = L + (L+d) + (L+2d) + \ldots\ldots + (a-2d) + (a-d) + a$$

將此兩項相加起來，我們得知：

$$2S_n = (a+L) + (a+L) + (a+L) + \ldots\ldots$$
$$+ (a+L) + (a+L) + (a+L)$$

$$2S_n = n(a+L)$$

最後可得：

$$S_n = \frac{n}{2}(a+L)$$

所以，等差級數的和，即是第一項加最後一項乘上總項數除以 2

$$3+5+7+9+11+13 = \frac{6}{2}(3+13)$$

令首項為 3，末項為 13 且項數為 6，即可知：

$$20+17+14+11+8+5+2+(-1)+(-4)$$
$$= \frac{9}{2}(20+(-4)) = 72$$

藉助於使用此一公式，我們可以很容易地知道任一數項的和為

$$S_n = \frac{n}{2}(1+n)$$

所以

$$1+2+\ldots\ldots+100 = \frac{100}{2}(1+100) = 50 \times 101 = 5050$$

範例 2　有位年輕的女子借了\$1,500，同意在每個月底支付\$100 以償還並減少其貸款資本，且每月支付一次貸款利息，利率為 1%，請計算出所有利息？

解：本金的償付是由級數 1500,1400,1300,....100 計得，利率為

1%

利息和的償付分為 15 期，其等差級數為 15,14,13....1。所以首項為 15，末項為 1，項數為 15

即可得：$S_{15} = (15+1) = \$120$

B.3 等比級數

任何連續的序列，有其連續不斷的特性，期間的比值為一連續的常數，所以此序列稱為等比級數。

2, 4, 8, 16, 32.....是一個等比級數，其比例為 2

3 , 3x , 3x², 3x³, 3x⁴......是一個等比級數，其比例為x

讓我們來看看，在一短時期的等比級數，其首項為 a，共同比例為 r

第一項：a

第二項：ar

第三項：ar^2

第四項：ar^3

我們發現到，r 的指數總是為當期期數減 1。所以，第二十項為：ar^{19}

一般來說，等比級數的總項數，我們定義為 $t_{n'}$，第一項為 a，公比為 r，所以：

$$t_n = ar^{n-1}$$

給予參數其中三項，即可算出第四項

範例 3 在一等比級數裡，如果公比 r 為 10，且第八項為 2,000，請找出第一項及第五項？

解： 我們知道：第八項為：$t_8 = a(10)^7 = 2000$。所以首項 $a = 2000(10)^{-7} = 0.0002$

第五項為：$t_5 = a(r)^4 = 0.0002(10^4) = 2$

B.4 等比級數的和

令 S_n 定義為

$$S_n = t_1 + t_2 + ... + t_n = a + ar + ar^2 .... + ar^{n-1}$$

當然，如果每一項乘上公比 r：

$$r \times S_n = ar + ar^2 + ... + ar^{n-1} + ar^n$$

將 $r \times S_n$ 減去 S_n，我們得知：

$$(1-r)S_n = a - ar^n$$

即可得

$$S_n = a\left(\frac{1-r^n}{1-r}\right) \quad 或者 \quad S_n = a\left(\frac{r^n-1}{r-1}\right)$$

所以：

$$2 + 4 + 8 + 16 + 32 + 64 = 2\frac{(1-2^6)}{1-2}$$

$$= 2\frac{(2^6-1)}{2-1} = 2(2^6-1) = 2(63) = 126$$

設首項 $a = 2$，公比 $r = 2$，項數 $n = 6$，可得

$$3 + 3x + 3x^2 + ... + 3x^n \ (\text{有 } n + 1 \text{ 項})$$

$$= 3 \left(\frac{1 - x^{n+1}}{1 - x}\right) = 3 \left(\frac{x^{n+1} - 1}{x - 1}\right)$$

範例 4 有一位無聊的男子寫了一封連鎖信件給他 4 位朋友〔第 1 封〕,其 4 位朋友必須遵從其信件內容再各寫給 4 位朋友這封連鎖信〔第 2 封〕,以此類推。如果繼續把信寫下去,那麼在第 10 封信件時,會有多少人接到此種信件?

解: 我們知道此等比級數:

4, 16, 64, ...

首項 a 為 4,公比 r 為 4,項數 n 為 10,可計得

$$S_{10} = 4 \frac{(4^{10}) - 1}{4 - 1} = 1,398,100$$

在傳完第 10 封時,會有 1,398,100 個人收到此連鎖信

B.5 等比級數應用於年金上

在第 3 章裡,我們使用等比級數,衍生公式為:

$$S_{\overline{n}|}^{\,i} = \frac{(1+i)^n - 1}{i} \quad \text{及} \quad a_{\overline{n}|}^{\,i} = \frac{1 - (1+i)^{-n}}{i}$$

在第 4 章裡,我們使用等比級數來解決年金之不同償還問題。在第 4 章等比級數練習題裡,我們使用終值及現值的公式,得到了年金的償付方式及現值的不變原理。

在下面的例子裡,我們以圖例說明了如何以等比級數來解決第 5 章一般年金的問題。

範例 5　找出終值，其現值為$1,000，每年年底償付，期限為 10 年，設利息為 10%，三個月複利一次。

解： 由第一個原則，使用其等比級數，可計得終值為：

$$FV = 1,000 \left[1 + (1.025)^4 + (1.025)^8 + \cdots\cdots 10 \text{ 項} \right]$$

$$= 1,000 \frac{(1.025)^{40} - 1}{(1.025)^4 - 1}$$

$$= \$16,231.74$$

其現值為：

$$PV = 1,000 \left[(1.025)^{-4} + (1.025)^{-8} + (1.025)^{-12} + \cdots\cdots 10 \text{ 項} \right]$$

$$= 1,000 (1.025)^{-4} \frac{(1 - 1.025)^{-40}}{1 - (1.025)^{-4}} = \$6,045.20$$

B.6 無窮等比級數

讓我們想一想等比級數：

$$1, \frac{1}{2}, \frac{1}{4}, \frac{1}{8}, \frac{1}{16}, \cdots\cdots \quad \textbf{其第一項為 } a = 1 \textbf{，公比為 } r = \frac{1}{2}$$

第 n 項的總數為：

$$S_n = \frac{1 - (\frac{1}{2})^n}{1 - \frac{1}{2}}$$

$$= \frac{1}{1 - \frac{1}{2}} - \frac{(\frac{1}{2})^n}{1 - \frac{1}{2}}$$

$$= 2 - (\frac{1}{2})^{n-1}$$

我們知道，任何數值 n，其差值為 $2 - S_n = (\frac{1}{2})^{n-1}$，當 n 增加

時，剩餘的正數變得愈來愈小。我們可以說，當 n 沒有界線時（當 n 為無窮大），n 的第一式 S_n 總數將限制近似於 2，我們可以寫成：

$$\lim_{n \to \infty} S_n = 2$$

一般等比級數

$$a, ar, ar^2, \ldots\ldots$$

我們可以把 n 的第一式總數寫成：

$$S_n = a\frac{1-r^n}{1-r} = \frac{a}{1-r} - \frac{ar^n}{1-r}$$

當 $-1 < r < 1$，$\lim_{n \to \infty} S_n = \frac{a}{1-r}$，我們說

$$S = \frac{a}{1-r} \text{（無窮等比級數的和）}$$

範例 6　**請找出無窮等比級數的和**
$$100, 100(1.01)^{-1}, 100(1.01)^{-2}, 100(1.01)^{-3}, \ldots\ldots$$

解：我們知道首項 $a = 100$，公比 $r = (1.01)^{-1} < 1$，而後計算得知：

$$S = \frac{100}{1-(1.01)^{-1}}$$
$$= \frac{100}{1-\dfrac{1}{1.01}} = \frac{101}{0.01}$$
$$= 10,100$$

讀者可以藉由 $i = 0.01$ 的近似不變，來認識此公式方法。

練習題

1. 請判定出下列各式級數何者為等差級數,何者為等比級數,寫出各式下一數值為何?並計算其所指定的和為何?

    (a)$1, -\frac{1}{2}, \frac{1}{4}, \ldots\ldots$找出第八項及第一項到第十項之和為何?

    (b)-1, 2, 5,......找出第十五項及第一項到第十二項之和為何?

    (c)19, 31, 43,......找出第九項及第一項到第十項之和為何?

    (d)$40, \frac{120}{7}, \frac{360}{49}, \ldots\ldots$找出第七項及第一項到第十二項之和為何?

    (e)$\frac{1}{3}, \frac{1}{12}, -\frac{1}{6}, \ldots\ldots$找出第八項及第一項到第十項之和為何?

    (f)9, 2, 8, 6, 8,......找出第十項及第一項到第十五項之和為何?

2. 請計算其和:

    (a)1 到 300 正數值;

    (b)1 到 100 正偶數值;

    (c)15 到 219 所有奇數值,包含 15 及 219;

    (d)18 到 280 所有偶數值,包含 18 及 280。

3. 請計算以下各級數的第十項,及第一項到第十項的和。

    (a)2, 4, 6,......

    (b)625, 125, 25,......

    (c)$1, 1.08, (1.08)^2 \ldots\ldots$

    (d)$(1.05)^{-1}, (1.05)^{-2}, (1.05)^{-3} \ldots\ldots$

4. 假設一個等差級數:

    (a)首項 a 為 2,公差 d 為 3,項數 n 為 10,請找出末項 L 及和 $S_{n'}$?

    (b)末項為 -11,公差為 -4,項數為 7,請找出首項 a 及和 $S_{n'}$?

    (c)第三項為 18,第六項為 42,請找出首項 a 及第一項至第六項和 S_6?

    (d)首項 a 為 7,末項 L 為 77,和 Sn 為 420,請找出項數 n 及公差 d?

    (e)首項 a 為 13,公差 d 為 -3,和 Sn 為 20,請找出項數 n 及末項 L?

5. 假設一個等比級數:

    (a)首項 a 為 5,公比 r 為 2,項數為 12,請找出第十二項及第一項

至第十二項之和？

(b)首項 a 為 12，公比 r 為 $\frac{1}{2}$，第 n 項為 $\frac{3}{8}$，請找出項數 n 及第一項，至第 n 項之和？

(c)第五項為 $\frac{1}{20}$，公比 r 為 $\frac{1}{4}$，請找出首項 a 及第一項至第五項之和？

(d)第二項為 $\frac{7}{4}$，第五項為 14，請找出第十項及第一項至第十項之和？

(e)首項 a 為 1.03，公比 r 為 1.03，請找出第十五項及第一項至第十五項之和？

6. 有一個人借了$5,000，同意在每個月底償付$200，並支付其利息，利率為 $1\frac{1}{4}$％，請計算出其利息總數？

7. 為了買一棟房子，有一對夫婦同意在第 1 年年底支付$3,000，第 2 年年底支付$3,500，第三年年底支付$4,000，如此類推。至第 20 年底時，他們將會付多少錢呢？

8. 鑽一口水井，頭一次 10 公分要花費成本$5.50；後續的幾個 10 公分成本是各個前一個 10 公分多$1，使用$1,000 之後，此口井將會被挖多深？

9. 某一機器的每年年底價值為每一年初的 80％，如果此機器的原始成本為$10,000，請計算出其第 10 年年底的價值為何？

10. 每一次撞擊，真空吸塵器抽出某一槽內 5％的空氣，再撞擊 40 次之後，還有多少極少的原有空氣在裡面？

11. 一個塑膠球從 50 公尺高的地方掉入地上，如果此塑膠球總是彈回一半它掉下來的著地高度，請計算出：

(a)塑膠球彈回的第 8 次會升高多長？

(b)塑膠球彈到地上第 10 次的總長度為多少？

(c)此塑膠球彈完時的總長度為多少？

12. 有一個人被僱用一項工作，第 1 天可得一分錢，第 2 天可得兩分錢，第 3 天可得四分錢，以此類推，他每一天的薪水是前一天薪水的雙倍，這個人可以得到多少錢呢？

(a)第 30 天可得多少錢？

(b)第 1 天至第 30 天可得多少錢？

(c)連續做 3 次以 10 天為一期的薪水？

13. 藉由第一原則，請找出終值和現值，請使用等比級數公式？

(a)每個月底付$100，期間為 10 年，如果利率為 12%，每半年複利一次；

(b)每半年付$500，期間為 5 年，如果利率為 12%，每個月複利一次？

14. 請找出無窮等比級數的和

(a)$1, -\dfrac{1}{3}, \dfrac{1}{9}, -\dfrac{1}{27}$……

(b)3, 0.3, 0.03, 0.003,……

(c)$1, 0.8, (0.8)^2, (0.8)^3$……

(d)$(1+i)^{-1}, (1+i)^{-2}, (1+i)^{-3}, (1+i)^{-4},$……

附錄 C 線性插值 （Linear Interpolation）

線性插值被使用在當我們有兩個數值，但需要求得第 3 個的數值是在已知的兩個數值之間發生的。舉例來說，或許我們想要知道 9 個蘋果價值多少，但卻只知道 7 個要$1 或者 12 個要$1.25。在這種情況下，它表示 9 個蘋果大約需要$1.10。我們透過假設獲得了這個估計即在購買 7 個蘋果之後的每一個額外的蘋果需花費 5 毛。實際上，我們在這兩個已知的數值中劃一條直線，並且找出這要求得的數值。

在更普遍的條件下，或許我們知道：

a 相關於 b

且 c 相關於 z

但需要a值相關於b。這個問題或許可以經由下面的圖表在以曲線表示精確的關係中，以及直線表示由線性插值所獲得的假設關係。

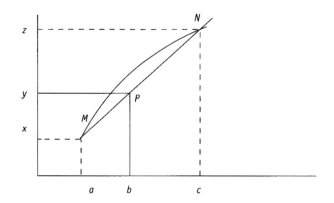

線性插值假設這從 M 到 N 的曲線實際上是與 $xy:xz$ 和 $ab:ac$ 比例完全相同的直線。或許這可由下列的線性插值方程式來表示：

$$\frac{y-x}{z-x} = \frac{b-a}{c-a}$$

下列所述即關於這個等式應當注意之條列：

1. x, y 和 z 屬於測量的一「相似」並且出現在左手邊，當 a, b 和 c 屬於另一「相似」並且出現在右手邊；

2. 每一個在右手邊的數值和其在左手邊相對應的數值是處於相同的地位，即：$a \Leftrightarrow x, b \Leftrightarrow y$ 且 $c \Leftrightarrow z;$

3. 這未知的數值 y（之於 x 和 z 之間）是被寫在第一個。

線性插值最初使用在這課本中是 2.5 節中的範例 2，在這附錄中，我們擴展 2.5 節中的解決方法來表現，一般而言，即線性插值應用很廣。

範例 1　**在利率 12%的情況下，需要多久的時間$500 才會累積到 $850 ？**

解： 如 2.5 節中所示，我們得找出 $(1.01)^n = 1.7$ 中的 n 值。由我們計算所得的對數 $n = 53.3277$ 來解決這個方程式。使用計算機，我們發現：

$(1.01)^{53} = 1.6945$

$(1.01)^n = 1.7000$

$(1.01)^{54} = 1.7114$

如下圖顯示：

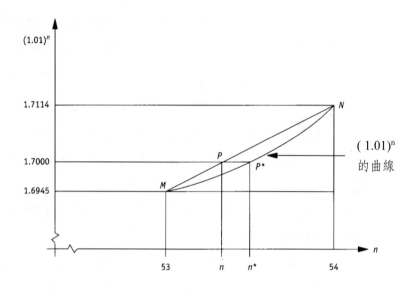

這真值 n^* 和 p^* 點相符合在曲線的值為 $(1.01)^n = 1.7$ 之處。使用對數,我們可以找出正確的 n^* 的值。換句話說,我們要使用某些近似假定。

在線性插值的方法下,我們假設這圖是 M 和 N 兩點間的線,如同由直線表明那樣。這插值的方法將決定這個 n 值與在這直線上的 P 點相符合。顯然的,n 是一個近似於 n^* 的值。

就先前的方程式而論,這未知的值 n 對應於 y;53對應於 x;且 54 對應於 z。簡而言之,1.6945對應於 a,1.7000對應於 b,且 1.7114 對應於 c。因此線性插值方程式可寫成如下:

$$\frac{n-53}{54-53} = \frac{1.7000-1.6945}{1.7114-1.6945}$$

$$\frac{n-53}{1} = \frac{0.0055}{0.0169}$$

$$n-53 = 0.32544$$

$$n = 53.3254$$

在 4.3 節中可用線性插值來找出 $a_{\overline{n}|}$ 或 $S_{\overline{n}|}$ 所要的利率。

範例 2　求出在利率 j_4 為何的情況下，每 3 個月存進\$250，在 4 年後會累積到\$5000？

解： 這個問題的值之方程式可寫成如：

$$250s_{\overline{n}|}^{i} = 5,000$$

i 是每一期未知的利率。方程式可簡化如：

$$s_{\overline{16}|}^{i} = 20.0000$$

使用財務計算機，我們可得到三個相關的關係：

$$s_{\overline{16}|}^{0.0275} = 19.7640$$

$$s_{\overline{16}|}^{i} = 20.0000$$

$$s_{\overline{16}|}^{0.03} = 20.1569$$

此外，我們觀察到這個未知值在兩個已知值之間的關係。

利用這些數字線性插值等式變成：

$$\frac{i-0.0275}{0.03-0.0275} = \frac{20.0000-19.7640}{20.1569-19.7640}$$

$$\frac{i-0.0275}{0.0025} = \frac{0.2360}{0.3929}$$

$$i-0.0275 = 0.0025 \times 0.600\,66$$

$$i = 0.0290$$

或每一期 2.90%

此處 $j_4 = 11.60\%$

在 7.4 節中亦可用線性插值來找出在一個給定的價格下，求出公債的收益。

範例 3 一筆 $100 的公債利率為 9%，2008 年 8 月 15 日可贖回的票面值在 1996 年 8 月 15 日的市場中報價為 $109.50。試求出若持有此公債到到期日，其收益為何？

解： 如 7.4 節中的範例 2 中所得，存在著下列關係：

P 在利率 4% 時，半年的終值 = $111.44

P 在利率 i% 時，半年的終值 = $109.50

P 在利率 $4\frac{1}{2}$% 時，半年的終值 = $103.62

將這些值代入下列線性插值方程式：

$$\frac{i-0.04}{0.045-0.04} = \frac{109.50-111.44}{103.62-111.44}$$

$$\frac{i-0.04}{0.005} = \frac{-1.94}{-7.82}$$

$$i-0.04 = 0.005 \times 0.248\ 08$$

$$i = 0.041\ 24 \text{ 或者 每半年 } 4.124\%$$

此處 $j_2 = 8.25\%$

總之，線性插值大概可得出下列二步驟：

步驟 1：存在於一個未知關係中鄰近的二個關係，而此二個關係在未知關係的相對邊。

步驟 2：利用這些資料，經由線性插值方程式求得一個此未知數值的估計值。

寫出三個方程式來表現此關係在代入線性插值方程式之前通常是有幫助的。它在上述每一個例子中已經如此做了。

練習題

1. 利用線性插值解出在下列方程式中 n 的值。

   (a) $(1.05)^n = 2$

   (b) $(1.025)^n = 3.8$

   (c) $800(1.03)^{-n} = 1100$

   (d) $(1.045)^{-n} = 0.5$

   (e) $(1.0125)^{-n} = \dfrac{1}{4}$

   (f) $1000(1.0225)^{-n} = 700$

2. 利用線性插值解出在下列方程式中 i 的值。

   (a) $\dfrac{(1+i)^{12} - 1}{i} = 15$

   (b) $\dfrac{(1+i)^{100} - 1}{i} = 200$

   (c) $\dfrac{1 - (1+i)^{-20}}{i} = 10$

   (d) $100 + 90\dfrac{1 - (1+i)^{-6}}{i} = 600$

3. 試求出在利率 j_{12} 為何時，在 3 年內每月底存入 \$100，何時才會累積到 \$4,000 ？

4. 一保險公司將付給一保險收益人 \$100,000 或每個月 \$1150 為期 15 年。試問該保險公司該使用何利率 j_{12} ？

5. 一張到期日為 2015 年 8 月 01 日，票面值為 \$100，利率 j_2 為 16.25% 的公債。若此公債在 1993 年 8 月 01 日的報價為 \$105.5，則利用線性插值的方法，求出收益 j_2 ？

6. 一張到期日為 1999 年 11 月 01 日，票面值為 \$100，利率 j_2 為 11% 的公債。若此公債在 1994 年 5 月 01 日被賣出，時市場價格為 \$78.25，利用線性插值的方法，求出利率 j_2 為何，則買方將獲利？

附錄 D　連續複利計算

D.1 名目利率下的複利計算

在任何的微積分教科書裡可以發現下列等式：

$$\lim_{m \to \infty} \left(1 + \frac{x}{m} \right)^m \fallingdotseq e^x$$

當數字 $e \fallingdotseq 2.718$ 時有一個無限大的指數 (m) 而且是自然對數的基數

當在一個名目利率下的利息是複利計算或是不斷地改變時這個等式對複利計算問題是很有用的。我們先前已處理這些問題了。

例如，考慮利息的名目利率 $j_m = 12\%$ 一年 m 次複利計算，一塊錢的終值超過一年期在各種 m 價值下可以總結在下表：

m	在年利 $j_m = 12\%$ \$1 元終值
1	$(1.12)^1 = 1.12$
2	$(1 + \frac{0.12}{2})^2 = 1.1236$
4	$(1 + \frac{0.12}{4})^4 = 1.125\ 508\ 8$
12	$(1 + \frac{0.12}{12})^{12} = 1.126\ 825\ 0$
52	$(1 + \frac{0.12}{52})^{52} = 1.127\ 341\ 0$
365	$(1 + \frac{0.12}{365})^{365} = 1.127\ 474\ 4$

從上表我們可以看出，當複利計算以頻率 m 增加時，終值也會增加且當 m 無限制的增加時會接近一個較高的界限，就是 $m \to \infty$。決定這個較高界限代表一年後在名目利率 12% 下不斷複

利的終值 ($i.e. j_\infty = 12\%$)，我們想要計算

$$\lim_{m \to \infty} \left(1 + \frac{0.12}{m}\right)^m$$

便使用這個等式

$$\lim_{m \to \infty} \left(1 + \frac{x}{m}\right) = e^x$$

我們得到

$$\lim_{m \to \infty} \left(1 + \frac{0.12}{m}\right)^m = e^{0.12}$$
$$= 1.127\ 496\ 8$$

這指出一年後在 $j_\infty = 12\%$ 下 \$1 將累積到 \$1.127 496 8。它也表現出實際上的利息年利率 $j_\infty = 12\%$ 相等於 12.749 68%

注意：要在你的計算機上計算 e^x 要使用 e^x 鍵或是相反的功能 $l_n x$，當 $l_n x$ 代表 $\log_e X$

範例 1　找出利率 j_{12} 相等於 $j_\infty = 15\%$

解： $(1+i)^{12} = e^{0.15}$

$i = e^{0.15/12} - 1$

$i = 0.012\ 578\ 45$ 或 $1.257\ 845\%$ 每月

$\therefore j_{12} = 12 \times 1.257\ 845\%$

$\quad = 15.09\%$

本金 p 在利率 j_m 下 t 年後的終值可由下獲得：

$$FV = P(1+i)^t = P\left(1+\frac{j_m}{n}\right)^{mt} = P\left[\left(1+\frac{j_m}{m}\right)^m\right]^t$$

如果利息是不斷複利計算：

$$FV = \lim_{m \to \infty} P\left[\left(1+\frac{j_m}{m}\right)^m\right]^t = Pe^{j_\infty t}$$

同樣地我們可以發展由終值轉換成現值的公式 j_∞, 和 t：

$$PV = FVe^{-j_\infty t}$$

下列的範例舉例說明這個公式如何被使用來求出終值、現值、利率 j_∞, 的實際利率 j 或 t 年後的時間。在一些複利教科書中 j_∞, 被取代成希臘字母 δ

範例 2 求出$5,000 超過 15 個月在名目利率 18% 下不斷複利的終值和現值

解： 我們有 $j_\infty = 0.18$，$t = \frac{15}{12} = 1.25$ 然後計算$5,000 的終值

$FV = 5,000e^{(0.18)(1.25)}$

$\quad = \$6,261.61$

和$5,000 的現值

$PV = 5,000e^{-(0.18)(1.25)}$

$\quad = \$3,992.58$

範例 3 有一筆$1,000 存款累積超過 30 個月的利息$560，求

(a)增加的連續利率？

(b)增加的實際名目利率？

解：(a)我們有 $P = 1,000, FV = 1,560, t = \dfrac{30}{12} = 2.5$ 然後解等式：

$$1,000e^{j_\infty(2.5)} = 1560$$

$$e^{2.5j_\infty} = 1.560$$

$$2.5\,j_\infty = ln\,1.560$$

$$j_\infty = \frac{1n\,1.560}{2.5}$$

$$= 0.177\,874\,33 \ \text{或} \ 17.79\%$$

(b)藉由比較$1 在 1 年底的終值我們想求出利率 $j_\infty = 0.177\,874\,33$

的相等實際年利率

$1 在 i 將累積到 $1 + i$ 當

$1 在 $j_\infty = 0.177\,874\,33$ 將累積到 $e^{0.17787433}$

因此：

$$1 + i = e^{0.17787433}$$

$$i = e^{0.17787433} - 1$$

$$= 0.194\,675\,17 \ \text{或} \ 19.47\% \text{p.a.}$$

注意：我們也可藉由解等式求出 i

$$1000(1 + i)^{2.5} = 1560$$

$$(1 + i)^{2.5} = 1.560$$

$$1 + i = (1.560)$$

$$i = (1.560)^{\frac{1}{2.5}} - 1$$

$$= 0.194\,675\,17 \ \text{或} \ 19.47\%$$

範例 4　增加三倍你的投資在 15%連續複利下需要花多久時間？

解:　我們有 $PV = X_1$，$FV = 3X_1$，$j_\infty = 0.15$ 然後解在時間 t 年以下的等式

$$xe^{0.15t} = 3x$$
$$e^{0.15t} = 3$$
$$0.15t = \ln 3$$
$$t = \frac{\ln 3}{0.15}$$
$$= 7.324\,081\,9 \text{ 年或 7 年 118 天}$$

D.2 普通年金在每年 j_∞ 下的付款 p

範例 5　每月底有一筆存款\$100 進入帳戶且有 12%連續複利計算的利息累積，試問 5 年底後這個帳戶將有多少金額？

解：首先，藉由改變利息利率去配合付款期間，我們可以找出每個月的利率 i 相當於 $j_\infty = 12\%$，因此：

$$(1+i)^{12} = e^{0.12}$$
$$i = e^{0.01} - 1$$
$$= 0.010\,050\,17$$

或每月 1.005%

接下來，我們計算一筆年金的終值用 $R = 100$，$n = 60$，$i = 0.010050\,17$.

在 1.005017% 下 $FV = 100 S_{\overline{60}|}^i$

$$= \$8,180.15$$

範例 6　一筆在每半年底付款$1,000，10 年期的契約，試求這筆契約在 18%複利下的現值？

(a)每半年複利一次；

(b)連續複利；

解:　(a)我們有 $R=1,000, n=20, i=0.09$ 然後計算這筆付款的現值。

在 $9\% PV = 1,000 a_{\overline{20}|}$

$=\$9,128.55$

(b)首先，我們先求出每半年的利率 i，因此：

$$(1+i)^2 = e^{0.18}$$

$$i = e^{0.09} - 1$$

$$= 0.094\,174\,28 \text{ 或 } 9.417\,428\%$$

接下來，我們用 $R=1,000$，$n=20$，$i=0.094\,174\,28$ 來計算這筆年金的現值

在 $9.417428\% PV = 1,000 a_{\overline{20}|}$

$=\$8863.37$

範例 7　為了準備一筆早期的退休金，一個自營商每月存款$5,500 為期 20 年，他 31 歲生日時開始，當他 51 歲時他希望連續提款 30 年，在利息 13%複利時每筆提款金額有多少：

(a)每年複利一次？

(b)連續複利？

解:　一個如下所示的時間圖

(a)把 50 當作基期我們可以寫出下列等式：

$$5,500s_{\overline{20}|.\frac{13}{20}} = Xa_{\overline{30}|.\frac{13}{20}}$$

$$x = \frac{5,500s_{\overline{20}|.\frac{13}{20}}}{a_{\overline{30}|.\frac{13}{20}}}$$

$$= \$59,395.43$$

(b)首先，我們先求出利率 i 因此：

$$1 + i = e^{0.13}$$

$$i = e^{0.13} - 1$$

$$= 0.138\,828\,38 \text{ 或 } 13.882\,838\%$$

把 50 當作基期我們可以寫出下列等式：

$$5,500s_{\overline{20}|}^{i} = Xa_{\overline{30}|}^{i} \text{ 當 } i = 0.13882838$$

$$x = \frac{5,500s_{\overline{20}|}^{i}}{a_{\overline{30}|}^{i}}$$

$$= \$69966.82$$

$$x = \frac{5500S_{\overline{20}|}^{i}}{a_{\overline{30}|}^{i}}$$

$$= \$69\,966.82$$

練習題

1. $1,500 被投資在 18 個月名目利率 13%，試求複利計算的終值？

    (a)每年複利一次；

    (b)每月複利一次；

    (c)連續複利。

2. 一筆 8,000 元的負債 5 年後到期，試求在名目利率 14%下複利計算的現值？

    (a)一季複利一次；

    (b)每日複利；

    (c)連續複利。

3. 試求在名目利率多少下連續複利 3 年你的投資將會增加 50%，以及每年實際利率的等式？

4. 試求在 2004 年 2 月 4 日存入$80 的存款至少價值$120 的日子？

    (a) 12%每日複利計算；

    (b) 12%連續複利計算。

5. 假設某筆金額在某個利率下連續複利 5 年後變成 2 倍，要多久的時間這筆金額的價值會變成 3 倍？

6. 試求一筆 $ 300 的年金在每季末 9%的利率下複利 10 年的終值和現值？

    (a)每季複利一次；

    (b)連續複利。

7. 一筆年金在前 5 年內每個月底支付$200 且後 5 年內每個月底支付$300。試求這些付款在 12%下的現值？

    (a)每月複利一次；

    (b)連續複利。

8. 鐘斯先生在 65 歲時得到他的人壽存款$1,000,000 然後他買了一筆 15 年每月支付的年金。試求這些付款在 13%複利下有多少？

    (a)每月複利一次；

    (b)連續複利。

9. 在 $j_\infty = 11\%$ 下，3 年內每個月要存入多少錢才能在 3 年後每個月都能提款$500？

10. 在 2002 年 4 月 1 日開了一筆$2,000 存款的帳戶，從 2002 年 7 月 1 日開始，5 年內每季存入$300。從 1998 年 11 月 1 日起每季連續提款$1,000，假設 10%的利息連續複利，試求這個帳戶的結餘？
    (a) 2005 年 11 月 1 日；
    (b) 2011 年 11 月 1 日。

11. 證明一筆每次付款$R 付款 n 次的普通年金的終值，在 t 年內利率 j_∞，下每年付款 p 次：
$$FV = Rs_{\overline{n}|}^{\frac{j_\infty}{p}} = R\frac{e^{j_\infty t} - 1}{e^{j_\infty/p} - 1}$$

12. 證明一筆每次付款$R 付款 n 次的普通年金的現值，在 t 年內利率 j_∞ 下每年付款 p 次：
$$PV = Ra_{\overline{n}|}^{\frac{j_\infty}{p}} = R\frac{1 - e^{-j_\infty t}}{e^{j_\infty/p} - 1}$$

附錄 E　一年中每天的順序數值

日期	1 月	2 月	3 月	4 月	5 月	6 月	7 月	8 月	9 月	10 月	11 月	12 月	日期
1	1	32	60	91	121	152	182	213	244	274	305	335	1
2	2	33	61	92	122	153	183	214	245	275	306	336	2
3	3	34	62	93	123	154	184	215	246	276	307	337	3
4	4	35	63	94	124	155	185	216	247	277	308	338	4
5	5	36	64	95	125	156	186	217	248	278	309	339	5
6	6	37	65	96	126	157	187	218	249	279	310	340	6
7	7	38	66	97	127	158	188	219	250	280	311	341	7
8	8	39	67	98	128	159	189	220	251	281	312	342	8
9	9	40	68	99	129	160	190	21	252	282	313	343	9
10	10	41	69	100	130	161	191	222	253	283	314	344	10
11	11	42	70	101	131	162	192	223	254	284	315	245	11
12	12	43	71	102	132	163	193	224	255	285	316	346	12
13	13	44	72	103	133	164	194	225	256	286	317	347	13
14	14	45	73	104	134	165	195	226	257	287	318	348	14
15	15	46	74	105	135	166	196	227	258	288	319	349	15
16	16	47	75	106	136	167	197	228	259	289	320	350	16
17	17	48	76	107	137	168	198	229	260	290	321	351	17
18	18	49	77	108	138	169	199	230	261	291	322	352	18
19	19	50	78	109	139	170	200	231	262	292	323	353	19
20	20	51	79	110	140	171	201	232	263	293	324	354	20

21	21	52	80	111	141	172	202	233	264	294	325	355	21
22	22	53	81	112	142	173	203	234	265	295	326	356	22
23	23	54	82	113	143	174	204	235	266	296	327	357	23
24	24	55	83	114	144	175	205	236	267	297	328	358	24
25	25	56	84	115	145	176	206	237	268	298	329	359	25
26	26	57	85	116	146	177	207	238	269	299	330	360	26
27	27	58	86	117	147	178	208	239	270	300	331	361	27
28	28	59	87	118	148	179	209	240	271	301	332	362	28
29	29		88	119	149	180	210	241	272	302	333	363	29
30	30		89	120	150	181	211	242	273	303	334	364	30
31	31		90		151		212	243		304		365	31

注意：在閏年的 2 月 28 日之後加 1 到表中的數字

解答──偶數題

練習題 1.1

2. 16.8%	4. $129.45	6. $4,880.38
8. $1,020.48	10. $1,102.47	12. $97.32
14. 256 days	16. $284.93	

練習題 1.2

2. (a)$7.50 (b)$9.44	4. $27.95

練習題 1.3

2. 8.79%	4. $11.22, $688.78	6. (a) $476.19
6. (b) $475	8. 13.19%	10. 17.48%

練習題 1.4

2. $529.41, $529.81	4. $988.31	
6. $212.99, $158.04	8. (a) $543.05	8. (b) $541.57

練習題 1.5

2. $414.97	4. $141.09

練習題 1.6

2. $2,017.91	4. $810.66	6. $810.66
8. $1,992.40	10. $4,683.22	

練習題 2.1

A 2. $625.51, $125.51 　　4. $1,695.88, $695.88

6. $1,687.57, $887.57 　　8. $1,221.37, $221.37 　　10. $2,851.52

12. $2,936.77 　　14. $13.76

B 4. $21,058.48, $22,071.36, $22,620.38, $23,003.37, $23,155.29, $23,194.56

練習題 2.2

A 2. 16.99% 　　　4. 12.75% 　　　6. 5.91%

8. 9.57% 　　　10. 7.70% 　　　12. 6.50%

14. 9.96% 　　　16. 11.30% 　　　18. 12.59%

20. 14.44% 　　　22. $j_2 = 15.5$

B 4. $j = (1+i)^{12} - 1$, $j_2 = 2[(1+i)^6 - 1]$, $j_4 = 4[(1+i)^3 - 1$,
　　$j_{52} = 52[(1+i)^{12/52} - 1]$, $j_{365} = 365[(1+i)^{12/365} - 1$

6. 13.04% 　　　8. 10%

練習題 2.3

A 2. $42.21 　　　4. $192.77 　　　6. $414.64

8. $978.85 　　　10. $1,112.44 　　　12. $318.14

14. 預計支付比 $505.92 還少 　　　16. $3,295.42

B 2. $84.43 　　　4. 選擇 A 建議，淨現值為 $41,793.10

練習題 2.4

A 2. $1,956.86, $1,957.38 　　4. $198.99, $199.21 　　6. $1,757.77

8. $520.93

B 4. $2,111.09, $1,224.25

練 習題 2.5

A 2. $8.88%   4. 13.54%   6. 每年$2.980

  8. 每年$2.533   10. 10.27%   12. 13.52%

  14. 每年$6.570

B 2. 每年$9.510   4. 1999 年 1 月 1 日之後每年$20.780

  6. $(1+j)^2 - 1$

練 習題 2.6

A 2. $809.40   4. $2,468.20   6. $186.14

  8. $888.02   10. $193.61

  12. 現金兌換以$1709.88 較佳

B 2. $3799.09

練 習題 2.7

A 2. $654.06   4. $5,264.27, $3264.27   6. $2,067.30

  8. 是的，$256.08

B 2. $686.76, $2.48   4. $15,910.84

練 習題 2.8

A 2. $345   4. 6.637 年   6. $1,095,274

B 2. (a) $76,501   2. (b) 0:47 a. m.   4. $36,886

練 習題 3.2

A 2. $13,009.60   4. (a) $555.33   4. (b) $622.78

  6. (a) $47,551.33   6. (b) $195,652.14   8. $3,040.04

B 4. 14.2, 30   6. $[(1+i)^{20}s^i_{21}-21]/i$

練 習題 3.3

A 2. (a) $12,126.49   2. (b) $11,440.85   2. (c) $11,711.81

  4. $12,091.03   6. $5,889.23   8. $5,760.04

  10. $955.97

12. ($i=0.02$) 4.7135, 8.9826, 12.8493, 16.3514, 19.5235;

　（$i=0.04$）4.4518, 8.1109, 11.1184, 13.5903, 15.6221;

　（$i=0.06$）4.2124, 7.3601, 9.7122,

11. 4,699, 12.7834;（$i=0.08$）3.9927, 6.7101, 8.5595, 9.8181, 10.6748

B 4.50,12　　　　　　　　　6. 17.7　　　　　　　　8.(a) $6,305.19

　8.(b) $1,090.21　　　　　8.(c) $6,878.02

　10.$(1+i)-1+(1+2i)^{-1}+...+(1+ni)^{-1}$

　14.買的淨現值＝-$1,035,649，租賃的淨現值 = -$1,808,659，公司應
　　該購買鑽孔機器。

練習題 3.4

A 2.$62.86　　　　　　4.$508.79　　　　　　6.$170.51

　8.$163.51　　　　　　10.$858.06

B 2.(a) $4,883.88　　　　2.(b) $5,006.92　　　　2.(c) $2,203.59

練習題 3.5

A 2.(a) $5,000 (b) $3,205.13　4.$66.67　　　　　6.$8,000

　8.(a) $300.00　　　　　8.(b) $3,272.25　　　　10. 11%

B 2.(a)70, $119.59 (b) $741.12

練習題 3.6

A 2.(a) $4,291.72　　　　4.$21,555,341　　　　6.$1,775.36

　8.$59.16

B 2.(a) 70,$119.59　　　　2.(b) $741.12

練習題 3.7

A 2.(a) $4,891.64　　　　2.(b) $11,434.77

　4. 21,2016 年 1 月 1 日為$193.63

B 2.$13,332.71

練 習題 4.2

A 2. $180.76   4. $107.46   6. $33.94
  8. (a) $1,440.12   10. $278.03
B 2. $215.98   4. $42,102.04   6. $103,343.97

練 習題 4.3

A 2. 18.40%   4. 19.61%, 21.47%   6. 19.48%
B 2. 35.07%   4. 26.62%, 30.12%

練 習題 4.4

A 2. 185, $382.13, $133.11   4. 7, $1,410.28   6. 28, $364.88
  8. 31, $438.06
B 2. $15, 115.89

練 習題 4.5

A 2. $7,645.14   4. $27,953.68, 6.72%（按年計）
  6. $6,826.17
B 2. $183.71   4. $281.13

練 習題 4.6

A 2. $ 571,486.98   4. $85 045.11   6. $9,928.45
  8. $3,934.84
B 4. $16,090.79   6. $\dfrac{1}{is_{\overline{2|}}^{\frac{i}{}}}\left[p+\dfrac{q}{s_{\overline{2|}}^{\frac{i}{}}}\right]$

練 習題 5.2

A 2. $4,909.13   4. (a) $11,479.92   4. (b) $11,386.59
  4. (c) $11,629.86
  6. 102.2009 m^3 10. $6,046.96   12. $20,034.80
  14. $8,795.06
B 2. $565.02 $553.95, $548.44; $587.05, $576.40, $571.10; $597.63

$587.19, $581.99   4. $13,783.12

練習題 5.3

A 2. $64.86   4. $389.33
B 2. (a) $6,759.36   2. (b)$8,943.03   4. $111,185.28
   6. $100.98

練習題 5.4

A 2. $3,076.01   4. (a) $2,434.02   6. (a) $9,849.28
   6. (b) $7,993.32   8. $23,86.07

練習題 6.2

A 2. (a) $67.87 (b) $45.88   4. $155.30   6. $34.69
   8. 最終支付款 = $898.57 10. $2,163.43   12. $173.33
   14. $601.88, $49 885.38
B 2. $146.41   4. $1,516.06   6. 8%
   8. (a) $274.75   8. (b) 0.008 207 07   8. (c) 10.30%
   8. (d) $29,585.55   8. (e) 21 年 11 個月

練習題 6.3

A 2. $6,316.05   4. $336.76   6. $1,238.49
   8. $157,011, $125,716 $76,717
B 2. 支付$95,000，並得到$65,000 之抵押品
   4. 11 年 8 個月, $659.13

練習題 6.4

A 2. $81,516.72   4. $585.36   6. 25 年 7 個月
   10. 21 年 5 個月, $29.47
B 2. $39,661.26

練習題 6.5

A 2. 償債基金 1,090.80   4. 19.56%   6. 16.63%

B *2.* 13.03%   *4.* 15.22%

練習題 6.6

A *2.* $240, $15.52, 1.731%, 22.87%

    4. $1,715, $124.17, 2.010%, 26, 26.97%

    6. $2,640, $295.56, 1.633%, 21.45%   *8.* A 貸款

    10. 8%, 15.66%   *12.* $92.00

B *2.* 17.49%, 17.74%, 17.54%, 17.24%   *6.* (d), (a), (b), (c)

練習題 7.2

A *2.* $923.14   *4.* $5,857.95   *6.* $1,873.36

    8. $5,379.48   *10.* $918.18, $1,252.31

B *2.* $471.80   *4.* $846.28

練習題 7.3

A *2.* $550.69, $550.89   *4.* $9,656.65, $96,662.17

    6. $1,774.12, $1774.41

B *2.* (a) $ 853.49 (b) $1,165.15

練習題 7.4

A *2.* 11.02%   *4.* 12.82%   *6.* 10.87%

    8. 13.18%   *10.* 9.86%   *12.* 10.48%

    14. 10.66%

B *2.* (a)11.43%   *2.* (b)10.98%   *2.* (c)10.62%

    2. (d)12.88%   *4.* (a)$790.25   *4.* (b)$1,095.02

    4. (c) 19.55%   *6.* (a)11.5%   *6.* (b) 5$\frac{1}{2}$ 年 8.38.8%

練習題 7.5

A *2.* $ 96.72   *4.* $ 1032.12   *6.* $11.613.19

    8. (a) 10.78%   *8.* (b) 8.73%   *8.* (c) 6.68%

    10. 10.51%

B 2.(a) $95.12   2.(b) $96.13   2.(c) $1,009.85
  4.(a) $93.11   4.(b) 6.57%

練習題 7.6

A 2.$ 4761.67   4.$995.24   6.$1,0281.31
B 2.$10.86   4.(a) $105.17   4.(b) $108.75
  6.$1,081

練習題 7.7

A 2. 2%債券   4.(a) $5,881.19   4.(b) $4,292.72
B 2.(a) $110.76   2.(b) 90.37

練習題 7.8

A 2.$10,740.69, $34,490.69   4.(a)$100,516.11   4.(b) $,1099,287.31
  6.$1,320.79   8.$7,904.76，是的
B 2. 3 年 7 個月, $95.61   4.(a) $6,081.28   4.(b) 1998 年是不夠的
  4. (c) $3,633.89

練習題 8.1

A 2. +$15 461，是的   4.+$25 170，是的
  6. A計畫，淨現值為+$2,866   8.是的，當淨現值為+$360
B 2.是的，當淨現值只有+$93 時它是最低限度的

練習題 8.2

A 2. 16%   4. 29%   6. 12%
B 2.(a) 20%   2.(b) 18%

練習題 8.3

A 2.水泥塊 = $202,696.29   4. A = $30,185.77   6. $1,346.70
  8.$194,243.0
B 4.$4,290.97

練 習題 8.4

A. *2.* $R = \$4,500$　　*4.* $B_5 = \$14,745.60$　　*6.* 7 年

　8. 存款 $= \$7,561.29$　　*10.* (a) $\$7,234.79$　　*10.* (b) $\$22,765.21$

10. (c) $\$1,177.43$

練 習題 9.2

A *2.* (a) $\dfrac{1}{52}$　　　*2.* (b) $\dfrac{2}{13}$　　　*2.* (c) $\dfrac{1}{26}$

　2. (d) $\dfrac{103}{2704}$　　*2.* (e) $\dfrac{1}{52}$　　　*2.* (f) $\dfrac{103}{2704}$

　4. (a) $\dfrac{1}{18}$　　　*4.* (b) $\dfrac{1}{9}$　　　*4.* (c) $\dfrac{13}{18}$

　4. (d) $\dfrac{1}{2}$　　　*4.* (e) $\dfrac{5}{12}$　　　*4.* (f) $\dfrac{1}{324}$

　6. (a) $\dfrac{3}{8}$　　　*6.* (b) $\dfrac{1}{16}$　　　*6.* (c) $\dfrac{1}{8}$

　6. (d) $\dfrac{1}{8}$　　　*8.* (a) $\dfrac{18}{125}$　　*8.* (b) $\dfrac{54}{125}$

　8. (c) $\dfrac{117}{125}$　　*10.* (a) 0.225　　　*10.* (b) 0.225

B *2.* $\dfrac{1}{6}$

練 習題 9.3

A *2.* $\$4.12$　　　　*4.* 是的，6.54 分　　*8.* $\$3,000$

B *2.* $\dfrac{1960}{64}$　　　　*4.* 21, $\$41.04$

練 習題 9.4

A *2.* (a) $\$1,565.22$　　*2.* (b) 27.7%　　　*4.* 4.16%

　6. $\$14,613.24$　　*8.* $\$59.97$

B *2.* 21.38%　　　*4.* 1.17%

附錄 A

　2. (a) $a^{5/6}$　　　*2.* (b) $a^{1/6}$　　　*2.* (c) a^{-4}

　2. (d) 1　　　　*2.* (e) $1/5$　　　*2.* (f) $a^{-3/4}b^{1/2}$

4.(a)0.36036999　　4.(b)0.83090109　　4.(c)4,175.8848

4.(d)24.182169　　4.(e)367.68263　　4.(f)7.4933676

4.(g)4.8175379　　4.(h) 6.749870

6.(a)40.29782　　6.(b)4.816 9521　　6.(c)24.937286

6.(d)21.227628　　6.(e) 21.521506　　6.(f)3.9693623

6.(g)4.9884392　　6.(h)6.3219281　　6.(i)3.380239

6.(j)5.2094534

附錄 B

2.(a) 45,150　　2.(b) 10,100　　2.(c) 12,051

2.(d) 19,668　　4.(a) 29,155　　4.(b) 13,7

4.(c) 2,132　　4.(d) 10,70/9　　4. (e) 8,-8

6.$812.50　　8.400cm （公分）　　10. 12.85%

12.(a) $5.368709.20　　12.(b) $10,737,418

12.(c) $10.23, $10,475.52 $10,726,932.25

14.(a) 0.75　　14.(b) 3.3　　14.(c) 5

14.(d) 1/ i

附錄 C

2.(a) 3.97%　　2.(b) 1.25%　　2.(c) 7.77%

2.(d) 2.25%　　4. 11.29%　　6. 17.31%

附錄 D

2.(a)$4,020.53　　2.(b) $3,973.22　　2.(c) $3,972.68

4.(a)2007 年 6 月 22 日　　4.(b)2007 年 6 月 22 日

6.(a)$19,135.85, $ 7,858.06　　6.(b) $19,243.26, $7,823.72

8.(a) $1,265.24　　8.(b) $1,269.90　　10.(a) $7,804.35

10.(b) $2,058.21

詞彙

年金（*Annuity*）　年金指的是一連續的帳款，通常每隔一定期間便要支付一次。這些帳款可能是在每個期間的開始或結束被支付。如果在每個期間的期初時被支付，稱為屆期年金；如果在每個期間的期末時被支付，稱為普通年金。

保證年金（*Annuity Certain*）　保證年金是一種在一個保證期限或確定期限內被支付的年金。與生活年金相比較，生活年金是當一個人活著的時候被支付。

屆期年金（*Annuity Due*）　屆期年金是一種帳款在每個期間期初時被支付的年金。舉例來說，保險費應該被支付在此保險開始之前。屆期年金也可以被稱作是預付年金。

公債（*Bond*）　公債是一種貸款，通常是在固定期間（基於債款的完全數量）以一連續的利息支付此貸款，然後在公債的期末完全償還該本金（或貸款）。由政府和公司作為代表將公債發行出去。公債也可以當作是資本市場中的金融證券。

公債清單（*Bond Schedule*）　公債清單是一張清單表，顯示每一個固定期間的利息支付分為利息部分和本金部分。假如公債是以溢價購買，

其本金部分會逐漸遞減成帳面價值，稱為公債攤銷清單。換句話說，假如公債是以折價購買，其本金部分會逐漸遞增成帳面價值，稱為公債增值清單。

帳面價值（Book Value）　公債（或其他債券）被顯示在會計帳冊上的價值。帳面價值不代表其市面價值。在公債清單中，帳面價值會逐漸調整成和公債價值同價。

先期償還公債（Callable Bonds）　這類公債沒有固定或者徹底定義的到期日期。也就是說，借方可以在日期的規定範圍之內，選擇贖回的日期。

資本化成本（Cost of Capital）　對投資者而言，資本化成本取決於資本的來源。舉例來說，如果資本在性質上需要全部外借，則債券上的利率關係著成本。換句話說，如果由股東提供資本，則會有不同的資本化成本。

息票比率（Coupon Rate）　為每年債券利息支付的價值。作為債券票面價格的百分比表達。

遞延年金（Deferred Annuity）　遞延年金是一種延遲 K 期付款的年金。即第一個付款延至第 K 期末。

貼現（Discount）　債券市場價值低於其票面價值的差額。這是債券票面價值和市場價格之間的差額，所以債券是以一個貼現在市場中銷售出去。舉例來說，假如市場價值是\$94.70，而票面價值是\$100，其貼現為\$5.30。

貼現價值（Discounted Value）　參閱「現值」。

有效利率（Effective Rate of Interest）　有效利率表示當期實際的（或者真實的）利率。有效利率與名目利率是對比的。有效利率為 j，意味著在這一年末，\$1 的投資將獲得\$$(1+j)$。

等值（Equation of Value）　等值是關於相同日期的一個特定問題，表示

所有支付和評價價值（收入與支出）的一個方程式。

票面價值（Face Value）　顯示在債券票面上的價值，指的是債券到期付款的數額。

固定收益證券（Fixed Interest Securities）　證券，類似於債券，其收入與利息支付是固定不變的。

均一比率貸款（Flat Rate Loan）　均一比率貸款使用單一的（或均一的）比率來計算出整個貸款期間的債款償還。由於使用的是整個貸款期間的完全債款數量，所以其引用的比率，很容易使人誤解，而且有可能改變到至少一半的債券有效比率。

焦點日（Focal Date）　參看「估價日期」。

終值（Future Value）　單一支付或者一個年金的未來價值在未來日期表示，未來價值包括年金的支付和在支付上已經賺得的利益。終值也可以叫作累積值。

總利息（Gross Interest）　稅金前的利息收入總額。

總收益（Gross Yield）　返回到未考慮任何稅金之前，在投資上所得到的利益。

指數債券（Indexed Bond）　債券其利息支出和（或）到期價值與通貨膨脹相關聯，所以債券的利息支出和到期價值不是固定不變的。

利息期間（Interest Period）　利息期間與複利利率有所關聯。舉例來說，假如利率是 6%，每年複利兩次，利息期間就是半年或者是六個月。

內部報酬率（Internal Rate of Return, IRR）　要求利率產生一個最低的淨現值，此淨現值計算時考慮到所有與內部有關的現金流量。

市場價值（Market Value）　一張證券（例如：債券或股票）在市場中的價值。

到期日（Maturity Date）　債券的發行人（即是這個債券的借者）還本金（或貸款）給債券所有人的日期。

到期值（Maturity Value） 在到期日還款的金額。在許多情況中，到期值是票面價值，但是有時，到期值也許是一個不同價值。

淨利息（Net Interset） 稅金後的利息收入總額。

淨現值（Net Present Value） 淨現值表示出一個方法，用來評價一個將來項目聯繫的所有現金流量的現值。使用的利率經常與用於項目的平均資金成本有所關連。實際成本將取決於資金的來源（例如：貸款）。

淨收益（Net Yield） 返回到考慮任何稅金之後，在投資上所得到的利益。

名目利率（Nominal Rate of Interest） 名目利率表示不超過一年中實際利率所賺得的。取而代之這標準慣例（或者規定）的是表達利率，這利率每年經常地被支付。舉例來說，每季 1%的利率可以當作是每季支付的 4%名目利率。在這種情況下，每年有效比率是從按年計等於 4.06%的四季而得出的 1%，而不是 4%。

普通年金（Ordinary Annuity） 普通年金，於每一個時期結束時支付的年金。舉例來說，通常在拿出債款之後開始的一個時期，便開始償付此債款。這種類型的年金也可叫作可拖延償還年金。

票面價值（Par） 表示債款的名義或票面價值。關於債券，債券的票面價值通常是$100。因此，如果以票面價值買回（或償還）債券，在債券的期末須再次付款$100。

付款週期（Payment Period） 付款週期與其年金的付款次數有所關聯。舉例來說，如果一年中付款的次數是 4 次的話，那麼付款週期則是 3 個月。

永久年金（Perpetuity） 可永遠支付利息的年金。

溢價（Premium） 債券市場價值超過其票面價值的差額。這是債券票面價值和市場價格之間的差額，所以債券是以一個溢價在市場中銷售

出去。舉例來說，假如市場價值是$105.70，而票面價值是$100，其溢價為$5.70。

現值（*Present Value*）　將來單一支付或者一個將來年金的現值，表示這些將來支付的價值在被規定的日期以前被支付。現值比付款總額更小，以考慮到計算日期和帳款支付的實際日期之間的利益。現值也可以叫作折扣價值。

本金（*Principal*）　本金通常看作是初始投資。

贖回日期（*Redemption Date*）　參看「到期日」。

第 70 條法則（*Rule of 70*）　這是「大拇指規則」，告訴我們多久錢會多久增加 1 倍。規則是將使用的利率除 70。舉個例子來說，如果利率是 7%，那麼$100 的投資在 10 年之後，將增加至$200。

第 78 條法則（*Rule of 78*）　這是一種方法，用於計算未償債款的固定比率債券。這個簡化方法下的未償債款，總是將超過在複利方法下計算的未償債款。

償債基金（*Sinking Fund*）　能夠由借方利用一個投資資金，在付款期末時償還這個債款。借方在資金中累積資金，以至於在期末時這數額可利用來償還債款。

交割日期（*Valuation Date*）　方程式裡的交割日期是來計算出過去和未來的支付。那就是，累積過去的支付直到此日，就如同擬定計算出未來支付現值的日期。交割日期也可以說是焦點日。

殖利（*Yield*）　殖利是由債券投資提供的投資報酬（可作為債券利率的表達），假定這個持有債券直到期滿。它會考慮到將來利息支付和任何資本的益或損。

國家圖書館出版品預行編目資料

財務數學 ／ David M. Knox, Petr Zima, Robert L. Brown 著 ；
　施能仁, 施純楨, 施若竹譯. -- 修訂初版. -- 臺北市 ： 麥格羅
希爾, 2008. 07
　　面 ； 公分
含索引
譯自：Mathematics of finance, 4th ed.
ISBN 978-986-157-546-9 (平裝)

　1. 商業數學

493.1　　　　　　　　　　　　　　　　　97011813

財務數學 修訂版

作　　者	David M. Knox, Petr Zima, Robert L. Brown
譯　　者	施能仁 施純楨 施若竹
合 作 出 版 暨 發 行 所	美商麥格羅希爾國際股份有限公司台灣分公司 台北市中正區博愛路 53 號 7 樓 TEL: (02) 2383-6000　　FAX: (02) 2388-8822 http://www.mcgraw-hill.com.tw 五南圖書出版股份有限公司 台北市和平東路二段 339 號 4 樓 TEL: (02) 2705-5066　　FAX: (02) 2706-6100 http://www.wunan.com.tw E-mail：wunan@wunan.com.tw
總 代 理	五南圖書出版股份有限公司
出 版 日 期	西元　2008　年　7　月 修訂初版一刷 西元　2015　年　3　月 修訂初版四刷 行政院新聞局出版事業登記證／局版北市業字第 323 號
印　　刷	普賢王印刷有限公司
定　　價	新台幣 500 元

ISBN：978-986-157-546-9